НЕИЗВЕСТНАЯ НЕИЗВЕСТНАЯ БИТВА
В НЕБЕ МОСКВЫ 1941-1942 гг

モスクワ上空の戦い
知られざる首都航空戦1941〜1942年――防衛編

ドミートリィ・ハザーノフ【著】アレクサンドル・ペレヴォースチコフ【監修】
小松德仁【訳】

THE AIR WAR OVER MOSKOW
The unknown history of the defences over Moskow 1941-1942

大日本絵画

НЕИЗВЕСТНАЯ БИТВА В НЕБЕ МОСКВЫ 1941-1942 гг.

原書スタッフ
監修—アレクサンドル・ペレヴォースチコフ
写真—ヴァシーリィ・ヴァフラーモフ、ドミートリィ・ハザーノフ
カラーイラストレーション—オレーグ・カルタショーフ
編集—ヴァレーリィ・チェールニコフ
見本刷り—エヴゲーニィ・リトヴィーノフ
コンピューター製版—アレクサンドル・アレクセーエフ
校正—リュドミーラ・エメリヤーノヴァ

モスクワ上空の戦い／知られざる首都航空戦1941～1942年—防衛編—

発行日	2002年7月30日　初版第1刷	
著　者	ドミートリィ・ボリーソヴィチ・ハザーノフ	
翻　訳	小松徳仁	
発行者	小川光二	
発行所	株式会社大日本絵画	
	〒101-0054　東京都千代田区神田錦町1丁目7番地	
	http://www.kaiga.co.jp	
電　話	03-3294-7861（代表）	
編　集	株式会社アートボックス	
DTP	佐藤　理	
編集人	岡崎宣彦	
装　丁	寺山祐策	
印刷・製本	大日本印刷株式会社	

©Хазанов Д. Б., текст, фотографии, 1999.　©Вахламов В.С., фотографии, 1999.
©Карташев О.М., иллюстрации, 1999.　©Издательский Дом《Техника-молодежи》, 1999.

目　次

日本語版への序文 …………………………………… 4
前書き ………………………………………………… 5
雷雨の夏 ……………………………………………… 6
侵攻前夜 ……………………………………………… 33
『タイフーン』発動 ………………………………… 52
激戦の日々 …………………………………………… 82
『タイフーン』失速 ………………………………… 110
総括 …………………………………………………… 138
後書き ………………………………………………… 139
付録 …………………………………………………… 140

カラー図版掲載ページ
　当時の絵画 ………………………………………… 33
　ソ連戦闘機塗装図 ………………………………… 34
　ドイツ戦闘機塗装図 ……………………………… 35
　ドイツ爆撃機塗装図 ……………………………… 36
　ソ連戦闘機塗装図 ………………………………… 37
　ソ連多発機塗装図 ………………………………… 38
　J・シュタインホフ中尉乗機塗装図 …………… 39
　ルフトヴァッフェ主要部隊章 …………………… 40

日本語版への序文

尊敬する日本の読者の皆さんへ

　本書で取り上げた出来事は、日本が第二次世界大戦に突入する前夜に起こっていました。当時、日出ずる国の政治家や軍の高官、外交官たちの視線は、太平洋とインド洋に惹き付けられていました。アメリカとの戦争に備え、日本は航空兵力の有効活用に大きな注意を払っていました。日本軍指導部はルフトヴァッフェ（ドイツ空軍）指導部同様、敵の最重要目標に対する大規模奇襲戦術に賭けていたのです。

　突如として対ソ侵攻が始まったとき、多くの人々はすぐに、ドイツが特に問題もなく電撃的な勝利を収めるであろうと思いました。報道機関は赤軍の崩壊を伝え、開戦後数日にして破壊されたソ連機の数は数千単位に上りました。総括的に見て、日本軍参謀本部による作戦の策定と準備、とりわけ航空兵力活用の面においてドイツの軍事ドクトリンが与えた影響は限られたものでした。

　それは第1に、日本は自ら中国で一定の戦闘経験を有していたからであり、第2に、ヨーロッパ戦線と東南アジア戦線ではあまりにも多くの相違点があったからでした。第3の理由は、日本航空兵力の主力が空母を基地とする海軍航空隊であったのに対して、ドイツの海軍航空隊は脆弱で、ルフトヴァッフェの他の兵力に比べて少数であったことです。最後に、攻撃目標が発進地点から1000マイル以上離れている日本航空機の「大洋横断奇襲」（堀越二郎氏の比喩的表現）と、"ヒットラーの空軍"が行っていた、戦場と敵近距離後方における地上部隊への恒常的支援との間にどんな共通点が有り得たのかという問題があります。

　とはいえ、ドイツの対ソ連軍事作戦（『バルバロッサ』作戦）の最初半年間の経験から、日本が汲み取ることができたであろう貴重な教訓は非常に多くありました。2～3ヶ月の戦闘で敵を壊滅させる計画を立てていたドイツは、大規模なモスクワ戦が展開されていた1941年秋たけなわの頃、すでに甚大な損害の補充という頭の痛い問題の解決を迫られました。日本軍飛行士たちの高い訓練度は然るべく評価されるものの、彼らの数はドイツのそれよりも数倍も少なかったことを認めないわけには行きません。その上、集中的な戦闘と頻繁な基地移転の条件下で兵器の高い稼働率を維持することは困難でありました。

　ドイツ軍指導部が、ソ連の巨大な人的、物的潜在能力と広漠とした領土を過小評価したのと同じような過ちを、長年の危険な敵――アメリカ合衆国に対する攻撃を準備するなかで、日本軍大本営も繰り返したのでした。ここで、多くの戦略的誤算のひとつを指摘するとすれば、それは、「空飛ぶ要塞（ボーイングB-17）」や「リベレイター（コンソリデーティッドB-24）」のような、爆弾を大量搭載できる長距離四発爆撃機を配備する戦略空軍が日本には無かった点です。それ無しでは、アメリカ本土に直接的な影響を及ぼし、都市や軍事施設を攻撃することは不可能なことがわかったのです。

　ドイツ軍はすでにモスクワ戦の過程で、ソヴィエト産業の計画的な東方疎開を頓挫させ、前線から離れたヴォルガ河沿岸、ウラル、シベリアといった地域での製作所や工場の展開を妨害することが、戦略爆撃機の欠如からできなかった点を認識しました。

　戦略爆撃機の欠如はまた、数次にわたる大空爆においてもモスクワに深刻な損害をもたらすことはできませんでした。ドイツ軍パイロットたちがこれらの襲撃を夜間に行っていたのに対し、日本軍飛行士たちは遠隔目標を昼間に攻撃していました。後者は、広大な海上空間で活動していましたが、前者は陸地の空域を飛び、最新の航法、通信機器を活用していました。

　ルフトヴァッフェの数少ない独自作戦（すなわち地上部隊の活動とは無関係な作戦）のうちのひとつに関してでも研究がなされていれば、それは強力な防空態勢を克服する上で、日本軍飛行士たちに大きな利益をもたらしたことでしょう。というのも、1941年当時のソヴィエトの首都は、そこに集結された兵力の数という点で、世界中どの都市といえどもこれに比肩しうるものは無かったからです。

　日本の読者の皆さんにとって、1941年の夏と秋にモスクワの上空で何が起きていたのかを知るのは興味深いことであろうと思われます。とりわけ、本書がソヴィエト、ドイツ双方の公文書資料と、60年以上前に起きた出来事の渦中にあった両国の人々の証言を基に書かれていることを念頭に置かれれば、なお一層の関心を抱かれることと思います。

2001年1月　　　　　　　　　　　　　　著者（モスクワにて）

前書き

　1941年から1942年にかけてのモスクワ戦は、冬の到来前にソヴィエト連邦を崩壊させることを目論んだヒットラーの「電撃戦」に終止符を打った。

　モスクワ戦の勝利に重要な役割を果たしたのが赤軍航空隊、とりわけ戦闘機部隊であった。多大な損害を出しながらも空軍は首都と我が軍を援護し、敵機を空中で撃ち墜とし、飛行場で叩いた。また、モスクワに接近しつつあったヴェアマハト(ドイツ国防軍)に対する、襲撃機、爆撃機、戦闘機を使った空からの打撃は、特に大きな意義をもっていた。

　モスクワ郊外の戦闘について書かれたものは少なくない。しかし、本書は月並みな作品ではなく、他の文献と趣を異にしている。本書の執筆にあたっては、ソ連、ドイツ双方の公文書資料から公式データ、ソ連軍各連隊、各師団の戦闘報告書や編制照会資料、ドイツ軍飛行部隊の戦闘日誌、さらに戦闘に参加した将兵たちの回想録が活用されている。

　このようなアプローチは、著者をして最大限真実に迫ることを可能にした。相敵対した双方の情報の比較検証が、この出来事の研究をより客観的なものとすることに資した。とりわけ、こうして行われた分析は、ドイツが空中戦での戦果を倍に過剰評価し、他方の赤軍航空隊は3、4倍も戦果を誇張していたことを明らかにした。また多くの場合、ソ連側によって撃墜と記録されたルフトヴァッフェの航空機は、損傷を受けながらも友軍基地に還って行った。

　モスクワ郊外の戦いで中心となって活動したのが、ドイツ軍側は経験豊富な飛行士たちであったのに対し、ソ連空軍では一度も銃火にさらされたことのない者や航空学校を修了したばかりの将兵であったことも軽視できない。本書ではいくつかの数値データが検証されている。たとえば、ソ連側資料によると1941年10月に行われたモスクワ空襲は31件で、約2000機のドイツ軍機がそれに加わったとしているが、ドイツ側では、延べ289機による23件の空襲を記録に残しているのみである。

　前線の資料を重視し、双方の見方に依拠した著者の研究姿勢は、相手の姿を客観的に描きだす一助となった。ゲーリング航空団の人員は訓練されたプロフェッショナルの軍人たちであった。ある詩人の言葉の通り「敵もあっぱれなれば、わが誉れいよいよ高し」である。

　資料に基づいた本書の叙述は、戦時の厳しい状況を読者に伝え、ソ連飛行士たちの献身的な活躍をより明瞭に物語っている。私はこのことを、自分にとって最初の11回の戦闘出撃を1941年から1942年の冬に行ったモスクワ戦の経験者として、確言できる。

　1941年12月半ば、モスクワ中央飛行場を基地としていた防空軍第6戦闘航空軍団第11戦闘機連隊に私は着任した。私の連隊は地上部隊への低空襲撃活動をようやく停止したところであった。著者が公正に記すとおり、12月いっぱいと1月の半分は天候が悪く、空軍は積極的な行動を取らなかった。1942年が明けてから私はヤーコヴレフYak-1戦闘機に乗って、ヴォロコラームスク地区で戦う友軍と前線を越えて奇襲攻撃を繰り返していたドヴァートル将軍配下騎兵の援護に加わるようになった。私たちを敵の高射砲が撃ってくることも少なくなかった。1月8日、悪天候から私の飛行大隊は任務から引き上げ、大雪と雲高約50mのなかで着陸を敢行した。しかし、飛行場に隣接するモスクワの道路を知っていた私は正しく進路を取り、無事滑走路にたどり着くことができた。

　本書の著者には、状況をありのまま、粉飾なしに読者に伝えようとする姿勢が特徴的である。1941年から1945年にわたる大祖国戦争の客観的な歴史を浮かび上がらせるという、いまだ達成されていない課題を実現するためのハイレベルな貢献となるであろう本書が、ついに世に出たことを歓迎すべきだと思う。戦争経験者たちも航空史愛好家たちも本書に大きな関心を示すことを信じて疑わない。

ソヴィエト連邦英雄
ソヴィエト連邦功労テストパイロット
退役空軍中将

　　　　　ステパン・アナスターソヴィチ・ミコヤン

写真：序文筆者　ミコヤン退役空軍中将

Грозовое лето

雷雨の夏

モスクワ郊外上空で航空戦の火蓋が切って落とされたのは、1941年10月のことであった。だが、モスクワは「通信と軍需工業の中心」として、独ソ開戦当初から第三帝国指導部が大きな関心を寄せていた。6月22日にドイツ空軍最高司令部戦略偵察飛行隊の単独機が、高度1万mの上空からソヴィエトの首都を初めて空撮した事実をつかむことができた。しかし、この偵察飛行はソ連防空軍には発見されなかった。ある日、撃墜されたドイツ軍機の残骸から、このときの空撮写真を基に作成された航空写真地図が見つかったのである。

1941年7月。対空監視通報連絡隊(VNOS:ヴノース)の監視哨網がヴャージマ地区(17ページの図参照)でユンカースJu88偵察機を捕捉した。偵察機は何度か旋回飛行した後、北の方角に姿を消した。それ以後、ルフトヴァッフェの単独機による計画的な偵察飛行が繰り返された。これら偵察機はなによりもまず、赤軍の防空システムを明らかにしようと努めていた。7月2日、ドイツ軍の双発機数機がルジェーフ、カリーニン(17ページの図参照。なお後者は現在トヴェーリと改称)、ヴェリーキエ・ルーキ(プスコフの南東313km)地区の上空に、7月4日にはモスクワ市の西の外れにまで現れた。7月8日、単独のJu88がヴャージマ～グジャーツク～モジャイスク～クービンカ～ヴヌーコヴォ～モスクワ都心というコースを辿り、ルジェーフ方面へ去っていった(17ページの図参照)。これを捕捉迎撃するため、各地の飛行場から19機の新型機が緊急発進した。ユンカースは高度6000～7000mを時速約400kmで飛んでいたが、これを上空で発見し攻撃することはできなかった。

この日を境にドイツ軍の偵察飛行が活発化した。主にこの任務を担当したのは第122長距離偵察飛行隊第1及び第2中隊とルフトヴァッフェ最高司令部戦略偵察飛行隊の飛行士たちであった。ドイツ軍司令部は、防空軍モスクワ圏の中にある鉄道や飛行場、軍需工場その他の施設に関心をもっていた。ユンカースは時折、ルジェーフやヴォロコラームスク(モスクワより北西119km)、トルジョーク(カリーニンの西61km)……といった地区の道路網の要衝や鉄道列車、自動車の縦列などを爆撃した。これらの活動はまだ深刻な損害をもたらしはしなかったものの、やがてすぐに大きな試練がモスクワ市民を待ち構えているであろうことは感じられた。ゲルニカやワルシャワ、ロッテルダム、ロンドンの空爆・空襲について知らないものは誰もいなかった。

モスクワ上空で発生した最初のいくつかの交戦は、防空システムの臨戦態勢が整っていることを示した。防空軍(PVO:ペーヴェーオー)は偵察機撃墜を何度も試みていたが、初めてそれに成功したのは1941年7月2日のことであった。第11戦闘機連隊のゴシコー中尉は、ハインケルHe111爆撃機(機体コードA1+CN)を機関砲では撃墜することができなかったため、乗っていたヤーコヴレフYak-1(Як-1)戦闘機で敵機の尾翼に体当たりをし、自らもプロペラに損傷を受けたものの無事着陸した。第53爆撃航空団第5中隊所属の敵機はルジェーフ付近に墜落した。G・W・マイヤー少尉を機長とする乗員5名全員と、ロシアの首都を襲うドイツ飛行士たちの活躍を描こうとしていたH・フォーヴィンケル従軍記者は死亡した。同日、モスクワでの戦闘から第122長距離偵察飛行隊第1中隊のユンカースJu88偵察機(機体コードF6+NH)も未帰還となった。同機を操縦していたのは熟練のW・ルッチュ少尉であったが、幸運にも乗員たちとともに前線を越えて生還することができた。これに対してルッチュは騎士十字章を叙勲された。

モスクワの防空システムは、ルフトヴァッフェ指導部が想像していたより、かなり強力であった。防空体制の形成は1930年代に始まり、同心円状に重層的に構築され、その半径は200km以上に及んだ。西方及び南方はもっとも危険度が高いと判断され、それにともないモスクワ中心部から半径100～200kmにある飛行場には防空軍所属の戦闘機が配置されていた。ソ連軍指導部の企図によれば、敵機来襲の際はこれら戦闘機がモスクワ市より800km以上離れたところで探照灯を活用して敵機を撃墜し、高射砲部隊はモスクワ市の周囲と市内要衝付近に弾幕を張ることになっていた。ここでの探照灯部隊の課題は高射砲射撃のために標的を照らし出すことであった。市中心部と南方、西方の周辺部は阻塞気球と高射機関銃部隊も守りに就いていた。

ドイツによる侵略の可能性が高まってきたことから、1941年2月14日に、M・S・グロマージン少将を長とする、防空軍第1軍団と4個地区旅団(ゴーリコフ、カリーニン、トゥーラ、ヤロスラヴリ各地区旅団)からなる防空軍モスクワ圏が創設された(地区旅団とは、特定地区守備を目的に編制される旅団で、他に移動することはない不動部隊)。首都防衛は防空軍第1軍団が直接担当することとされ、軍団長にはグロマージン少将の後継としてD・A・ジュラヴリョーフ少将が任命された。第1軍団は高射砲、高射機関銃、探照灯、阻塞気

1 防空軍第1高射砲軍団司令官
　D・A・ジュラヴリョーフ将軍(戦後撮影)
2 防空軍第6戦闘航空軍団司令官
　I・D・クリーモフ大佐

③最初のミコヤン＝グレーヴィチMiG-3戦闘機は、1941年8月に第120戦闘機連隊が受領した。
④阻塞気球を上げる準備の様子をとらえた一葉。
⑤第11戦闘機連隊所属のヤーコヴレフYak-1戦闘機。
⑥対空機関銃班の配置場所は、おもに都心部が選ばれた。
⑦撮り終えたフィルムマガジンを現像所に送ろうとしているルフトヴァッフェの地上員。
⑧ソ連の首都に向けての出撃準備をするメッサーシュミットBf110戦闘機の乗員。所属は第26天候偵察隊。
⑨クレムリン防衛の配置につく高射砲班（N・S・グラノーフスキィ氏所蔵）

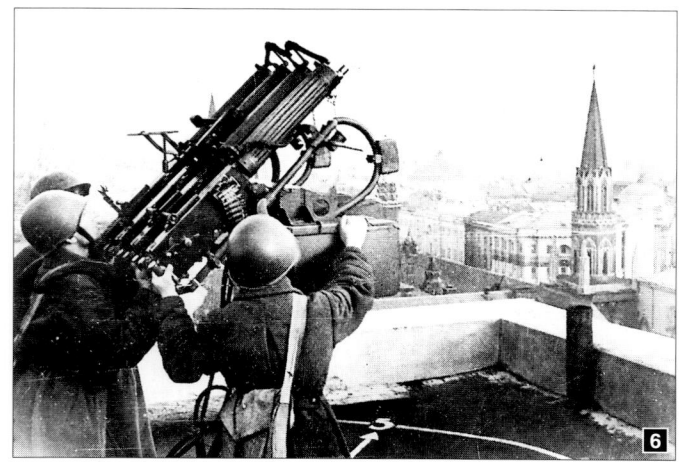

球、VNOSの諸部隊から構成されていた。

1941年4月4日、国防人民委員（当時はチモシェンコ）は「防空軍各地点戦闘機部隊編制表を承認し、翌日「モスクワ地点」にモスクワ軍管区航空隊から、クリーモフ大佐指揮する第24戦闘飛行師団が移転された。首都防空部隊の統括指揮は第1軍団司令本部から行われることとなっていた。そこには防空軍モスクワ圏司令官とその参謀部、VNOS本部、通信中継局、高射砲及び戦闘機部隊の指揮官たちが常駐することとされた。

ヴェアマハトの対ソ連侵攻2日前にソ連軍司令部は、第24戦闘飛行師団を基幹とし、I・D・クリーモフ大佐を長とする防空軍第6戦闘航空軍団の編制を発令した。それは、11個飛行連隊からな

り、ミコヤン＝グレーヴィチMiG-3（МиГ-3）、ラーヴォチキン＝ゴルブノーフ＝グドコーフLaGG-3（ЛзГГ-3）、ヤーコヴレフYak-1などの新型機175機を含む389機の戦闘機が配備されていた（ドイツ軍の諜報情報によると、戦争開始時にモスクワ防衛の任務に就いていた戦闘機の数は144機とされていた）。防空軍飛行士たちの新型戦闘機への慣熟度は、方面軍航空隊の操縦士たちよりもはるかに高かったことは指摘しておかねばなるまい。第6戦闘航空軍団所属のいくつかの連隊――第11、第16、第27、第34戦闘機連隊――は赤軍航空隊の誇りであった。たとえば、ルィプキン少佐指揮下の第34戦闘機連隊は、ミグMiG-3戦闘機が最初に配備された部隊のひとつで、1941年5月1日に行われた赤の広場上空のメーデー記念飛行パレードに参加した。戦闘訓練レベルと飛行時間（400時間以上）の点で、A・G・ルキヤーノフ、M・G・トゥルノーフ、A・V・スミルノーフ、N・G・シチェルビーナといったパイロットたちは、軍団内では抜きん出た存在であった。ソ連軍に親衛部隊制度が創設される前に、モスクワ郊外にはすでに精鋭部隊が登場したのである。

高射砲6個連隊には6月22日時点で中口径（76.2mm、85mm）高射砲が548門、小口径（37mm、25mm）高射砲が28門、さらに高射機関銃1個連隊には81挺の四連装高射機関銃が配備されていた。モスクワ都心防衛のためには68個の気球も待機していた（2個連隊）。対空監視通報連絡部隊（VNOS）は580個の監視哨と32個の監視中隊が定数とされていたが、平時は120箇所のみが対空監視当直にあった。さらに、VNOS第337独立無線大隊は当時最新の無線技術であるレーダー基地RUS-1、RUS-2を5基

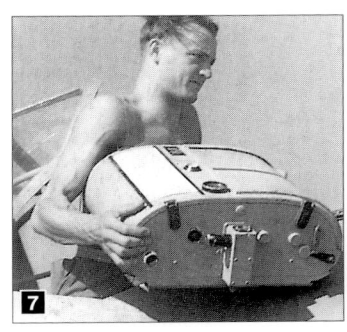

保有していた。モスクワ郊外の戦闘では最良の国産兵器が用いられた。そのなかには、自動照準機の付いた37mm自動高射砲1939年型や85mm高射砲1939年型、聴音探知基地ZT-5などが挙げられる。試作レーダーステーションRUS-2『レドゥート』(角面堡の意—訳注)は、飛行物体を半径120kmの範囲内でキャッチし、その方位、距離、進路、速度、各編隊内のおおよその機体数を特定することができた。

開戦当初よりモスクワの防空軍は人員と資材を必要量保有していた。しかし、各レベルでの指揮系統がうまく機能していなかったことから、それらの有効な活用がなされなかった。たとえば、6月23日に未確認航空機が5、6機出現したとき(後にこれは航空人民委員部の輸送部隊所属のものと判明したが)、防空軍第1軍団司令官D・A・ジュラヴリョーフ将軍の指示で36機の戦闘機が緊急出動したところ、第6戦闘航空軍団司令官I・D・クリーモフ大佐の命令によってさらに36機の戦闘機が飛び立った。防空軍戦闘機の指揮管制について見解を異にする両司令官は、それぞれスターリンに支持を求めて訴えた。クリーモフは、自分に任された連隊にもっと頻繁に顔を出さねばならないと考えていたが、ジュラヴリョーフ将軍はクリーモフが司令本部に常駐し、防空軍第1軍団の指揮に従うよう要求した。

飛行機の識別に関しても数多くの誤りが見られた。その一例として、1941年6月24日に爆薬を積載したPS-84輸送機の編隊が予告なしにヴォロコラームスクの上空に出てしまったときのことである。VNOS監視哨は友軍の輸送機をそのエンジン音と機影では確認することができず、VNOS本部にその旨連絡を入れた。警報で上空に舞い上がった第120戦闘機連隊の戦闘機10機もまた友軍機を識別できず、銃撃を加えた。第3482工場所属のPS-84輸送機(コールシュノフ操縦士)には25発の銃弾が貫通したものの、無事着陸することができた。この事件を捜査したL・Z・メーフリス一等軍政治委員は最初、大混乱が味方の飛行機の墜落につながりかねなかったことをひどく憂慮した。しかしその後、別の点が重視されるようになった——戦闘機が、防御が手薄で静かに飛ぶ輸送機の飛行を妨害できなかったとするならば、充分に武装された高速のルフトヴァッフェの航空機をどうして迎撃することができようか!?

ソ連機によるモスクワ空域侵犯件数は雪だるま式に増えていった。6月30日、VNOS監視哨が発見した、予告なしにモスクワに進入・通過しようとしていた航空機19機を第6戦闘航空軍団のパイロットたちが強制着陸させた。これらのなかには、かなり珍しい型の飛行機、スターリ-2とスターリ-3もあった(「スターリ」は鋼鉄の意味)。開戦当初から、モスクワ方面に飛ぶ飛行機はみな特別に設置された検問所を通過するよう義務付けられていたにもかかわらず、このような事件が発生し続けていた。たとえば、セールプホフ検問所は、高

10 第401特務戦闘機連隊のテストパイロットたちはMiG-3に搭乗して戦闘に加わった。
11 着陸時の事故によって損傷したポリカールポフS-2病院機（1941年、モスクワ近郊）
12 旧式の機体ながら重宝に使用された「大空の働き者」ポリカールポフU-2練習機（Б・ヴドヴェンコ氏所蔵）
13 乗機の前で戦闘任務遂行報告を行うパイロット。プロパガンダ用に撮影されたもののようである。

度を500mにまで下げ、進路標識のある「ゲート」を通過して、「我、味方なり」のシグナルを発するよう要求していた。現地の飛行場と、いわゆる「オカ橋」（モスクワ州セールプホフ市を流れるオカ川に由来）の上空通過は厳禁されていたにもかかわらず、実際にはそれを守らぬ飛行機が後を絶たなかった。

6月もその後も、「道に迷った」飛行機は敵機と見なされ銃撃が加えられた。ソ連側資料では1941年10月に2000機に上る航空機で31件のモスクワ空襲が行われたとされているのに対し、ドイツ側資料では289機の爆撃機により23件の空爆が記録されているのみという食い違いは、上述の点とVNOS部隊の未熟さでかなりな程度説明されよう。

防空システム最大の弱点のひとつが通信であった。レーダーの送受信ポイントの数は不充分で、実践的な訓練も行われず、基本的通信手段は有線電話のままであった。VNOS監視哨は敵機出現の連絡に有効活用されたが、信号布板と矢印信号により友軍機をドイツ機に誘導する試み（当時そうするように指示されていた）は、日中でさえ肯定的な結果はもたらさなかった。多くの時間が地上で信号板を並べるのに費やされ、そうこうするうちに敵機が当該空域を過ぎ去っていった。そもそも、上空からこれらの信号板を認識すること自体も容易ではなかったのである。

Н・А・コピャショーフ大佐（当時第6戦闘航空軍団参謀長、後にИ・И・コマローフ大佐が参謀長に任命されてからは参謀副長）の1941年7月1日付けの報告内容を見てみよう。そこでは、第6戦闘航空軍団の飛行士494名のうち戦闘訓練を経た者414名、うち夜間戦闘を行えるものは88名、夜間戦闘機を操縦できるのは8名……わずか8名のみ！ と指摘されている。この報告ではまた、通信の不安定さや大多数の飛行場が夜間戦闘時の対応ができていないことなどについても触れられている。

1941年7月9日、国防委員会（GKO：ゲーカーオー）は『モスクワ防空に関する政令』を採択した。それにしたがい、高射砲各連

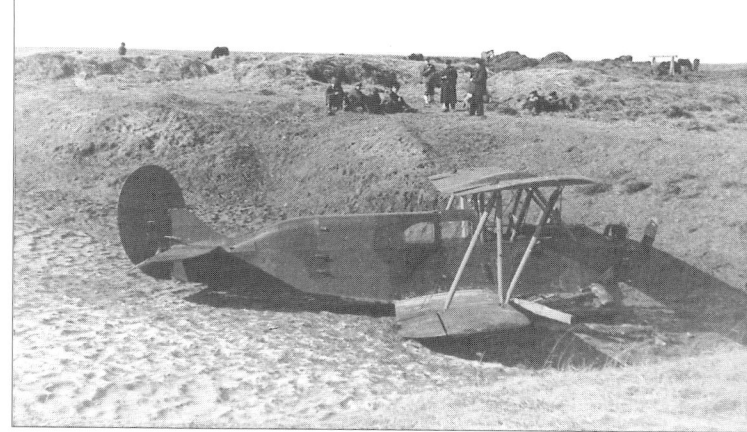

隊は兵員、物資ともに完全装備され、防空軍第1軍団には新たに高射砲6個連隊が追加された。この政令に続き、数日後には首都に道路、駅舎、発電所復旧の特別部隊が誕生した。

ルフトヴァッフェ偵察機対策は、防空軍内各組織の規律強化に役立った。7月9日にモスクワ軍管区司令官Р・А・アルチェーミエフ将軍が、第27戦闘機連隊の中央飛行場を基地としていた飛行大隊の訓練度を確かめてみたが、彼はその結果に不満であった。同飛行大隊の戦闘機15機すべてが数百機に及ぶトゥーポレフTB-3輸送機（G-2）やダグラス輸送機（PS-84）、その他の航空機の合い間合い間に散らばっていたのである（Gは民用機の意味、PSは旅客輸送機の意味）。迷彩が規定通りの機体で実質的に皆無で、当直編隊は離陸までに20分も要する有様であった。航空軍団司令官クリーモフ大佐はすぐさま、2日間のうちに「戦時に要求される規律を正し、怠慢な指揮官たちは処罰し、場合によっては軍事裁判にかける」よう命令した。以後、この表現は戦闘命令にし

ばしば用いられるようになった。

　最初の経験を基に『モスクワ市防空戦闘機戦要領』なる説明書が編纂され、7月10日付けで赤軍航空隊司令官P・F・ジーガレフ将軍とモスクワ軍管区司令官防空担当補佐官M・S・グロマージン将軍の承認が得られた。この説明書には、戦闘機の出動は発見された敵機の数に応じて行われるとある。指揮官は、数において敵の1.5倍の優勢を確保するよう努めなければならなかった。敵機の大規模な来襲にあたっては、基幹戦闘機グループの給油中に起こりうる敵の攻撃に対応するために、予備を必ず用意しておくこととされている（保有戦力の4分の1以上）。操縦士たちに対しては、燃料がなくなるまで空中戦を続けることは厳しく禁じられ、着陸した飛行機は即座に地上要員により整備され、分散配置された後に迷彩処理を施されなければならないと書かれている。

　説明書はまた、日中、夜間における防空軍全組織の連携行動も規定している。たとえば、日中においては「敵機の大部隊に対する単独機による攻撃は、高射砲射撃開始の障害とはならない」とある。戦闘機にはいかなる標的をも、それがたとえ高射砲射撃の対象となっていようとも、攻撃する権利が与えられた。その一方、阻塞気球打ち上げ区域では、いかに視界がよかろうとも戦闘機は高度4500m以下を飛ぶことはできなかった。そこでは高射砲射撃も禁じられた。夜間は高射砲と戦闘機はそれぞれ別個の区域で活動せねばならず、照らし出された標的を攻撃、追跡射撃を行うよう指示されている。高射砲は、敵機のエンジン音を基に阻止射撃を行うことも想定されていた。高角探照灯操作員たちは、3〜4個の探照灯を用いて上空に光線を重ねるように努め、しかも友軍機は照らさないよう注意せねばならなかった。「戦闘機の待機ゾーンでの進路変更を保証し、敵機へ誘導させるために攻撃目標指示照明弾を用いる」ことも指示されている。個々の規定に問題は残されていたものの、以後この説明書はモスクワ防空戦の遂行に重要な役割を果たすことになる。

　飛行機乗りたちに、事前に具体的課題を明らかにすることが禁じられていたのは、防空軍戦闘機部隊の特徴といえよう。毎回の出撃前に行われる事前準備訓練も非常に重要であった。操縦士たちには緊急発進とパトロール区域を熟知すること、いかなる場所へも地図なしで指示されたところにすぐさま到達できること、種々の信号の識別、高射砲との明確な連携行動、充分な夜間訓練が要求された

　防空軍第1軍団指揮管制の改善に向けた重要な一歩となったのが、1941年7月12日付けで発令された国防人民委員の命令である。それによれば、「防空圏を4セクターに分割し、セクターごとに戦闘機数を定め、各セクターの守備に責任をもつ指揮官をそれぞれ任命する」こととされた。スタフカ（ソ連軍大本営）の指示により、第6戦闘航空軍団司令官の下に4名の補佐官ポストが設けられ、それぞれが1セクターの防衛を担当、順番に軍団司令本部で当直にあたった。戦闘機部隊の指揮は、西部セクターではP・M・ステファノーフスキィ中佐が、南部セクターをトゥリーフォノフ大佐、東部セクターはM・N・ヤクーシン少佐、北部セクターはA・I・ミテンコーフ中佐が執ることとなった。ステファノーフスキィの回想によると、このような新しい組織編成を案出したのはI・V・スターリンであったという。スターリンは、単独の指揮官が30名もの部下に対し効率よい采配を振るうことはできないと確信していた（第6戦闘航空軍団はそれだけの連隊から編制されていた）。

　「ひとりの人間が創造的に管理できる部下の数は5人までであることは、ローマ帝国の時代から知られている」──とこのときスターリンは語った。

　4セクター各補佐官の間のさらに細かい職務分担は、かなりな程度形式的であった。全員の関心が集まったのは、西部セクターの防空と司令本部からの戦闘機戦力の日常の指揮であった。たとえば、モスクワ初空襲の夜、司令本部当直非番であったミテンコーフ、ステファノーフスキィ、ヤクーシンはそれぞれ、ヴヌーコヴォ、クービンカ、アルフェーリエヴォ（17ページの図参照）といった西部セクターの飛行場にいた。

　しかし、これらの措置がすぐに肯定的な結果をもたらしたわけではなかった。7月15日に第6戦闘航空軍団副司令官N・A・コビャショーフ大佐により行われた軍団パイロットらの戦闘活動結果についての調査は、まったくもって落胆させられるものであった。8機のドイツ偵察機が墜落したと思われる場所を複葉機のポリカールポフU-2練習機で周回飛行し発見できたのは、たった1機の破片だけであった。それは、7月13日にドロゴブージャ付近で第24戦闘機連隊のA・V・ボンダレンコ上級中尉が撃墜したドルニ

エDo17Z爆撃機であると判明した。機体コードが5K＋HTとあることから、同機は第3爆撃航空団第Ⅲ飛行隊に所属していたことがわかった。その後、カリーニン付近に墜落したソ連長距離爆撃航空軍（DBA：デーベーアー）の第40飛行師団に所属するイリューシンDB－3F長距離爆撃機が発見されたが、報告書類にはこれがユンカースJu88爆撃機であると記録されていた。さらに、3機目は第3重爆撃機連隊のトゥーポレフTB－3重爆撃機であった。どうも、同機は航法装置の故障から夜間に進路から外れ、モジャイスクを爆撃し始めたようであった。同機と連絡をとり、誤爆を正そうとした試みはすべてうまくいかず、防空軍の戦闘機が同機を攻撃、機体は空中で爆発した。

ソ連側指導部は常に兵力を増強していた。防空軍第6戦闘航空軍団戦闘機部隊の充実を図るため、空軍司令官は、開戦当初に国境付近で戦闘経験を積んだ第123、第124、第126戦闘機連隊を同軍団に移した。これらの部隊には新型戦闘機が飛行機工場から直接搬送された。防空体制強化のため、I・N・イノゼームツェフとソ連邦英雄A・Z・ユマーシェフを長とするテストパイロットたちからなる特別独立飛行大隊2個が編制された。彼らは夜間飛行の訓練を積んでいた。第6戦闘航空軍団の編制の変化は次表の通りである。

機種	1941年6月26日	1941年7月17日
МиГ-3(MiG-3)	170	220
ЛаГГ-3(LaGG-3)	75	82
Як-1(Yak-1)	95	117
И-16(I-16)	200	233
И-153(I-153)	45	56
飛行士数	585	708
うち夜間飛行士数	76	133

7月18日までに探照灯設置箇所は318地点から618地点に増え、それらは6個の探照灯原にまとめられ、主に北西、南西方面に重点配置された。気球打ち上げ地点の数は124にまで増やされた。250km離れた範囲まで索敵と敵機の発見・連絡を行っていたVNOS諸部隊は、重要な役割を担っていた。VNOS8個大隊は「敵機接近警報帯」としても、また「敵機通過監視帯」としても機能していた。

ソヴィエト指導部はまた、現有の高射砲兵力では充分でないと判断していた。7月後半に防空軍第1軍団に、主に新型の85mm及び37mm高射砲が届いた。7月22日までにはモスクワ付近には85mm高射砲564門、76.2mm高射砲232門、37mm及び25mm高射砲248門とマキシム四連装高射機関銃336挺が集中配備され

た。そして、これらの火器をもっとも効果的に配置することも重要であった。モスクワ警護圏司令官M・S・グロマージン将軍は7月14日、「ルブリョーヴォ、グルーホヴォ、パーフシノ地区に配置されている全高射砲中隊を偽装するよう」命令した。なぜならば、「開戦前にこの一帯をドイツ機が飛び回っていたから」である。

モスクワ上空での対ドイツ機戦闘の第1段階を総括してみよう。7月21日までにモスクワ防空圏を敵偵察機が通過飛行した回数は89件で、そのうち9件は直接モスクワ市上空を高度7000m以上の高さで飛んだ。戦闘機パイロットたちにとって、地上からの「耳打ち」無しでは高高度の上空を飛ぶユンカースやドルニエを発見することは、たとえ晴天下でも極めて困難であった。ソ連側資料は、空中索敵が当時最大の問題であったことを物語っている。

開戦後1ヶ月間にドイツ側が認めた、モスクワ地区での損害は2機であった。しかし、ドイツ軍飛行士たちの報告書類には、多数のロシア戦闘機が幾度も攻撃をかけてきたと指摘している（という

部隊	機種	定数	保有機数	可動機数	所属	指揮官
第4爆撃航空団本部飛行隊	He111	3機	1	1	第1航空艦隊第1航空軍団	ラート大佐
第4爆撃航空団第Ⅰ飛行隊	He111	36機	22	17	第1航空艦隊第1航空軍団	ノスケ大尉
第4爆撃航空団第Ⅱ飛行隊	He111	36機	23	17	第1航空艦隊第1航空軍団	ヴォルフ少佐
第4爆撃航空団第Ⅲ飛行隊	He111	36機	12	10	第1航空艦隊第1航空軍団	ブーリング少佐
第28爆撃航空団本部飛行隊	He111	6機	0	0	第2航空艦隊第2航空軍団	ロート大佐
第28爆撃航空団第Ⅰ飛行隊	He111	36機	20	14	第2航空艦隊第2航空軍団	ヘックマン中佐
第26爆撃航空団第Ⅲ飛行隊	He111	36機	29	21	第2航空艦隊第2航空軍団	フォン・ロッスベルグ少佐
第100爆撃飛行隊	He111	36機	12	10	第2航空艦隊第2航空軍団	クスター少佐
	計 He111	225機	119	90		

ことは、ソ連戦闘機はドイツ機を発見、接近したが、撃墜はできなかったことになる)。偵察機が急降下して追撃機から逃れても、思いがけず多数の高射砲の砲火に襲われることもしばしばであった。

白ロシア共和国(現ベロルーシ共和国)がヴェアマハトに占領されてからは、モスクワがルフトヴァッフェの次なる目標として浮かび上がってきた。ドイツ軍航空諸部隊の参謀たちの間では、ソ連の首都が「作戦目標10」と記されるようになったが、それはどうも空爆作戦の順番に由来しているようである。1941年7月8日、ドイツ陸軍参謀総長F・ハルダー将軍は日記に書いている。

——「モスクワとレニングラードの住民に手を焼かずに済むよう、これらの都市を地面と等しくなるよう破壊するという総統の決定は揺るぎないものである。でなければ、我々は後にこれら住民を冬季の間、食べさせてやらねばならなくなる。これらの都市を殲滅するという課題を遂行するのは空軍である……。それは、総統の言葉を借りれば、国民的惨事となり、ボリシェヴィズムだけでなく、モスクワ人(ロシア人の古名)そのものの拠って立つ所が失われることとなろう」。

7月13日、第8航空軍団司令官W・フォン・リヒトホーフェン将軍は、四百万以上の人口を擁するモスクワへの空爆はロシアの破局を早めるであろうと主張した。ヒトラーは翌日あらためて、「ボリシェヴィズムの抵抗の中心部に打撃を加え、ロシア政府機関の避難を阻止するために」、ソ連の首都を爆撃する必要性を述べた。総統が7月19日に承認した訓令第33号『東部戦線における今後の戦争遂行に関して』には、「可及的速やかに、西部戦線から時限的に爆撃機の増援を受けた第2航空艦隊の戦力をもってモスクワ

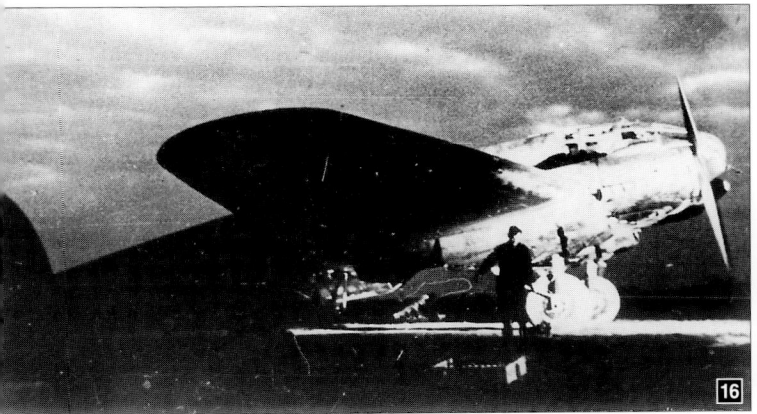

14 ハインケルHe111爆撃機の機首アップ。ラダーに登ってなにやら点検を行おうとしているようだ。
15 ソ連軍防空軍中央指令所においての撮影。左から右へ、防空軍第1軍団司令官D・A・ジュラヴリョーフ将軍、同第1軍団政治将校のN・F・グリッチェン連隊政治委員、防空軍モスクワ圏司令官M・S・グロマージン将軍、防空軍モスクワ圏参謀長A・V・ゲラーシモフ大佐。
16 夕闇の中を離陸しようとする重装備のハインケルHe111爆撃機。機首に煌々とライトの光が当たっているが、これは制空権を有しているがゆえの、余裕であろう。
17 ハインケルHe111の前で出撃にあたってのブリーフィングを行う爆撃機搭乗員たち。

空爆を開始すべし」とある。そこではまた、モスクワ空爆は「ロシア空軍によるブカレスト、ヘルシンキ空襲に対する復讐となるべきである」とも書かれている。

　7月半ばにフランスに配置されていた第3航空艦隊から6個爆撃飛行隊が東部戦線に派遣されている。それは、対ソ戦計画にしたがってゲーリングとその司令部が東部戦線での作戦に回した、5番目の、すなわち最後の予備梯団であった（ルフトヴァッフェ総司令部予備—OKL）。その編成は前ページに掲載した表のとおりである。

　モスクワ空爆の準備、実施は第2航空軍団司令官B・レールツァー将軍に任された。即座にドイツ軍総司令部予備航空隊がすべて同将軍の指揮下に置かれた。これらの部隊を最初に活用することが計画されていたのである。このほか、モスクワ空爆に参加することになっていたのは、第2航空艦隊第2航空軍団所属の第53爆撃航空団（ハインケルHe111爆撃機がミンスク地区のドゥビンスカヤ飛行場から出撃していた）、第4航空艦隊第5航空軍団所属の第55爆撃航空団第Ⅰ、第Ⅱ飛行隊（同じくハインケルHe111爆撃機がミンスクより北東のボリーソフ飛行場を基地としていた）、第2航空艦隊第2航空軍団から第3爆撃航空団第Ⅰ、第Ⅱ飛行隊（ミンスク地区、ボヤールィ飛行場にユンカースJu88爆撃機を配置）、第2航空艦隊第8航空軍団第3爆撃航空団第Ⅲ飛行隊（ドルニエDo17爆撃機をヴィリニュス飛行場に配置）であった。かくして、東部戦線で活動していた5個航空軍団のうち、モスクワ空爆に加わらなかったのは第4航空軍団だけであった。

　7月20日、第2航空艦隊司令官A・ケッセルリング元帥は、来

18 M105PD型エンジンの仕上げ調整のために戦闘機試験室に到着したイリューシンI-30試作戦闘機
19 22 7月22日、A・V・ユマーシェフ大佐の「稼動機はすべて空中にあるべし」との命令に遵い、テストパイロットのM・A・サムショーフはI-30戦闘機に乗り、敵爆撃機を迎撃すべく出撃した。だが高度1500mでエンジン停止、ラーメンスコエ飛行場まで50mのところに不時着した。この事故の際、機体はひっくり返ってしまい、サムショーフは重傷を負っている。
20 長距離爆撃の任務を帯びて飛ぶドイツ空軍第4航空団のハインケルHe111。密集編隊の後続機からの撮影。
21 第27戦闘機連隊所属のI・N・ピリューギン大尉は、第1回モスクワ空爆迎撃時における優秀な活躍により、赤旗勲章を授与された。

るべき空爆作戦に関して司令官たちとの協議を行った。ケッセルリング元帥によれば、ロシア空軍はすでに実質的に壊滅しており、まともな抵抗を示すことはできないなずであった。当時、第28爆撃航空団に勤務していたドイツ軍飛行士L・ハーヴィヒホルスト曹長はこう回想している。
──「ロシアの首都に打撃を加える前の日、我々の部隊が2個配置されていたテレースポリ飛行場にケッセルリング元帥が到着された。元帥は搭乗員に対してこうおっしゃった──『我が飛行機乗り諸君！ 君らはイギリス空爆で成果を収めた。あそこでは強力な高射砲の砲火や阻塞気球を乗り越え、戦闘機の攻撃を撥ね返さねばならなかった。しかし、諸君はその課題を見事に成し遂げた。今度の諸君の目標はモスクワである。はるかに楽に済むことだろう。仮にロシア人が高射砲をもっているとしても、その数はたかが知れており、いかほどの探照灯も諸君に嫌な思いをさせることはなかろう。ロシア人には気球も無いし、夜間戦闘機などは皆無である。諸君らの成すべきことは、好条件下でいつもイギリス上空でやったように、モスクワに低空飛行で接近し、正確に爆弾を投下することである。諸君らの散歩が心地よいものとなることを期待する。4週間後には、常勝ヴェアマハトの軍隊はモスクワにいることだろう。それは戦争終結を意味する……』と」

モスクワ空爆戦術は、イギリス大都市に対するそれと大差はなかった。無線航法装置X-ゲラートを装備した第100爆撃飛行隊を誘導するために、オルシャ地区に無線標識所が設置された。先導役を果たすべきこれらの爆撃機は、オルシャ～モスクワ間に電波ビームにより開かれた航路に導かれ、特定の針路を厳守して飛んでいった。しかも、探照灯原に突入しようと、高射砲の射撃を受けようとこの針路から逸れることは許されなかった。爆撃機搭乗員には、照明弾や焼夷弾、爆弾を投下すべき具体的な標的が指示された。たとえば、第55爆撃航空団の爆撃機はクレムリンとモスクワ水力発電所、全ソ連邦共産党中央委員会の建物を攻撃し、第53爆撃航空団は白ロシア駅とクラーラ・ツェートキン記念工場（おそらくドイツ軍の念頭には無煙火薬製造工場があったのだろう）に投弾し、第4爆撃航空団は首都の西部、北部にかかっている橋梁を破壊することになっていた。搭乗員には、縮尺「2万5千分の1」と「4万分の1」のモスクワ市の詳細な地図と航空写真地図が配布された。もっとも経験豊富な乗組員の機体には最新型の2500kg爆弾が搭載された。撃墜されたドイツ軍機に残っていたモスクワ市の地図には、アヴィアヒム記念第1工場、ゴルブノーフ記念第22工場、フルンゼ記念第24工場といったすべての大型飛行機工場が記されていた。しかし、それについて驚くにはあたらない。というのも、第2航空艦隊司令部で情報部門を指揮していたG・アシェンブレンナー将軍は、戦前は在モスクワ・ドイツ大使館付武官の役職にあったからである。

モスクワ空爆準備はかなり性急に進められた。そのことは、爆撃機部隊の装備、人員が定数に達していなかったことが物語っていよう。補充する時間がなかったのである。もうひとつの興味深い事実がある。ディーナブルク（ダウガヴピルス）飛行場は第54爆撃航空団第Ⅲ飛行隊を受け入れられる態勢になかったのである。それに加え、ここの滑走路の長さは、装備満載のハインケルが飛び立つには短か過ぎた。それゆえ、同飛行隊は緊急にケーニヒスベルク近郊のプロヴェレンに移動させられた。また、1939年9月以来初めて、第4爆撃航空団『ヴェーフェル将軍』を構成し、戦闘任務に就く3個飛行隊すべて（爆撃機58機のほか輸送機、連絡機）

23 対空監視を行うクービンカ飛行場の当直班員
24 1941年7月22日にK・N・チテンコーフ大尉が撃墜したハインケルHe111爆撃機に搭載されていた戦利品の機関銃を調べる第11戦闘機連隊の飛行士たち。左から右へ、G・A・コーグルシェフ、N・V・グリニョーフ、N・G・グハレンコ、K・N・チテンコーフ

がひとつの飛行場内に配置されることとなった。多くのドイツ軍指揮官は、基地内の過密状態とスパルタ的な条件下では、一度に大量の飛行機が動く際に安全が保証されず、然るべき準備をするには時間が必要であると判断していた。しかし、ルフトヴァッフェを指揮するゲーリング国家元帥は急遽、来るべき作戦には150機以上の爆撃機を投入するよう要求していた。

7月22日深夜のモスクワ空爆は体当たりといってもよいものであった。21時にはロースラヴリ(スモレンスクの南東123km)～スモレンスク線上のVNOS監視哨から敵機大編隊発見の第一報が入った。195機(ソ連側資料では220機)が、ブレスト(テレースポリ)やバラーノヴィチ、ボブルイスク、ドゥビンスカヤ、その他の飛行場からまだ明るいうちに飛び立った。その際、127機は小編隊を編成して、ヴャージマ～グジャーツク～モジャイスクという進路を辿っていった。暗闇が差し迫るとともに、航路上に特殊部隊が焚き火を点け、飛行士たちの目印とした。モスクワ市近郊に迫るや大編隊は散開し、それぞれ指定された目標に向け、さまざまな方角から市内に進入していった。

この夜の様子について、L・ハーヴィヒホルスト曹長がもう少し詳しく書き残している。

――「私たちの乗ったHe111(機体コード1T＋1K)は、ヘルマンの編隊のなかで飛んでいた。眼下に炎上するスモレンスクはいい目印となった。たちまち私たちは10～20本の探照灯光線が探照灯原を形成しているのを目にした。これを迂回しようとしたがうまくいかなかった。多数の探照灯が左から右からと光を放った。私は飛行高度を4500mまで引き上げ、搭乗員に酸素マスクを着用するよう命じた。突然、機体めがけてロシアの高射砲が火を吹いた。幸い射撃は不正確だったが、射撃密度は高かった。私たちの飛行機がいよいよモスクワに接近したとき、眼下に別部隊のJu88を見かけた。それはモスクワ市への急降下態勢を整えつつあった。私たちも爆弾の重さから身を軽くしようとしていたその時、通

25 第41戦闘機連隊のA・A・リピーリン大尉は7月27日、高度8000m上空で敵偵察機の撃墜に成功した。

26 1941年7月30日、モスクワ市スヴェルドロフ広場で公開展示されたユンカースJu88(第122長距離偵察飛行隊所属。機体コードF6＋AK。サブタイプはA-5と思われる)(E・エヴゼリーヒン氏所蔵)

信手のうわずった声が響いた。
「要注意、気球だ!」
「お前ボケてるのか?」——他の搭乗員の声が聞こえた、——「俺たちは4500メートルの高度を飛んでいるんだぞ」。

乗員たちはイギリス人が高度2000m以上には気球を上げないことをよく知っていたし、ここでは少なくともその倍の高度はあったのだ。ところが、阻塞気球の存在を航空機関士も確認した。

私は爆弾投下を命令した。私たちが逆方向に進路を変えるや否や、通信手が"敵戦闘機接近"を報告した。ロシアの夜間戦闘機(そもそも彼らにはそのようなものがあるはずはないのだが)が私たちを左舷上方から攻撃してきた。通信手が銃火を開き、すぐさま航空機関士も反撃に加わった。そうすると敵戦闘機は被弾炎上し、急落下していった。これは、私たちが撃墜した最初の戦闘機であった(今日明らかなところでは、ドイツ軍は夜間しばしば、排気ノズルからの排気焔をエンジン室内の火災と捉えていた。最初の攻撃に対する反撃を受けて、セルゲーエフ、ショークン、ズーボフの操縦士3名は落下傘落下で乗機から脱出した。前2者の機体は燃料が尽き、ズーボフ少尉の機は原因不明でエンジンが発火した―著者注)。私たちのHe111は空の燃料タンクでテレースポリに4時27分、着陸した。全飛行には8時間4分を費やした」

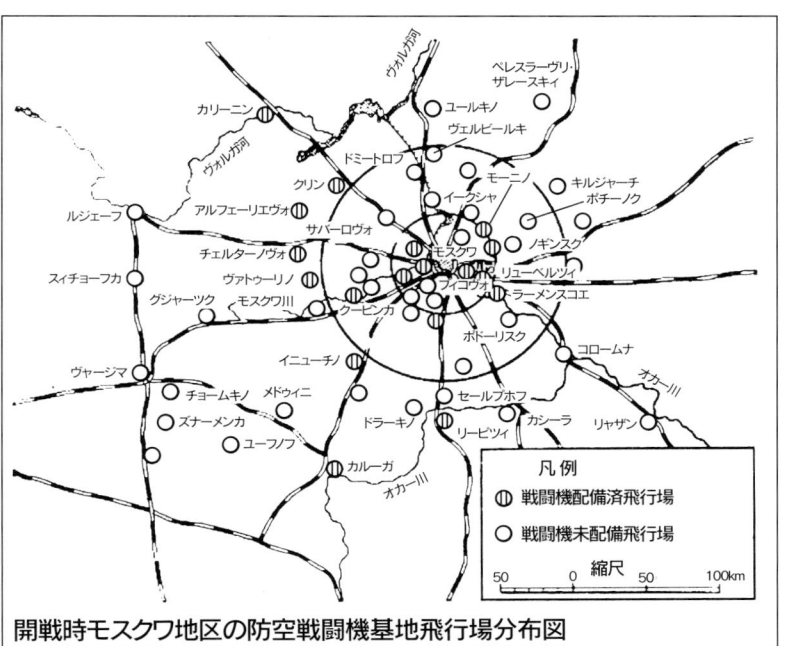

開戦時モスクワ地区の防空戦闘機基地飛行場分布図

ソ連防空軍は総力を挙げて空爆を迎え撃った。偶然かどうか定かではないが、7月21日午後8時に、I・V・スターリンとG・K・

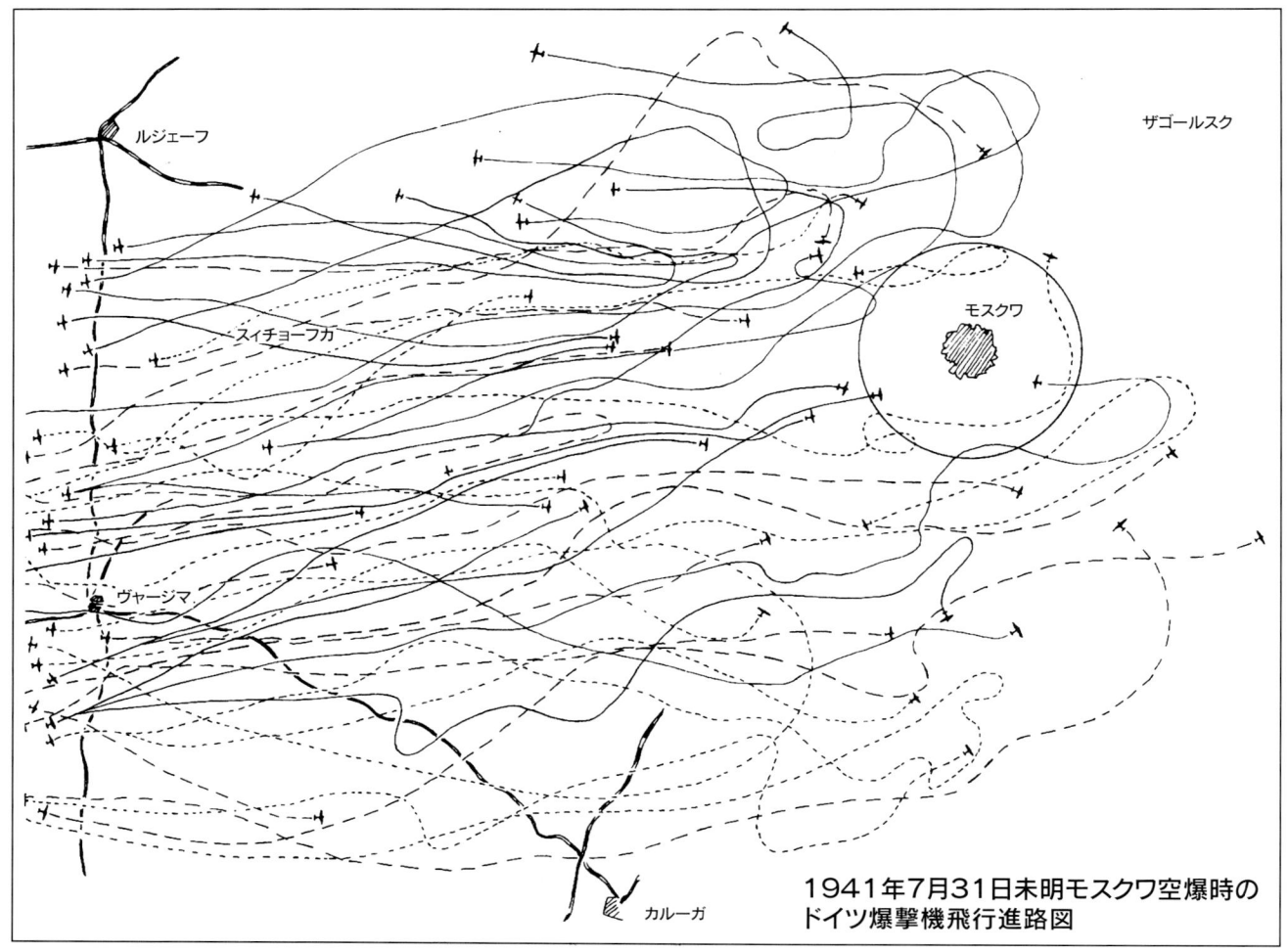

1941年7月31日未明モスクワ空爆時の
ドイツ爆撃機飛行進路図

ジューコフが指揮する指揮管制演習が終わったのであった。この演習は警戒心向上に役立った。22時29分にはすでに、B・V・サルブーノフ中佐配下の探照灯操作員たちが最初の標的を照らし出した。待機ゾーンには夜間戦闘機がいた。夜間戦闘機はこの夜173回出撃した(別の資料では178回)。戦闘機は敵機の戦闘隊形を乱し、照準爆撃を妨害したが、幾ばくかのドイツ爆撃機は自らの爆撃目標に到達することに成功した。たとえば、第55爆撃航空団第Ⅱ飛行隊の数機はかなりの精確さでクレムリンに投弾した。

最初の空襲迎撃に参加した、著名なテストパイロット、M・L・ガライはこう回想している。

──「この夜、敵の奴等はずいぶんふてぶてしく──他の表現は見当たらない──飛んでいやがった！　ヒットラーの爆撃機の群は低空──2、3キロ、高くて4キロメートル──を飛び回っていた。まるで俺たちの側から果敢な抵抗があるなど思いもつかないように。数日経って、そのとおりだったことが分かった。撃墜されたドイツ機の捕虜操縦士らが語るには、出撃前に知らされたドイツ側偵察情報によれば、モスクワ上空で本格的な防空システム、とりわけ組織的な夜間戦闘機部隊などに直面するはずがない、ということだった」。

そのはずがなかったのに直面したのである！　必ずしも見事とはいえないが、戦闘機、高射砲、探照灯、気球、対空監視それぞれの献身的な活躍が、ヒットラーのモスクワ殲滅計画を頓挫させたのである。ソ連軍司令部は22機のドイツ爆撃機撃墜を伝え、そのうち12機は迎撃戦闘機の戦果とされた。

──「夜間空襲時における敵側のこれだけの損害はかなり大きいものと認めねばならぬであろう、──このようにソ連情報局のニュースでは伝えられていた。──我が軍の夜間戦闘機部隊や高射砲部隊の活躍により散り散りばらばらにされ、戦意を喪失したドイツの航空機は、爆弾の大半をモスクワ近郊の森や野原に投下した。軍事施設や市の民生施設はひとつも損害を受けなかった」。

捕虜となったドイツ軍飛行士の自白内容やドイツ側資料を信ずれば、第1回目のモスクワ空爆でのさまざまな原因によるルフトヴァッフェの損害は6～7機で、それにはドイツ支配地域内での強行着陸の際に墜落したいくつかの機体も含まれていた。ドイツ爆撃機部隊は計100トンの爆弾と4万5千発の焼夷弾を投下した。

この夜の戦闘で優秀な活躍をしたソ連飛行士のなかで特筆に

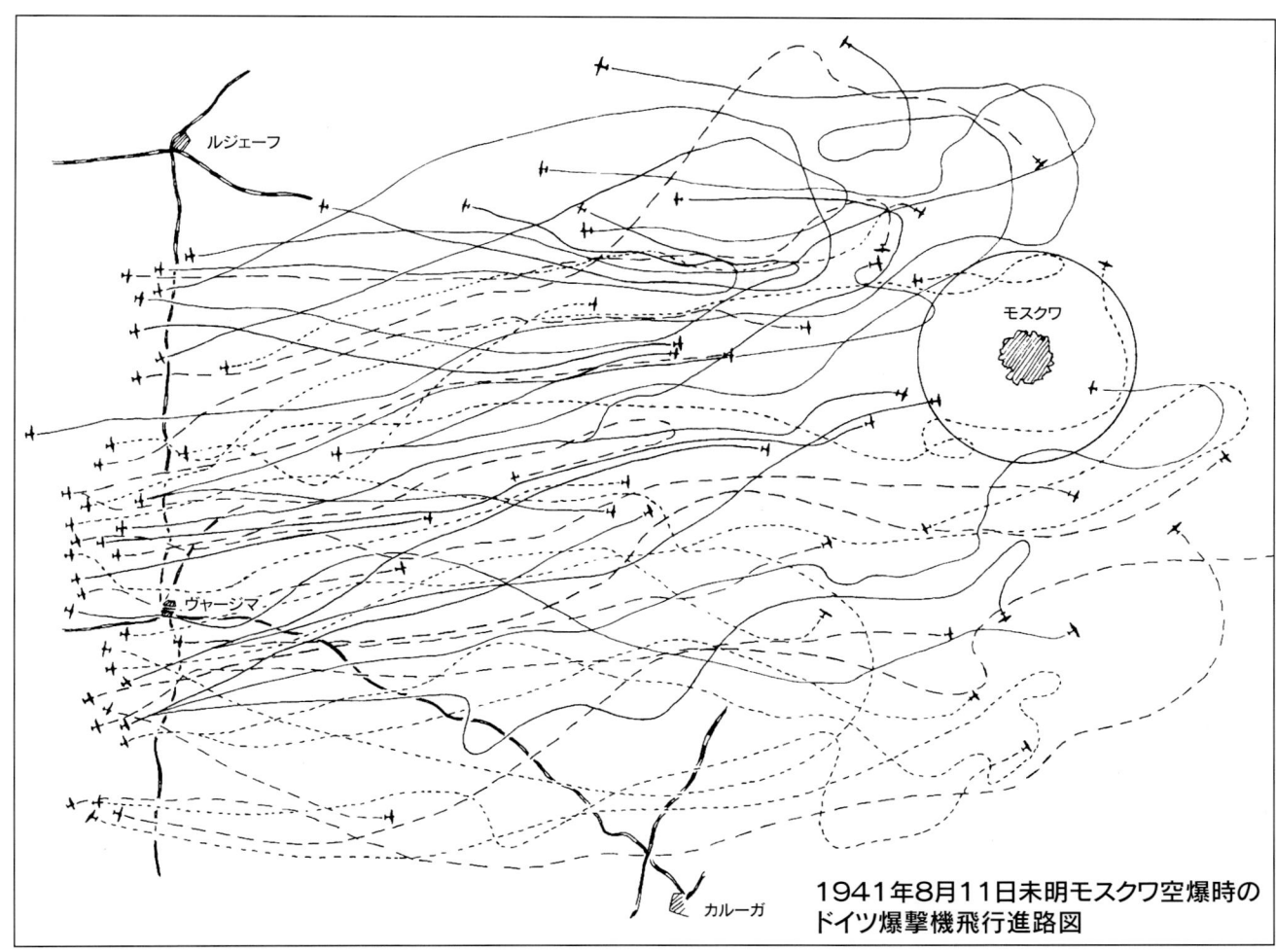

1941年8月11日未明モスクワ空爆時のドイツ爆撃機飛行進路図

値するのが、モスクワ軍管区航空隊第41戦闘機連隊所属のI・D・チュルコーフ上級中尉である。初めて夜間にミグMiG-3戦闘機で飛び立った彼は、7月22日2時10分、イーストラ付近でハインケル爆撃機を撃墜した。朝になってこの機体の破片を第6戦闘航空軍団司令部の指揮官らがポドソーネチヌィ付近で発見した。国境での戦闘から戦い続けていたチュルコーフ上級中尉は、すでにいくつかの戦果を挙げており、このあとすぐにソ連邦英雄称号受勲候補者として推薦された。

ロシア国防省公文書館で、第11戦闘機連隊所属のN・G・クハレンコ上級中尉と、テストパイロットのM・K・バイカーロフにより撃墜されたハインケルHe111爆撃機が、それぞれゴリーツィノ地区とクラースナヤ・プレースニャに墜落したことを物語る説得力ある証拠が見つかった。

旧ソ連、ロシアの多くの読者には、M・L・ガライの著書『最初の戦闘は我々の勝ち』はよく知られている通りである。これを読むと、マールク・ラザーレヴィチ（ガライのファースト、セカンドネーム）は優秀なパイロットというだけでなく、すばらしい語り手であることがわかろう。独ソ双方の公文書資料を基に、ガライとドルニエ爆撃機搭乗員たちの闘いがどう決着したのかを確認することができた。ガライの銃弾を受けたドイツの爆撃機は充分遠くに飛び去ったものの、ヴィーテプスクとスモレンスクの間に朝方墜落した。捕虜となった飛行士K・クーンは、モスクワ空爆に関連して彼らが遂行していた任務を隠そうと必死であった。

日く、7月5日から前線に配属されたものの、彼は初めての戦闘出撃をしただけで、あまつさえ機体に搭載する爆弾ひとつなく、乗員たちの任務は偵察だけだった。クーンはまた、彼の部隊では何から何まで秘密とされており、誰が指揮を執っているのかさえ知らないと語った。ドイツ側報告書によると、モスクワ空爆の際にK・クーンの乗ったドルニエDo17Z（機体製造番号W.Nr.3367）はエンジンに被弾し、未帰還となったとされている。機体コード5K＋ETを記入した飛行機は、第3爆撃航空団第9飛行隊に所属していた。

首都防衛に特別の意義を付与し、I・V・スターリン国防人民委員は特別指令（1941年7月22日付け国防人民委員指令第0241号）で防空戦闘参加者たちに感謝の意を表明した。これは、開戦以来初の奨励に関するソ連軍最高司令官の指令書となった。これに続いて、グロマージン少将の推挙により81名のモスクワの守護者が国家勲章を叙勲され、そのうち5名にはレーニン勲章が授けられ

27 ブロヴァールィ飛行場の飛行士たちを訪問するA・ケッセルリング元帥。モスクワ初空爆数日前のことである。
28 装軌式自走牽引車を使って搭載爆弾を搬送するドイツの地上員。機体はハインケルHe111。

た。特に優れた活躍をした者として、高射砲部隊からI・V・クレーツ、A・E・トゥルカーロ両中隊長、第11戦闘機連隊からはK・N・チテンコーフ（チテンコーフについては本書次章で詳述する）、S・S・ゴシコー、P・A・マゼーピンらの操縦士であった。後者2名がレーニン勲章を受勲したことは、西部方面軍の作戦地帯に配置されていたオレーニチェンコ少佐の部隊創設とその首尾よい戦闘活動に直接関係があった。ゴシコーもマゼーピンもそれぞれ2機の戦果を挙げていた。ゴシコーの戦果のひとつは体当たりによるものである。マゼーピンは8月4日の戦闘の後に被弾したヤーコヴレフYak-1戦闘機を着陸させることに成功したが、負傷が原因で病院で息を引き取った。

　さて、朝を迎えたモスクワに話を戻そう。前夜を落ち着いて過ごしたものはおそらく誰ひとりいなかったであろうし、緊張が日の出とともにすぐさま解けたわけではなかった。昨夜の戦闘行動を検証した結果、早急に改善すべき問題点がいくつか明らかとなった。たとえば、戦闘機部隊指揮の主な過ちは、一度に数個編隊を用いた大規模な哨戒飛行が徹底されていなかったことにあった。高射砲は「あまりにも無秩序な射撃を行った」。照準器を使った直接照準射撃の際、往々にして敵爆撃機の飛行方向からかなり外れたところで砲弾が炸裂していた。高射砲の射撃は、市中心部を飛んでいた友軍戦闘機の飛行の、ひどい妨げとなった。対空機関銃は高高度上空を飛ぶ敵機に対して無照準射撃を行っていた。探照灯の数々の光線は、かえってモスクワ市を縁取る形となり、敵の行動を助けてしまった。探照灯が敵爆撃機を追いながら光線が高層ビルの屋上まで下がったときなど、ドイツ軍が投下した照明弾よりも明るく都市を照らし出したものであった。探照灯の光が友軍戦闘機まではっきりと浮かび上がらせてしまうことも稀ではなかった。それが、機影がよく知られているポリカールポフI-16戦闘機でさえもそうであった。しかし、なによりもっとも重大な落度は、戦闘中の興奮から防空軍各兵種部隊間の連携行動の組織、原則を規定する諸表や符号、その他の文書の中身が忘れ去られていたことであった。

　最初の空襲の後、それとほぼ同じくらい大規模な空襲が2度続いた。7月23日夜のモスクワ襲撃には115機（ソ連側資料では150機）の航空機が、翌日の夜には100機（ソ連側資料では180機）が参加した。2回の空爆とも、最初の空爆よりも高い高度から行われた（ドイツ情報局があたかもこの3回の空爆で失われた独軍機は1機のみとする報道を認めるわけにはいかない）。ソ連軍無線諜報部隊は、モスクワ上空の爆撃機から送信された連絡をいくつか傍受することに成功した。
　——「18:00（ベルリン時間——著者注）。市北西の工場に投弾」。
　——「19:30。現在帰還中。標的のモスクワ川橋梁大破」。
　——「20:15。戦闘機、高射砲による強力な射撃によりモスクワ川西岸目標への攻撃は中止せざるを得ず」。

　後の空襲において空爆部隊を編成する爆撃機の総数が一度に10～15機を超えることはなかった。ドイツ軍東部戦線の司令官たちと陸軍総司令部は、大量の航空機を投入することに反対し、皆それぞれ自己のセクションの作戦に航空機が必要であると、その理由を説明していた。たとえば、第4爆撃航空団は7月25日夕刻モスクワ空爆出撃に向けて準備をしていたが、発進1時間前に爆弾倉の破片爆弾を浮流機雷に取り替え、「エーゼル水路のソ連艦艇を攻撃せよ」との命令を受けた。
　ソ連防空軍の行動に欠点はあったものの、ルフトヴァッフェのエースたちにとってモスクワ上空の散歩は快適なものとはならなかった。7月末にソヴィエトの首都を飛んだ飛行士たちの心からはすでに、1週間前に見られたような幸福感は消え去っていた。第2航空艦隊の兵員の士気を高めようと、ルフトヴァッフェの指導

▲ハインケルHe111爆撃機の銘板。この機体は1939年8月にオラニエンブルクでロールアウトした。1941年8月11日、阻塞気球のロープに激突、モスクワ川に墜落したものから剥ぎ取られた。

部は盛んに、友軍の首尾よい、献身的な活動を宣伝した。そのような例として取り上げられたのが、1941年7月26日早朝にオルシャ南飛行場にうまく着陸したユンカースJu88A-5爆撃機(W.Nr.4406)である。高射砲で被弾した後、爆撃機を空中に維持するのは不可能と思われた。機長である航法手兼爆撃手のR・グール上級中尉と通信手は落下傘降下して被弾した機体を離れたが、両名とも死亡した。そのとき操縦手のW・ベンダー上級曹長は、肩に深い傷を負いながらも機体をコントロール、短いとは言い難い距離を飛び自身と機銃手の命だけでなく、機体をも救ったのである。第3爆撃航空団司令官は彼を病院に見舞い、騎士十字章を授けた。今まで明らかになっている限り、モスクワ空爆への参加に対してかくも高位の勲章が操縦手に叙されたのはこれが唯一のケースである。

ソ連軍の死に物狂いの抵抗と主攻撃方向の変更は、中央軍集団をして防御態勢への移行を余儀なくした。ヴェアマハト総司令部は、訓令第34号が物語る通り、一気にモスクワを占領するという計画を断念した。しかし、モスクワ空爆を小編隊や単独機で続行することは決定された。ソ連防空軍を常に緊張状態に置くという課題が定められたのである。

7月31日の夜間空襲は典型的ともいえるし、同時に非典型的でもあった(18ページの図参照)。典型的だといえる理由は、本曇りの条件下で空爆に参加したのは1個編隊(7～10機)のみであったからである。非典型的な点は、選択された進路である。ドイツ機はモスクワに対し南東から進入してきたのである。それまでは北西から南西に至る地区を通ってきたというのに。探照灯も警報で発進した23機の戦闘機も敵機を発見することができなかった。しか

1941年7月31日時点の第6戦闘航空軍団の戦力編制

	連隊	基地飛行場	戦闘機機種	戦闘機数	飛行士数
1	第11戦闘機連隊	クービンカ	Yak-1	51	53
		エルシ	Yak-1	4	4
2	第12戦闘機連隊	ヴァトゥーリノ	Yak-1	17	17
3	第16戦闘機連隊	リューベルツィ	MiG-3	42	42
			I-16	8	
		ブィコヴォ	I-16	13	13
4	第24戦闘機連隊	イニューチノ	LaGG-3	18	21
		スパース・ルイクシノ	LaGG-3	9	9
5	第34戦闘機連隊	ヴヌーコヴォ	MiG-3	27	82
			I-16	30	
6	第27戦闘機連隊	クリン	MiG-3	16	59
			I-16	31	
		カリーニン	MiG-3	9	9
7	第120戦闘機連隊	アルフェーリエヴォ	I-153	60	53
		カルーガ	I-153	3	3
8	第121戦闘機連隊	チェルターノヴォ	Yak-1	19	19
9	第176戦闘機連隊	ステプィヒノ	I-16	15	20
			I-153	5	
10	第177戦闘機連隊	ドゥブローヴィツィ	I-16	51	101
11	第233戦闘機連隊	トゥーシノ	MiG-3	18	36
			LaGG-3	10	
			I-16	18	
12	第309戦闘機連隊	ナーベレジナヤ	—	—	※
13	第1独立飛行大隊	中央飛行場	MiG-3	9	9
14	第2独立飛行大隊	ラーメンスコエ	MiG-3	6	12
			I-16	4	
			I-153	2	
15	第178戦闘機連隊	リーピツィ	—	—	59
	計			495	621

※は戦闘乗員なし

㉙野戦飛行場で報告を受けるフォン・リヒトホーフェン将軍(左)と第55爆撃航空団『グライフ』司令官のB・コッホ大佐(右)
㉚無線誘導装置の準備を行っているドイツ兵。地上からの誘導は爆撃機にとって重要な「水先案内」であった。

[31] 8月空襲時のモスクワ（イギリス人ジャーナリスト、M・バーク-ヴァイトによる撮影）

し、この夜首都が蒙った被害はたいしたものではなかった。

　ここで、1941年8月10日から11日にかけての深夜に実行された、ルフトヴァッフェによる最後のモスクワ大空襲についてやや詳しく見てみよう（19ページの図参照）。ソ連側資料によると、爆撃機約100機が第1波、第2波に分かれて空爆を行ったとされている。80機からなる主力部隊は4個編隊をなして、ヴァージマ〜グジャーツク〜モジャイスクを通過飛行してきた。残る18〜20機はスィチョーフカからヴォロコラームスクへ向けて飛んでいた。ソ連の文献には、ドイツ軍空爆部隊のなかには四発爆撃機（Fw200コンドルか？）もあったと主張するものもある。モスクワ空爆にコンドルが参加したことを認めるルフトヴァッフェの資料はない。それゆえ、第27戦闘機連隊所属のI・I・ヴォローニン大尉が、同型機の「撃墜に成功」と報告しているのには疑問が残る。ドイツ側資料によると、83機のハインケルHe111爆撃機部隊は、例のごとく、第100爆撃飛行隊の先導機群であった。

　探照灯原のラインに近付くと爆撃機は高度6000〜7000mにまで上昇し、高射砲射撃圏ではエンジン音を顰めるようにした。モスクワ市内に突入できたのは12機で、そのうち5機は市中心部まで辿り着いた。主な攻撃目標は市近郊の飛行場や飛行機工場で、それらに対して49発の破片爆弾と14000発の焼夷弾が投下された。第240飛行機工場の建物と第22飛行機工場の作業場のひとつが被害を受け（出来上がったばかりの爆撃機3機が全焼）、クービンカの飛行場には2発のSC1000爆弾が落ちた。朝の報告からは、爆弾の弾痕は直径30mにも及んだものの、ここに配置されていた第11戦闘機連隊には損害を与えるには至らなかったことがわかる。確かに、ここにあったヤクYak-1戦闘機1機たりとも爆弾の破片でやられたものはなかった。しかし、午前零時ごろアレクセーエフ操縦士は視界不良のなかで着陸を敢行せねばならなかった。彼は進路を保つことができず、主脚柱を折ってしまった。

その直前、爆撃のさなかにV・N・ミケーリマン少尉とF・N・カザコーフ政治委員が着陸を試みていたが、ミケーリマンは燃料タンクが空のまま野原に着陸し、カザコーフは乗機から落下傘で脱出した。

　困難な天候の下で空爆反撃の中心的役割を担ったのは高射砲部隊であった。高射砲は、敵機8機撃墜を報告したが、ドイツ側が認めたのは2機のみで、そのうち1機は第100爆撃飛行隊の先導機、He111H（W.Nr.6937）であった。もう1機の先導機はひどく損傷したものの、狡猾に立ち回ったおかげで生き延びた。搭乗員たちは激しい防御銃火を開き、あたかもロシアの戦闘機を撃退するかのようなふりをしたのである。高射砲部隊は試射をしてうま

[32] 7月25日にドーロホヴォ鉄道駅付近でユンカースJu88爆撃機に体当たりし、これを撃墜した第11戦闘機連隊のB・A・ヴァシーリエフ中尉
[33] ドイツによる最初の爆撃を迎え撃ったV・A・キセリョーフ上級中尉
[34] 撃墜された敵機の残骸を検分するV・V・タラリーヒン（コールシュノフ氏所蔵）

く照準調整していたのだが、夜空では味方の「鷹」（戦闘機の俗語表現）が見えないので、小休止することにしていた。損傷したハインケルは探照灯原から脱出し、身を隠すことに成功した。

この通算で11回目となる空爆の後、第55爆撃航空団は南方軍集団援護の任務に回され、以後中央方面で活躍することはなかった。それより前には、第4爆撃航空団の飛行機もモスクワの上空から姿を消していた。1941年8月後半から最も頻繁にモスクワ空爆に参加するようになったのが、第26爆撃航空団第Ⅲ飛行隊の飛行機である。この部隊のもっともよく訓練を積んだ最優秀搭乗員グループが8月15日に、ソ連の戦闘機部隊に攻撃され、西部方面軍のすぐ後方に墜落した。3名の乗員たちは機体とともに焼け死んだが、F・ウルリッヒ中尉は捕虜となるのを望まずにピストル自殺した。生き残った機関銃手H・バルケは赤軍に捕らえられたが、モスクワ空爆に関しては何も口にしなかった。彼らは新しい基地となりうる場所を選んでいたところ、迷って墜落したというのであった。唯一価値ある情報は、空爆部隊の乗員たちは夜間飛行の経験が豊富で、大半はロンドン空爆に参加していたことであった（ウルリッヒの乗員たちは、観測手が2名もいたことから、爆撃機部隊の行動をコントロールしていたようである）。

そのとき、ドイツ軍第2航空軍団参謀部は活発な情報撹乱工作を展開していた。モスクワ殲滅のために特別に長距離爆撃中隊14個が中央方面に移動されるとする"秘密"情報がばら撒かれた。同時にスモレンスク地区では、ドイツ軍空爆部隊の夜間飛行を楽にするため、16個の強力な無線誘導連絡所が稼動し始めた。ソ連軍情報部の名誉のために指摘しておきたいのは、情報部は充分早い時点で真実を把握することに成功し、8月26日には空軍司令官のP・F・ジーガレフ将軍が、第6戦闘航空軍団から8個戦闘機連隊を北西方面へ、主にレニングラード防衛のために移動するよう命令を発した。首都上空は9月中は比較的穏やかであった。

ここで夏季空戦の結果を総括してみよう。ソ連軍がレーダー基地RUS-1、RUS-2と新型戦闘機に慣熟するにつれ、ルフトヴァッフェの日中の活動は次第に困難さを増していった。第6戦闘航空軍団の飛行機乗りたちは7月25日には最高記録を達成した。飛来したドイツ軍第122偵察飛行隊所属のユンカースJu88偵察機3機のうち2機がイーストラ付近で撃墜された。'F6＋AO'のコードが記入された機体は墜落大破し、'F6＋AK'は草地に不時着、その5日後にはスヴェルドロフ広場（クレムリンのすぐ傍にある現在の劇場広場）に展示され、モスクワ市民の目の前に損傷した姿を晒した。二つの戦果には、第41戦闘機連隊のクジメンコとミハイロフ、それに第11戦闘機連隊のP・T・ローギノフとB・A・ヴァシーリエフらの飛行士たちが名乗りをあげた。

7月も終わりが近付くと、ドイツ軍の偵察機は晴天では高度8000〜9000m以下を飛ぶことはほとんどなくなったが、それでも多数のソ連戦闘機はドイツ機の偵察活動を妨害した。他方、迎撃機による常時空中哨戒が然るべき効果を上げず、多くのエネルギーと資材を浪費していたことも確かであった。しかしながら、1941年の夏においてはこれが唯一の現実的な対処法であった。なぜなら、VNOSの機体識別と通報連絡の訓練が不充分であり、また通信部隊のあやふやな仕事ぶりから、警報に基づく当直飛行士たちの発進がほとんどといっていいほど何の成果ももたらさな

[35] モスクワ市の外れで事故を起こしたミグ戦闘機。周囲には内務人民委員部の兵士たちによる警備線が張られた。
[37] 野戦飛行場のミグMiG-3戦闘機。1941年夏の撮影。
[36] 出撃直前。戦闘機の傍に立つ第34戦闘機連隊所属のN・G・シチェルビーナ

かったからである。

　時折敵機が迎撃機の"目と鼻の先に"現れることがあったが、戦闘が必ずしも敵機の墜落に終わったわけではなかった。たとえば、8月5日の朝、第34戦闘機連隊のセリジャコーフ中尉はナロ・フォミンスク（モスクワの南西70km）上空高度2800m付近でJu88を発見した。最初の攻撃の後、ユンカースは急降下に移り、超低空飛行で身を隠してしまった。同じくこの日の夕方、第11戦闘機連隊のパイロット、オブーホフ中尉がモジャイスク西方で試みた攻撃も不成功に終わった。彼は着陸後こう報告した、──「敵の煙に巻かれました」。

　戦術面、射撃面での欠点を、ソ連の飛行士たちは自己犠牲的な行動で補おうとしていた。もっとも大胆な者たちは、体当たりも辞さぬあらゆる手段で敵を墜とそうとした。まさにその手で、8月8日深夜に第177戦闘機飛行連隊のV・V・タラリーヒン少尉が、8月10日深夜には第34戦闘機飛行連隊のV・A・キセリョーフ中尉がそれぞれハインケルHe111爆撃機を墜落させ、8月11日には第27戦闘機連隊所属の操縦士A・N・カートリチ中尉は酸素マスクを付けたまま、ドルニエ爆撃機に高度8000mで体当たりした。これは、最初の高高度体当たりとして歴史に残ることとなった。これら3名の飛行士たちはみな無事に帰還し、彼らの名はモスクワのはるか遠くまで知れ渡った。ドイツ側公文書資料に見られるルフトヴァッフェの損害集計から、上記3件の場合についてそれぞれ、第26爆撃航空団第7中隊所属のI・タシュナー少尉、第53爆撃航空団第I飛行隊所属のO・シュリーマン軍曹、ルフトヴァッフェ最高司令部戦略偵察飛行隊のR・ローデル少尉が指揮する機の搭乗員たちが行方不明となったことを、高い信憑性をもって突き止めることができた。最後のケースは、カートリチが撃墜したドルニエDo215爆撃機である。

　ソ連防空軍の公式資料によると、モスクワ夜間空襲に対する反撃で、7月、8月に戦闘機だけで37機のドイツ機を撃墜、すなわち3回のうち1回の戦闘はソ連軍の勝利という計算になっている。また、1機撃墜のために平均52回の迎撃発進が行われた。しかし、これらの数字はあまりに楽天的と見なすべきである。報告書中でもっと大きな疑問を抱かせるのが、探照灯原で撃墜された爆撃機は18機のみで、さらに19機が暗闇の夜空で撃ち落とされたとする部分である。

　ソ連側文献、とりわけA・フョードロフの著書『モスクワ近郊戦の空軍』においては、モスクワ夏季空襲の結果、第55爆撃航空団『グライフ』は兵力の半分を喪失、第53爆撃航空団『レギオン・コンドル』は70%の損失を出し、両連隊とも再編成のために後送されたとある。これらの情報は大きく誇張されている。一連の理由から、ソ連軍飛行士たちの成果はより控えめなものであった。

　3回目の空襲を迎撃するうえで、戦闘機乗りたちは高射砲射界では攻撃を行わないようにとの指示を受けた。戦闘機のエンジン音が、聴音探知施設の対空射撃目標探索と探照灯による照明の邪魔となり、また高射砲弾の炸裂は戦闘機による攻撃をひどく困難にしていたからである。

　空中での戦闘機部隊の指揮と敵への誘導は、機内搭載無線機の数が不充分であったことから効果が薄かった。ソ連戦闘機はI-16やI-153だけでなく、新型機であるYak-1でさえも、当時は無線受信機を装備していなかった。夜間空襲迎撃上で深刻な障害だったのが、各戦闘機連隊指揮所と探照灯部隊との間に直接連絡のシステムが欠如していたことである。さらに、飛行部隊の指揮といっても、事実上は戦闘機の離着陸の管制と同義となり、空中にある戦闘機は独自に行動していたのであった。

　多くのソ連軍パイロットたちは夜間飛行での航法に弱く、しかも探照灯が常に明滅しているのが飛行機操縦を困難にしていた。飛行場の偽装も度が過ぎていた。たとえば、飛行士たちが地図上では夜間飛行場があるはずの地区に接近し、「我、友軍機なり」のシグナルを出しても、滑走路の照明による応答がいくら待っても返ってこないようなことが稀ではなかった。そういう場合、彼らは一旦モスクワ川に出て、川沿いを辿って、リューベルツィの飛行場に着

陸せざるを得なかった。1回目の大空襲を迎え撃ったときは、わずか数機のみが夜間に無事帰還できただけで、日の出の時点で指揮官たちが出撃させることができる部下は誰もいなかった。日が昇ってからようやく戦闘機はそれぞれ自分の飛行場に戻ってきたのであった。

探照灯原の端に迎撃機待機圏を設けたことについては、実戦上の経験が示すところでは、照らし出された敵機に迎撃機が接近、攻撃するのに必要な時間を保証しはしなかった。暗闇のなかを、光線で捕捉された敵爆撃機に迎撃機が待機圏から接近している間に、爆撃機は投弾を済ませ、西へ旋回、逃走する余裕をもっていた。そのうえ、探照灯部隊が敵機を捉えていた時間は、「索敵班」と「追跡班」との連携がなかったことから非常に短かった。

当初の夜間空戦は、多くのソ連飛行士たちの射撃訓練が不充分であることを明らかにした。何よりもまず、彼らは標的までの距離を正しく計ることができず、600～800mもの距離から銃火を開いていた。また、夜間戦闘用の装備も不充分であることが判明した。P・M・ステファノーフスキィが示した「与えられた課題の達成に現有戦闘機は不向きである」とする見解が、このことを物語っている（ステファノーフスキィの全ソ連邦共産党中央委員会宛ての書簡は付録資料参照）。

ドイツ側資料中に、ソ連防空軍のいくつかの装備に関する批判的評価を見つけることができた。たとえば、第55爆撃航空団の戦闘行動日誌には、「急ごしらえの夜間戦闘機が、味方の原始的な探照灯で夜空をきょろきょろ探し回って、爆撃機の邪魔をしようとしていたが、それを見たハインケルの機内にいた者たちは安心し、むしろ自信を得たものである」との記述が見られる（これは、G・P・カルペンコ少佐指揮下のモスクワ軍管区航空隊夜間飛行隊の活動に関するものである。数機のトゥーポレフSB高速爆撃機とペトリャコーフPe-2爆撃機は主翼下面に小型探照灯を装備していた。7月末に同部隊はメドゥィニ地区に出撃し、迎撃戦闘機の攻撃を容易にするため、敵爆撃機を発見し、照射しようとしていたのである。このような試みは他に術が無くて行われていたものと思われる）。

さて、前に練度の高さを紹介した第34戦闘機連隊のパイロットたちが繰り広げた戦いを、いくつかの実例で見てみよう。1941年7月末に連隊長のL・G・ルィプキン少佐から第6戦闘航空軍団司令官に提出された報告書がある。

──「………7月22日2時40分の2回目の出撃の際、アラービノ～ナロ・フォミンスク地区上空高度2500mにおいてM・G・トルノーフ大尉がユンカースJu88爆撃機に追いつき、後方より攻撃。敵機は超低空にまで降下。トルノーフ大尉は前方に飛び出し、敵機を見失った。同機は墜落したと思われる」

──「7月22日23時40分の2回目の出撃の際、ヴヌーコヴォ地区にてA・G・ルキヤーノフ少尉によりJu88とDo215に対する攻撃が行われた。ボーロフスク地区（飛行場の北方10～15km）にて爆撃機に長い3連射が発せられた。地上からは連射の命中がよく見えた。敵機は対抗射撃を行ったが、その後急角度で降下していった。同機は撃墜と判断可能」

──「N・G・シチェルビーナ少尉は7月22日2時30分、ナロ・フォミンスク地区にて50mの距離から双発爆撃機に2連射を発した。このときミグMiG-3戦闘機に対して高射砲が射撃を開始、敵爆撃機を見失う。同機は撃墜と見なしうる」

これらの例は非常に典型的で、もっと書き並べることもできる。しかも、各々のケースについてルィプキン少佐が「確証なし」と記しているにもかかわらず、すべて列記された報告書のなかでは飛行士たちと連隊の戦果として記録されている。

筆者の確認できたところでは、第34戦闘機連隊のパイロットたちの活躍によりドイツ側が蒙った最初の損害は、8月10日夜のV・A・キセリョーフによる体当たりによるものであり、2番目の損害が出たのはその5日後のことである。

8月16日朝、ポドーリスク付近上空の高度7000mでA・G・ルキヤーノフ少尉率いる3機編隊は、敵の双発偵察機を発見した。編隊長機の後に続いてV・I・ツィンバール少尉とV・G・ゴリュノーフ中尉が敵機に襲いかかった。もっとも効果的だったのはルキヤーノフの打撃であった。その結果、1基のエンジンが炎上した。敵偵察機は高度を下げながら逃走を続けたため、再度攻撃を行った。敵機は滑空しながら火を消そうとしていた。このときルキヤーノフは体当たり攻撃を決心し、敵機のすぐそばまで接近した。敵の機関銃手たちは銃撃を行わなかったので、どうも死亡していたようであった。すると敵機はきりもみ飛行に移行したが、その後

38 ロシアの首都目指して飛行するハインケルHe111。第55爆撃航空団『グライフ』所属機。
39 7月24日未明、爆弾の直撃を受けて破壊され瓦礫と化したヴァフタンゴフ劇場の建物。
（V・マルィシェフ氏所蔵）

制御不能な状態に陥り、空中分解し始めた。搭乗員のうち1名は落下傘で飛び出すことに成功した。ソ連戦闘機の飛行士たちには、爆撃機の破片に四方八方から人々が駆け寄ってきていた様がありありと見えた。

こうして勝ち取られた戦果は、ソ連軍飛行部隊に、正しく、うまく立ち回れば、搭載火器で敵機を撃墜することが充分可能であるとの感を抱かせた。この戦果によってV・I・ツィンバールは特別な自信をつけた。彼にはそれまでツキが無かったのである。緊迫した夜間パトロールの後に3回も事故を起こし、あるときなどはバランスを崩し、乗っていたミグMiG-3から落下傘で飛び出さざるを得なかったこともあった。ツィンバール少尉には懲戒処分の恐れもあった……。

逆説的にも思えるが、戦前の飛行経験が豊富な飛行士たちほど、様々なアクシデントの"主人公"となった。夜間パトロールを命じられていたのは、訓練を積んだ自信のある者たちだけであった。ところが、平時の発進と、1941年に戦闘任務を帯びた出撃とでは違いが大きかったのである。赤軍航空隊参謀部の資料によると、7月22日から8月18日までの間に第6戦闘航空軍団配下の部隊で6件の死亡をともなう人身事故、30件の事故（死者なし）、15件の破損、12件の不時着が発生した。この結果、6名が死亡、4名が負傷した。また、24機の飛行機が全壊し、さらに12機は大修理が必要となった。空軍参謀部長のI・N・ルーフレ大佐はクリーモフ第6戦闘航空軍団司令官に次のように注意を促した。

――「燃料を使い果たした後の、空中での飛行機脱出は数多く見られる現象となった。それがために9機が全壊した」。

そして、事態改善のために至急、対策を取るよう要求した。

しかし、このような問題にも関わらず、ソ連軍飛行士たちは敵機の襲撃を挫折させ、逆に損害を与えていた。8月6日にポドーリスク地区で撃墜され、捕虜となった第26爆撃航空団第Ⅲ飛行隊のR・シック曹長は、「ロシアの夜間戦闘機はここではすばらしい活躍をしている」と認めた。シックは運が良かったほうである。なぜなら、この夏モスクワ上空では、騎士十字章を受勲した第55爆撃航空団のH・シュヴァルツ少尉や第122長距離偵察飛行隊第1中隊のT・グライフェンシュタイン少尉、第4爆撃航空団所属ガイスラー少尉、第100爆撃飛行隊のO・ロホブルンナー少尉など経験豊かなエースたちが消息を絶ったからである。ここに列記した面々はみな、優れた訓練を積み、戦闘経験も豊富であった。

第6戦闘機飛行軍団の活動の公式結果は下表に示したとおりである。

ここに記された敵機撃墜数のうち、7月分について撃墜・不時着後廃棄処分され

月	出撃数	夜間出撃数	空襲件数	交戦件数	撃墜数
7月	8052	1015	9	89	59
8月	6895	840	16	81	30

たものは20〜22機のみ、8月分については10〜12機だけがドイツ側資料で確認を取ることができた。7月の損失機の約40％、8月のそれの50％は、おもに偵察機が占め、その他は夜間爆撃機の損害であった。高い耐久性のおかげで、ドイツの双発機は損傷を受けても、長距離を飛ぶことができた。そして、友軍の飛行場に無事着陸することも稀ではなく、そううまく行かず不時着に失敗して事故を起こしたり大破するようなことは、時折発生するていどであった。1941年7月21日から8月11日までのルフトヴァッフェの損失記録の「場所」と「損失理由」の欄に、「Bei Moskau」、「Unbekannt」（すなわち、当該機、乗員とともにモスクワ上空にて消息途絶）と記されているのが、全部で6箇所しか見当たらないのは注目すべきことである。

しかし、これらの記録が常に完全であるとは限らないことも考慮しなければならない。1941年7月31日にヴャージマ上空で撃墜されたA・ケムペ中尉はその後の尋問で、彼の所属する第53爆撃航空団『レギオン・コンドル』はモスクワへ35回出撃し、そのなかで撃墜、あるいは未帰還、墜落により7機の爆撃機を失ったと自白した。ルフトヴァッフェの資料からは、9機の様々な損傷を受けた機体に関して反証を得ることができた。そのうち2機（He111H W.Nr.4105、He111H W.Nr.6837）はオルシャ飛行場で墜落し、1機（He111H W.Nr.5592）は高射砲に撃たれ、その他は修理の後に戦列復帰した。ケムペの他の質問に対する答えは正確なため、彼の証言は信用できるものと思われる。行方不明となった搭乗員に関する情報はドイツ側にも欠損のある場合があった。

1941年7月末から8月初旬にかけての独ソ双方の損害記録をつき合わせることにより、ドイツ機1機撃墜にあたりソ連機1機が失われたとの結論を出すことができる。どうも、第6戦闘航空軍団司令部はこのことに気付き、戦果を挙げた飛行士たちは誰でも褒

賞するようになったようである。彼らの敵であるルフトヴァッフェのパイロットたちは戦闘経験がはるかに豊富で、そのうえイギリス空爆を含め数多くの夜間空爆を成功裡に遂行してきていたのであるから、もっともなことである。ドイツ軍パイロットは、長時間飛行における隠密性と安全性を保つ戦法においても経験を蓄積していた。第4爆撃航空団のG・モリッヒ曹長とA・ラインハルト曹長はそれぞれ77回、79回もイギリスの都市に対する爆撃で成功を収め、S・ロートケ少尉は101回の空爆を首尾よく遂行し、そのうち21回はロンドン空襲であった、と指摘すれば充分であろう。

熟練した敵と戦うのが如何に大変なことであるかを悟ったソ連軍指導部は、空中体当たりに対する考え方を大きく変えた。初期の戦闘においては軍団司令官もその副官たちも体当たり攻撃は奨励しなかった。なぜなら、敵機を火器で破壊するために戦闘機には機関砲や機銃が装備されており、操縦士が目標に命中させることができなかったら、それは撃ち方があまり正確ではなかったということになるからである。ところが、実際には何もかもが、そんなに簡単ではないことがわかった。

V・V・タラリーヒンとV・A・キセリョーフ、A・N・カートリチが行った8月の3件の体当たりはソ連全土に知れ渡るところとなり、政治機関により宣伝されるようになった。ところで、S・S・ゴシコーに続いて、7月25日に彼の連隊仲間であるB・A・ヴァシーリエフ中尉が同じ手口で敵機を落としたのだが、それについては広く流布されなかった。同じく、第28戦闘機連隊のP・V・エレメーエフ中尉の名もあまり知られずに終わった。彼は7月29日深夜未明に、ユンカースJu88爆撃機と思しき飛行機を体当たり撃墜した（実際にはこれは第26爆撃航空団第Ⅲ飛行隊所属のハインケルHe111爆撃機、機体コード1H＋GSであった）。エレメーエフはミグMiG-3戦闘機で夜いちばんに飛び立ち、当然彼の連隊では優秀なパイロットのひとりとして認められていた。7月22日深夜未明の空襲迎撃の際、空戦中に負傷したにもかかわらず、彼は2回目の夜間出撃まで行ったのである。P・V・エレメーエフは体当たり撃墜をV・V・タラリーヒンよりも9日早く実行したのであるが、長い間そのことは彼の連隊外に知れることはなかった。それは、エレメーエフの体当たりがモスクワ夏季空襲に関するドイツ側資料に唯一記録として残っているものであることを思うと、なおさら残念でならない（通常このような場合、ドイツ側では飛行機は消息不明機として計上されていた）。エレメーエフの体当たりの場合、撃墜されたハインケルの操縦手であるA・ツェラベク軍曹は前線を越えて帰還することに成功したが、彼の話を聞いた戦友たちは気が重くなった。

心理的効果に関していえば、ドイツ軍飛行士たちにもっとも大きな影響を与えたのは高射砲の射撃であった。夜間空襲の際しばしば、単独で行動する飛行士たちは高射砲の「阻止陣地線」に直面することがしばしばあった。ドイツ爆撃機がこれを迂回するため脇にそれようとすると、今度は隣の陣地から阻止射撃を浴びることとなった。ドイツ軍飛行士たちは、「ロシア人たちは砲弾を惜しまなかった」と指摘した。特に彼らの記憶に強く残ったのは、3回目の大空爆の際にモスクワ上空で受けた猛砲撃であった。厚い雲が立ち込めるなか、ハインケルもユンカースも安心していたところ、それこそ猛烈な阻止射撃を浴びて、大半の爆撃機はモスクワ上空に進入することができなかった。小口径高射砲も自らの役目を果たした。落下傘付で落下する敵の照明弾を見事に撃ち砕いたのである。

しかし、高射砲兵司令部の報告書に、1941年末までにモスクワ上空で射撃した536機の爆撃機のうち82機を撃墜したと書いてあるのは、かなりの誇張である。仮にこの報告書を信じるとすれば、敵機を1機撃墜するのに、わずか310～312発の砲弾を要しただけとなる。比較のために例を挙げると、射撃照準誘導レーダー網を完備し、熟練砲兵を擁する、イギリスでも精鋭の第6高射砲師団は、視認可能な敵機1機の撃墜に289発の砲弾を消費し、視認不可能な敵機は2444発もの砲弾を使ってようやく撃ち落とすことができたのである。モスクワ防空部隊に射撃照準誘導レーダーが初めて登場したのは1941年10月のことであり、しかも96.6％の砲弾は視認不可能な目標に対して放たれたのである。

モスクワの探照灯部隊も大活躍をした。各種資料によると、空襲に参加した敵機の29～33％を照らし出すことができた。ここでも最初のうちは問題点が少なくはなかったが、8月半ばには探照灯索敵班は、高度7000ｍを飛ぶドイツ爆撃機をしっかり捕捉できるようになっていた。「目を眩まされた搭乗員たちが爆撃目標を見つけ出すのはきわめて困難であった」と第4爆撃航空団の飛行士たちは報告している。

ドイツ軍のハーヴィングホルスト操縦手だけでなく、多くのパイロットたちが「ロシアの空飛ぶソーセージ」のことを苦々しい思いで回想している。KTV-KTN型やKV-KN型の二重阻塞気球が浮遊させられると、ドイツの飛行士たちは飛行高度を5000ｍにまで上げざるを得なかったのである。これらの気球は、強風下では用いることができず、またテストの結果からロープの破壊力が金属製の飛行機に対しては不充分であることが明らかとなったものの、そ

27

れなりに肯定的役割を果たした。1941年8月11日未明に第100爆撃飛行隊第1中隊所属のハインケルHe111爆撃機（機体コード6N＋MN）が阻塞気球に激突し、損傷を受けモスクワ川に墜落したことが確認された。

ルフトヴァッフェがモスクワに与えた損害は如何ほどであったのだろうか？　7月22日の最初の出撃時からすでに、ハインケルやドルニエ、ユンカース等の爆弾倉には主に重量約1kgの焼夷弾が搭載され、火災地点を可能な限り増やすことが目論まれていた。空爆の様子を観察していたイギリスのジャーナリスト、A・ヴァートはソ連軍の猛烈な阻止弾幕とともにモスクワ市民の自己犠牲的な活躍ぶりについて強烈な印象を後に記している。
──「消火活動が広範囲に組織されていた。消火に携わっていた者の多くが焼夷弾そのものや、場合によっては消火に不慣れなことから大火傷を負ったことを、私は後になって知った。少年たちは最初のうち、爆弾をなんと素手でつかんでいたのである！」

ヴァートと同じことを、モスクワ防空軍司令部の幹部のひとり、V・N・グネデンコも指摘している。クラースナヤ・プレースニャ地区（モスクワ市中心部、クレムリンより西北西）を巡回しながら、彼はドイツ軍機から焼夷弾が投下される様を観察していた。
──「私の車のすぐ前に出入り門の下の隙間から子供たちの一団が飛び出してきた。舗装道路に出るとばらばらに別れ、まるでカラスが餌を求めるように、焼夷弾を我さきにとつかんでは、燃えている部分をたたき取るために道路に投げつけ、道の中央でそれらが燃え尽きるまで放っていた」。

いずれにせよ、この夜に首都が蒙った被害の規模は、戦時中に公式発表されていたものよりはるかに甚大であった。A・M・サムソーノフ著『モスクワ、1940年─敗退の悲劇から偉大なる勝利へ』には、市内の約1900箇所で火災が発生したと指摘してある。もっとも大きな火災があったのはクラースナヤ・プレースニャ地区と白ロシア駅（モスクワ市中心部、クレムリンより北西）の付近であった。後者では燃料タンクや弾薬を積んだ列車が爆発炎上した。

ホローシェフスコエ街道（白ロシア駅のやや南西から西に延びる通り）沿いのいくつかの街区は火の海と化し、街道の偶数番地側（市中心部を背にして通りの右側）は木造バラックや商店が燃えさかり、その向かい側では白ロシア鉄道の引込み線に沿って倉庫が火に包まれていた。モスクワ市ソヴィエト（評議会の意、市議会的存在）のV・P・プローニン議長の回想によれば、数百発の焼夷弾と15発の破片爆弾がクレムリン敷地内に落ち、クレムリンを火災から守ろうとしていた警備隊員数十名が火災と爆弾の破片の犠牲となった。

ドイツ軍機が帰還した後すぐ、第2航空艦隊の写真室長はレールツァー将軍に対して、ボリシェヴィキ政権のシンボルに対する攻撃は不成功に終わった旨を報告した。しかし、第55爆撃航空団第II飛行隊指揮官のE・クール中佐はそれに同意できず、「部下の行動を指揮しながら、自ら高度1500mにまで降下し、そこに夜明けまで待機し」、「クレムリンの敷地から撃ってきたのは"赤いネズミ"（ドイツ兵たちは四連装対空機関銃のことをこう呼んでいた─著者注）だけで」、「荷物はクレムリンに正確に投下された」と主張した。

クールは多くの点で正しい。最初の空爆時、モスクワ中心部の高射砲掩護は不充分であった。当時砲兵部隊が採用していた「高射砲射撃密度表」に基づくもっとも高い射撃密度──爆撃機飛行1km当り約130～160発──が達成されていたのは、クレムリンから15km離れた区域であったが、都心部上空ではこの密度は80発に落ちた（ソ連軍指導部はこの欠陥を迅速に除去し、予備兵力と高射砲部隊

㊵チミリャーゼフ（ソ連植物生理学の創始者）の記念像前に陣を構える高射砲部隊。撮影の数日後、まさにここで敵機の投下した爆弾が炸裂した。
㊶夜間パトロール発進直前にブリーフィングを行う操縦士たち。

の再編成により、もっとも危険性の高い方角は150〜220発に、都心上空は240発にまで射撃密度を高めることに成功した。しかし、クールは自らの報告書で、15世紀に建造された城壁がとても堅牢で、瓦ぶきの屋根は焼夷弾が落ちても燃えないことを考慮に入れていなかった。それに、第55爆撃航空団第II飛行隊の飛行士に、クールほど正確な爆撃を行えるものがそれほど多いわけではなかった。

モスクワ市消防局のM・T・パーヴロフ次長は、消火方法の研究に取り組んだひとりであった。彼の回想によれば、すでにドイツ機による空爆活動の始まった初期に次のような結論が出された。第1に、消防隊はまだ空襲の続いているうちに消火活動に取りかからねばならず、火災が広がるのを防がねばならない。第2に、焼夷弾はミトン手袋をはめた手で直接つかんで、屋上から舗装道路に投棄したほうがよい。第3点目は、いわゆる複合爆弾(焼夷弾兼破片爆弾)は投下後45〜60秒が経過してはじめて爆発するため、この間に消火を済ませ、爆発を防がねばならない。敵機空爆の反撃に大勢のモスクワ市民が参加し、彼らの勇敢さと機転が、ルフトヴァッフェのモスクワ焦土化計画を頓挫させる大きな要素となったのである。

ソ連側資料は、消火活動における市民の献身的な働きを物語る数多くのエピソードを記録している。

──「K通りでは3発の焼夷弾が建物の屋根を貫通し、屋根裏に落ちた。当直で屋上にいた掃除夫のペトゥホーフ同志は呆然とした。しかし彼はすぐに屋根裏に飛び降りて焼夷弾に砂をかけた……。B横丁の2階建て木造アパートの中庭に焼夷弾が2発落ちた。主婦のアントーノヴァはそれらの火をすぐに消した……。

L地区の中等学校の校舎には5発の焼夷弾が命中した。数分の間に爆弾はすべて火を消された。職業学校の寮の屋根に焼夷弾が11発も落ちた。同校のニコライ・コスチュコーフとウラジーミル・セミョーノフ、アレクセイ・ドゥヴォリーツキィの3人の生徒はすばらしい活躍をした。11発の爆弾はすべて、彼らが屋根から投げ捨て、中庭で消火された……」。

7月24日付け『プラウダ』紙は書いている。
──「モスクワへの夜間空襲時に行われたファシズムの空の海賊たちとの戦いは、市民が忍耐と冷静さ、戦闘能力を発揮しているところはどこでも、焼夷弾の投下が敵の期待通りの結果をもたらしはしないことを示した」。

この点はナチスも理解し、以後の空爆では重破片爆弾の割合が増やされた。500kgを超える爆弾がヴァフタンゴフ劇場やソ連科学アカデミーの建物、ニキーツキエ門広場……に落ちた。もっとも被害を蒙ったのは民生施設と一般市民であった。

同時に、様々な目標への投弾命中を報告していたドイツの飛行士たちは、偽装に騙されていたことに気付いていなかった。開戦当初よりスターフカ(ソ連軍大本営)は、『モスクワ』ホテルやソ連人民委員会議、レーニン図書館、赤軍中央劇場などもっとも目立つ建物の迷彩処理とクレムリン付近のモスクワ川屈折部の偽装、多数の擬似施設構築を命じていたのである。擬似施設は特に重要な役割を果たした。なぜなら空中からはまるで本物の工場や発電

所、業務車輌などに見えたからである。たとえばモスクワ防空軍司令部の資料によれば、爆弾と焼夷弾943発が「大穀物倉庫」——郊外のプレテーニハ町地区の模造施設——に命中した。

もちろん、被害を受けたのは偽装目標だけではない。7月25日には、モスクワ・ソルチローヴォチナヤ駅（列車編成作業の行われる駅）のプラットフォームが破壊されたことがわかり、航空動力中央研究所の大倉庫が全焼、またそのバラックの一部が焼けた。この夜は、空襲警報発令が遅れ、多くのモスクワ市民が防空壕に逃げ遅れた。その次の夜の出来事について、モスクワ軍管区防空圏参謀長のA・V・ゲラーシモフ大佐が次のように報告している。
——「個別に侵入できた航空機が13発の爆弾と150個の焼夷弾を投下。以下の被害が発生——
1．小規模の靴工場が全壊、『ジナーモ』工場、第239及び第93工場の補助施設、国防人民委員部の修理基地が部分的に損壊
2．9棟の居住アパートが全壊、10棟が部分的に損壊
3．13棟の居住アパートで火災発生
4．325名が死傷、うち死者31名」

ドイツ空軍は7月29日夜、リューベルツィおよびラーメンスコエの飛行場とトミーリノ地区にある倉庫群の爆撃に力を注いだ。ドイツ軍の地図によるとここには大石油燃料基地があるはずであったが、実際にはそれは存在しなかった。第1国営ベアリング工場のA・A・グロモフ工場長はこう回想している。
——「7月も末のある夜、敵機が重破片爆弾を工場に投下した。そのうち1発が本棟のどこか近くに落下した。その後耳をつんざくような爆発音が続き、すべてが刺激の強い煙に包まれてしまった。爆風で壁のひとつが破壊された。破裂した水圧管からは水が勢いよく噴き出していた。私たちは爆発のあった場所に急いで駆け寄った。足元では割れたガラスの破片がバリバリと音を立てていた。そこには息絶えた女性が横たわっていた。彼女はファシストの爆撃機の最初の犠牲者となったのだ。その日私たちは皆、ひとつの前線の兵士となったのだった……」。

1941年7月22日から8月22日までの間に行われた空爆の結果、736名のモスクワ市民が死亡、3513名が負傷した。もっとも大きな損害をモスクワ市と市民にもたらしたのは、最初の空襲であった。

願望をあたかも現実のことのように、ベルリンのラジオ放送は1941年8月に、「ルフトヴァッフェはモスクワに壊滅的な爆撃を加えた」と報じ、さらにこう続けた。
——「モスクワ周辺にある工場や製作所の損害はすさまじく、外国人はモスクワ市外へ出ることが禁止されたほどである。クレムリンとほとんどすべてのターミナル駅は破壊され、赤の広場は消滅した。特に被害の大きかったのが工業地区である。モスクワは崩壊の段階に入った」。

ところが、偵察機の撮影した写真は、空爆の効果が高くはないことを明らかにした。爆撃機搭乗員たちの楽観的な報告とは裏腹に、大半の爆弾は公園や辻公園、競技場の敷地に落下した。ベルリンのラジオ報道をドイツの歴史家、K・ラインハルトも否定している。彼の指摘によると、モスクワの防空軍の活動が「航空機を使ってモスクワを地面とまっ平らにさせるというヒットラーの願望

42 第27戦闘機連隊の女子銃砲整備隊が、戦闘出撃後の搭載機銃を分解整備している光景。

43 S-2病院機による負傷者の搬送

を消し去ってしまった……。そして確かに、モスクワの防空軍はかくも強く、よく組織されており、ドイツの飛行士たちはロシアの首都への襲撃をロンドン襲撃よりも危険でリスクの高いものだと見なしていた」。

非常に興味深いのが、M・N・ヤクーシン第6戦闘航空軍団副司令官の観察である。モスクワ防空システムの効果を計る尺度となったのが、市民の空襲警報に対する対応だ、と彼は指摘している。空爆初期はまだモスクワ市民はできるだけ早く防空壕に隠れようとして、パニック状態が避けられなかったが、その後彼らはより冷静になり、落ち着いて行動するようになった。さらに昼間は甲高いサイレンの唸りや「市民の皆さん、空襲警報です！」という拡声器の響きもしばしば気に留めないようになった。

モスクワ防空戦とロンドン防空戦を簡潔に比較してみるのも面白いだろう。イギリスの資料によると、1940年6月末まで（ルフトヴァッフェの大規模空爆が始まるまで）ロンドンを守っていたのは328門の大・中口径砲に124門の軽砲であった。ここでは336機を擁する22個戦闘機飛行隊が活動していた。全体的に見て、これは1941年夏のモスクワ防空軍の半分以下の戦力である。そういうことからして、防空に向けられた戦力の数量という点で比較すると、ソヴィエトの首都のほうが優勢であった（この点においてモスクワは、ベルリンも含め他のいかなる都市をも凌駕していたといっても過言ではなかろう）。

1940年に生産されたスピットファイアやハリケーンといった戦闘機は、もっとも広く普及していたソ連防空軍のミグMiG-3戦闘機と比べ、飛行性能が優れていたわけではなかった。それに、イギリスの飛行士たちも最初のうちは、防空軍の他の部隊との行動がうまく調整されていなかった。イギリス軍の戦闘機戦術のうちでも優れていると認められるものは多くはなかった。たとえば、多数の飛行機による空戦を否定したことは、打撃力を低下させ、余計な損害を出す結果となった。ソヴィエトの飛行士たちのように密集した3機編隊で飛んでいたRAF（イギリス空軍）は、戦闘時の機動性に限界があったのだ。

ロンドン本土防空軍が大きくリードしていた点は装備だけでなく、新型無線工学技術を獲得していたことであった。1940年の夏までにイギリスの沿岸では38箇所のレーダー基地が稼動し、そのうち19箇所は低空飛行してくるドイツ機の発見に特化されていた。ロンドン防空戦におけるレーダーの意義は過大評価しすぎることはなかろう。レーダー基地と監視センター（ソ連軍のVNOSに相当する）からの報告は、戦闘飛行隊指令所にまず伝えられた。ソ連防空軍と異なり、一般市民に対する空襲予告と警報発令の決定は戦闘機部隊の司令部が行った。

これらの比較を総括するうえで指摘すべき点は、空襲から受けた被害はロンドンのほうがモスクワよりはるかに大きかったことである。イギリスの首都では火災が5日も6日も続くことが一度ならずあった。しかし、ルフトヴァッフェがロンドン攻撃に用いた戦力も、またドイツ軍機の損害もはるかに大規模であった。1941年末までにドイツ空軍がモスクワを襲撃した回数は76回で、しかも一度に50機以上の航空機が参加したのはこれらのうちわずか9回だけであり、他の48件の空襲時は航空機の数が10機を超えることはなかった。フランスが降伏した後のルフトヴァッフェは地上軍の支援に投入されることはなかったが、他方、1941年夏の東部戦線での戦闘は1昼夜たりとも鳴りをひそめることはなかった。ロンドン空爆はイギリス防空軍の威力と同時に、ルフトヴァッフェが戦略課題の実現にそれだけ未熟であることを示した。モスクワ空爆はあらためて、ドイツ空軍が長距離目標に対して強力な打撃を与える力をもたないことを再確認させたのである。

Накануне немецкого наступления

A・A・ジョークチェフ画

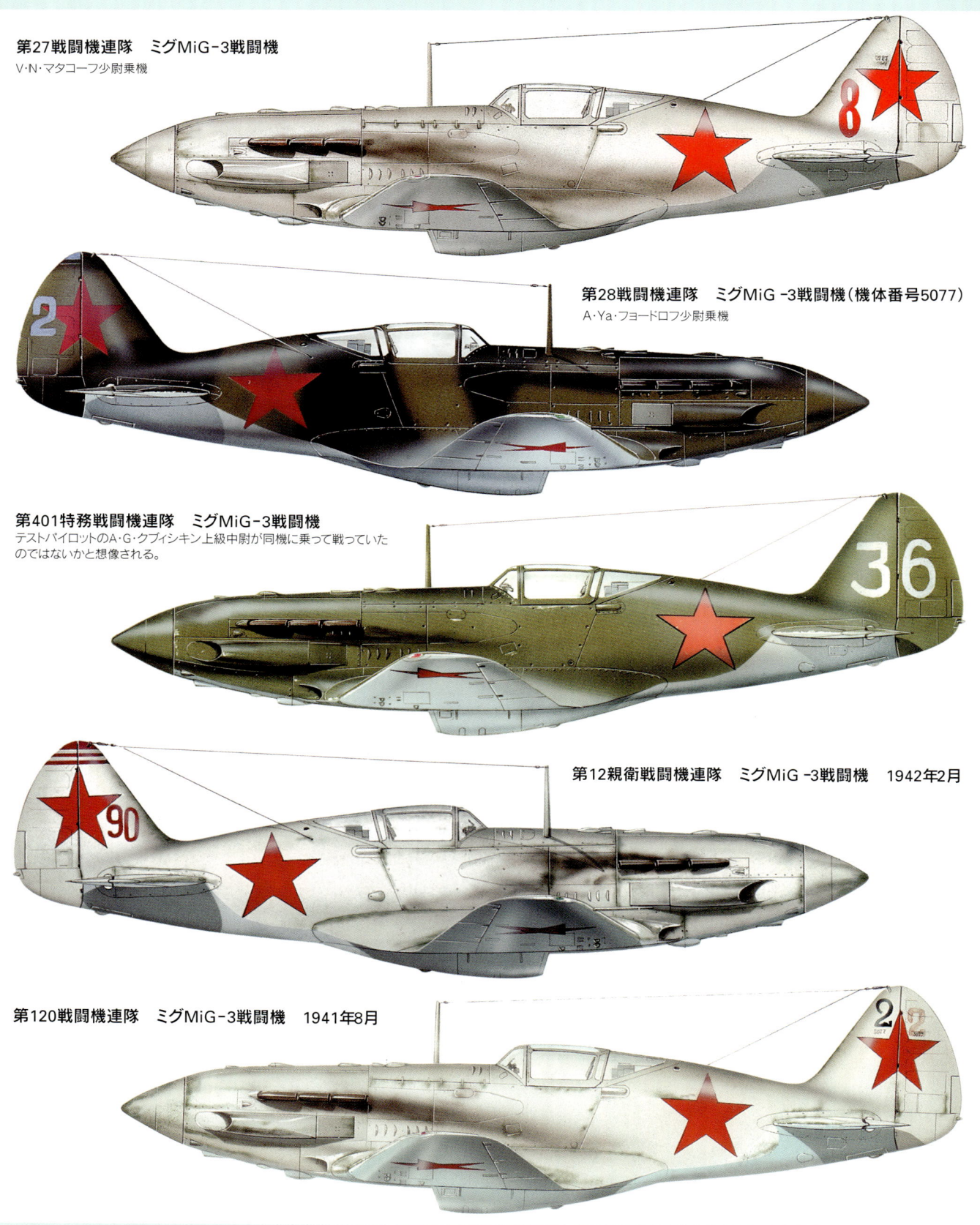

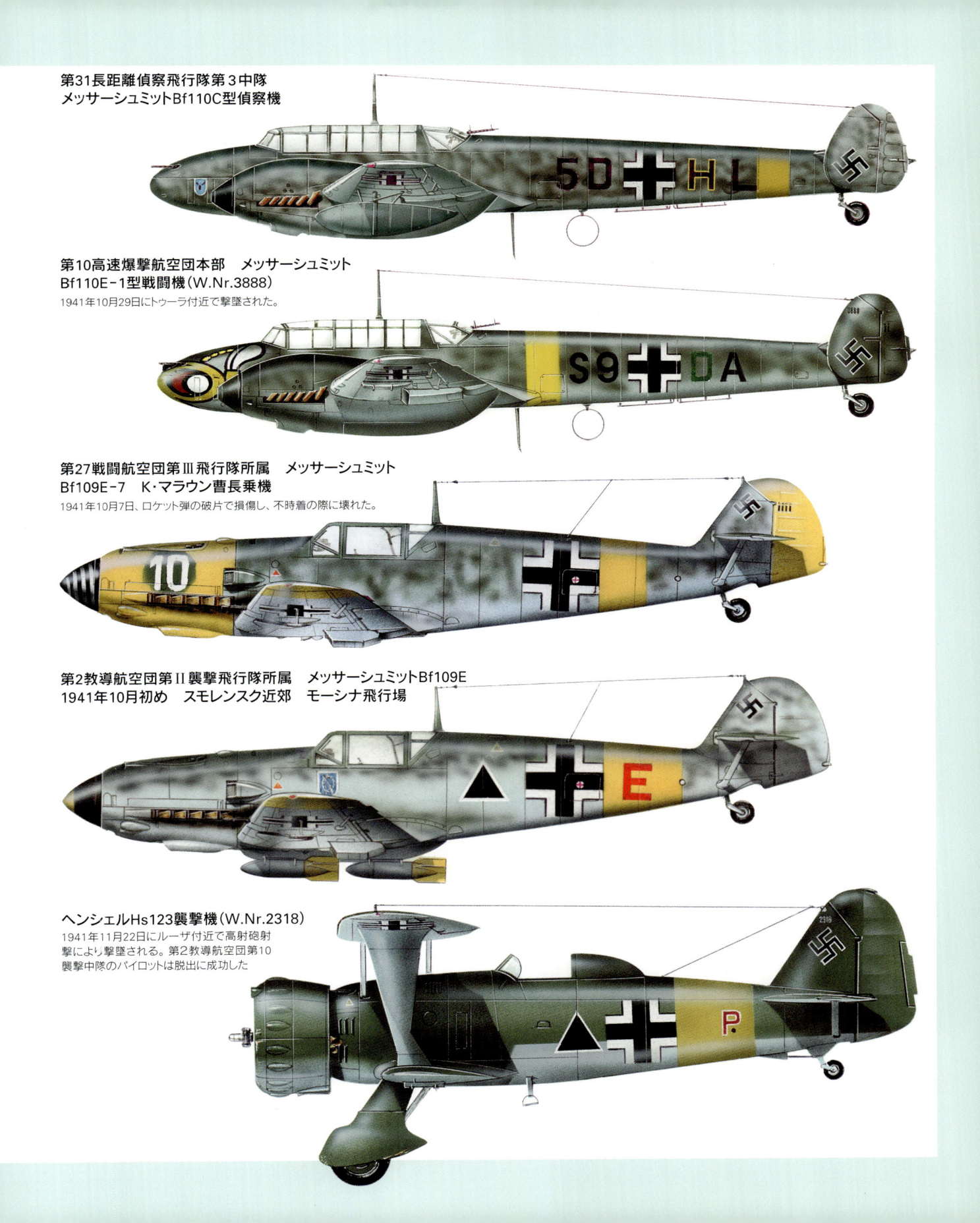

第31長距離偵察飛行隊第3中隊
メッサーシュミットBf110C型偵察機

第10高速爆撃航空団本部　メッサーシュミット
Bf110E-1型戦闘機（W.Nr.3888）
1941年10月29日にトゥーラ付近で撃墜された。

第27戦闘航空団第Ⅲ飛行隊所属　メッサーシュミット
Bf109E-7　K・マラウン曹長乗機
1941年10月7日、ロケット弾の破片で損傷し、不時着の際に壊れた。

第2教導航空団第Ⅱ襲撃飛行隊所属　メッサーシュミットBf109E
1941年10月初め　スモレンスク近郊　モーシナ飛行場

ヘンシェルHs123襲撃機（W.Nr.2318）
1941年11月22日にルーザ付近で高射砲射
撃により撃墜される。第2教導航空団第10
襲撃中隊のパイロットは脱出に成功した

第3爆撃航空団第Ⅲ飛行隊　ドルニエDo17Z型爆撃機

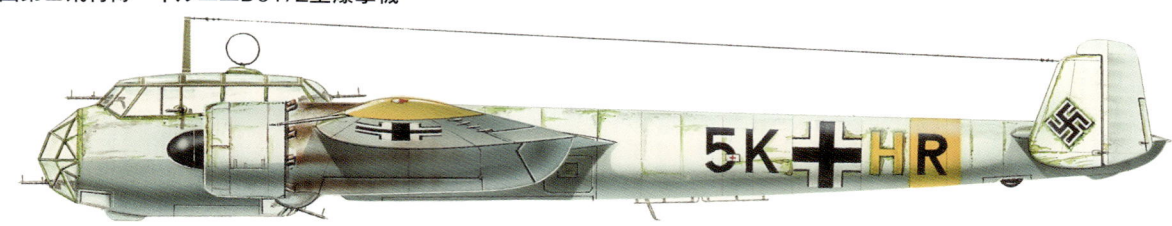

第100爆撃航空団第1中隊　ハインケルHe111H-6型爆撃機　1941年8月11日
深夜未明に気球ロープに衝突、損傷し、モスクワ川に墜落した。

第53爆撃航空団本部　ハインケルHe111H型爆撃機（W.Nr.4975）
G・ローレンツ中尉率いる搭乗員たちは、ソ連側領域に不時着後に行方不明となった。

第28爆撃航空団第Ⅰ飛行隊所属　ハインケルHe111H-6型爆撃機　1941年11月27日
ドミートロフ付近にて第562戦闘機連隊のI・N・カラーブシキン上級中尉により撃墜される。

第26爆撃航空団第Ⅲ飛行隊　ハインケルHe111H型戦闘機（W.Nr.3773）
7月のモスクワ空爆に参加したが、1941年12月のカリーニンからの退却時にドイツ軍により遺棄された。

カリーニン方面軍航空隊第728戦闘機連隊　ポリカールポフI-16戦闘機　1942年冬

防空軍第178戦闘機連隊所属　ポリカールポフI-16戦闘機

西部方面軍航空隊　ポリカールポフI-16戦闘機　1941年9月

第120戦闘機連隊のポリカールポフI-153戦闘機
ラダーと水平安定板に記された複数の工場番号は、同機が修理復旧されたことを物語っている。

モスクワ軍管区航空隊修理基地　ポリカールポフI-15bis戦闘機

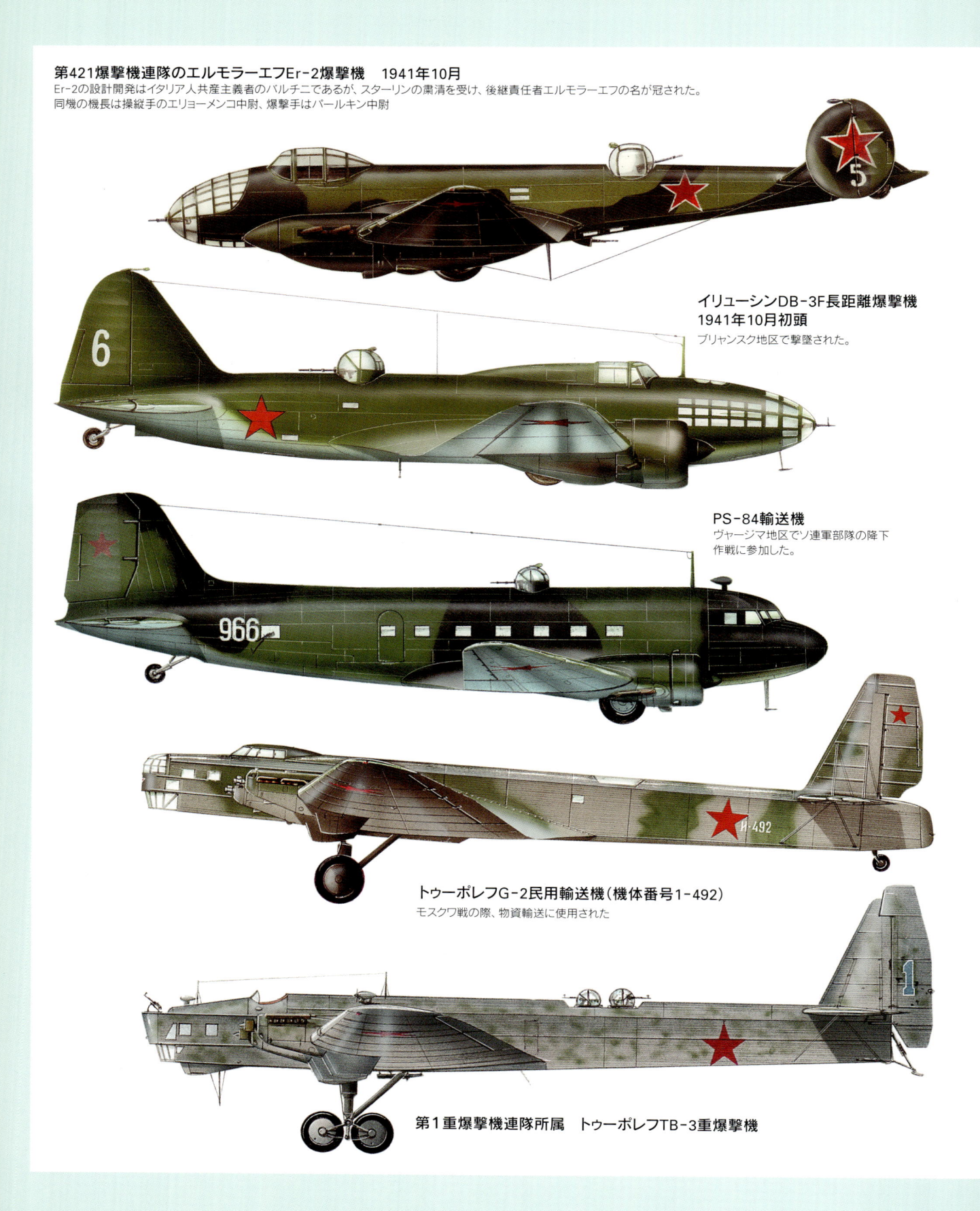

第421爆撃機連隊のエルモラーエフEr-2爆撃機　1941年10月
Er-2の設計開発はイタリア人共産主義者のバルチニであるが、スターリンの粛清を受け、後継責任者エルモラーエフの名が冠された。
同機の機長は操縦手のエリョーメンコ中尉、爆撃手はバールキン中尉

イリューシンDB-3F長距離爆撃機
1941年10月初頭
ブリャンスク地区で撃墜された。

PS-84輸送機
ヴャージマ地区でソ連軍部隊の降下作戦に参加した。

トゥーポレフG-2民用輸送機（機体番号1-492）
モスクワ戦の際、物資輸送に使用された

第1重爆撃機連隊所属　トゥーポレフTB-3重爆撃機

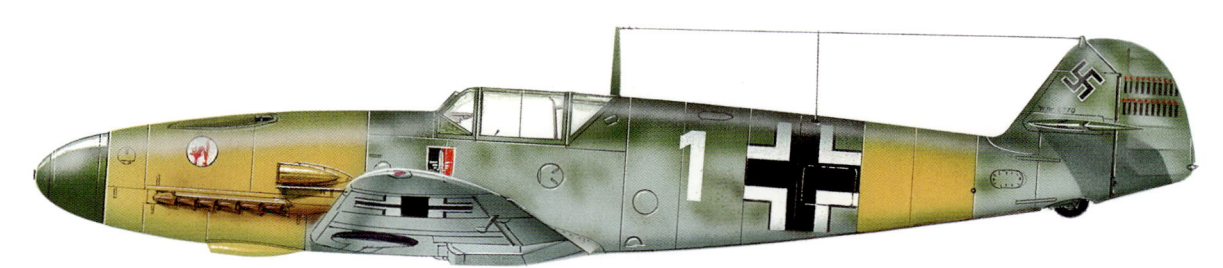

第52戦闘航空団第4中隊指揮官　J・シュタインホフ中尉乗機
メッサーシュミットBf109F型戦闘機（W.Nr.6770）

モスクワ戦に参加したルフトヴァッフェ部隊の記章

第51戦闘航空団第Ⅲ飛行隊	第52戦闘航空団第5中隊	第26爆撃航空団第Ⅲ飛行隊
第76爆撃航空団第7中隊	第26天候観測中隊	第52戦闘航空団第Ⅰ飛行隊
第52戦闘航空団第4中隊	第52戦闘航空団	第53爆撃航空団『レギオン・コンドル』
第100爆撃飛行隊	第1急降下爆撃航空団第5中隊	第4爆撃航空団『ウェーヴァー』

侵攻前夜

　独ソ戦線の情勢は、1941年秋には赤軍指導部にとって困難な様相を呈してきた。9月後半に南西方面軍の諸部隊は包囲され、その大半がキエフ攻防戦で壊滅してしまった。ヒットラーの軍隊には再び、『バルバロッサ』作戦の計画に従って戦争を勝利のうちに終結させる希望が見えてきた。そのためには、ドイツ軍は冬の到来までにソ連の首都を攻略せねばならなかった。

　1941年9月6日にヒットラーが署名した訓令第35号には、「モスクワ西方で戦闘を続けるチモシェンコの軍に対する決定的な作戦は」、『バルバロッサ』作戦全体を勝利に導くはずである、と書かれていた。『タイフーン』と命名された作戦は、秘密裡に、且つ入念に準備された。ドイツ軍指導部の企図によれば、ドイツ軍部隊は「突風のごとく」ソ連軍の最後の抵抗をなぎ倒すべしとされていた。

　訓令第35号に基づき、中央軍集団司令官のフォン・ボック将軍は1941年9月16日、各部隊に課題を与えた。重要な役目は空軍にも担わされた。空軍は積極性を減じていたものの、9月に入ってもなお制空権を確保し続けていた。それゆえ、中央方面での空軍力を隣接地域の戦力によって補充することにされた。「増強された第2航空艦隊は、――フォン・ボックの指令書には書かれている――中央集団の前線の先でロシア空軍を殲滅し、ヴェアマハトの各軍と戦車集団の進撃をあらゆる手段で支援している。モスクワ地区の工業施設に対する襲撃はこれらの課題と比べて二次的な意義を有するのみで、それは地上軍の状況が許す限りにおいて行われることになろう」。

　ルフトヴァッフェ司令部は、全体的な作戦計画に沿って、訓令第35号の遂行に着手した。季節はすっかり秋めいてきて、空も低い雨雲に覆われ、しとしとと小雨の降ることが多くなった。このことは、ドイツ軍を急がせた。中央方面で活動していた、A・ケッセルリング（元帥配下の第2航空艦隊には、B・レールツァー将軍の第2航空軍団とレニングラード戦線から戻ったW・フォン・リヒトホーフェン男爵将軍の指揮する第8航空軍団が含まれていた。『近接戦軍団』の異名をもつ第8航空軍団には、相当数の急降下爆撃機と地上攻撃機が集められていた。対ソ戦開始以降の同軍団は、まるでナチスドイツの主攻撃方向を示す物差しともいえる存在であった。そして今、かなり数の減ったこの軍団は、スモレンスク中継飛行場に"腰を据えた"のである。この作戦段階での地上軍部隊支援のためにまず抽出されたのが、前線から10～15kmの位置に配置されていた第2教導航空団第II襲撃飛行隊と第2急降下爆撃航空団第I及び第III飛行隊、それに第27戦闘航空団第III飛行隊であった。

　第2航空軍団にはまた、M・フィービッヒ将軍率いる「対地協同航空団」もあった。それには、第1急降下爆撃航空団第II及び第III飛行隊と第77急降下爆撃航空団第II、第III飛行隊の急降下爆撃機、そして第51戦闘航空団第II飛行隊所属の戦闘機が含まれていた。これらの部隊はロースラヴリ地区に基地を置いていた。爆撃機部隊は、シャターロヴォ、ヴィーテプスク、オルシャ、モギリョーフなど、前線からより離れた飛行場に配置された。ドイツ軍司令部の資料によると、(中央方面に全部隊が到着した) 1941年10月10日現在の第2航空艦隊は、爆撃飛行隊14個と爆撃中隊2個、急降下爆撃飛行隊8個と同中隊1個、単発戦闘機の飛行隊9個と中隊1個、それに双発戦闘機の飛行隊1個から編制されていた。さらに、7個偵察中隊に輸送機の飛行隊8個と1個中隊がA・ケッセルリングの指揮下にあった。(下表参照)

　作戦開始前夜、第2航空艦隊司令部は入念に航空部隊と地上

ルフトヴァッフェ第2航空艦隊の編成

第2航空艦隊：
司令部、第122長距離偵察飛行隊第2中隊、ルフトヴァッフェ総司令部第1長距離偵察中隊、第26天候観測中隊；
第2及び第22滑空航空団特殊輸送中隊

第8航空軍団：
第11長距離偵察飛行隊第2中隊、第21近距離偵察飛行隊第7中隊；
第1特殊任務爆撃航空団第4飛行隊、第106特殊任務爆撃飛行隊、第1滑空空挺航空団第I飛行隊；
第2爆撃航空団本部及び第I飛行隊、第3爆撃航空団第III飛行隊、第4爆撃航空団第III飛行隊；
第76爆撃航空団本部及び第I、第III飛行隊；
第2急降下爆撃航空団本部及び第I、第III飛行隊、第2教導航空団第II襲撃飛行隊、第2教導航空団第10中隊；
第27戦闘航空団本部及び第III飛行隊、第52戦闘航空団第I及び第II飛行隊、第27戦闘航空団第15スペイン義勇中隊；
第26駆逐航空団第II飛行隊

第2航空軍団：
第122長距離偵察飛行隊第1中隊、第23近距離偵察飛行隊第5中隊；
第1特殊任務爆撃航空団第II飛行隊、第9特殊任務爆撃飛行隊、第105特殊任務爆撃飛行隊；
第3爆撃航空団本部及び第I、第II飛行隊；
第53爆撃航空団本部及び第I、第II、第III飛行隊；
第28爆撃航空団本部及び第I飛行隊、第100爆撃飛行隊、第26爆撃航空団第III飛行隊；
第210高速爆撃航空団本部及び第II飛行隊；
第1急降下爆撃航空団本部及び第II、第III飛行隊；
第77急降下爆撃航空団本部及び第I、第II、第III飛行隊；
第3戦闘航空団本部及び第II、第III飛行隊、第51戦闘航空団第I、第II、第III、第IV飛行隊

司令部を解放した。このような大攻撃はそれまでもしばしば行われたわけではなかった。7月末にはナチスは、モスクワ市民の戦意喪失をもたらすには多数のよく訓練された飛行士たちの命を代償としなければならないことを理解していた。それほどにソ連の首都防空体制は強力でよく組織されていたのであった。このときから東部戦線のドイツ航空軍団司令官たちは、空爆に多数の航空機を抽出することに反対するようになった。

主な注意は地上軍支援に向けられた。夏季の戦闘におけるのと同様、空軍は独特な長距離砲兵の役割を演じていたが、ソ連の飛行場に対する先制攻撃は予定されていなかった。それは一部、飛行場の防備が顕著に強化されたこと、そして偽装能力が向上したことにも関係していた。8月、9月の中央方面におけるルフトヴァッフェによる飛行場空爆は実質的な成果をもたらさなかった。

その一方、ソ連軍機による攻撃がドイツ側に損害を与えることも稀ではなかった。1941年の9月中にわたって、第2航空艦隊の飛行基地は常に緊張下に置かれていた。ルフトヴァッフェの資料が物語るところによると、ソ連軍機の空襲でもっとも大きな被害が発生したのは、9月後半の第14長距離偵察飛行隊第4中隊が配置されていたスモレンスク飛行場においてであった。この部隊は作戦開始前夜、補充と整備のために戦線から一時的に後送せざるを得なくなった。スモレンスク郊外の飛行場を、ソ連の長距離爆撃航空軍(DBA)と西部方面軍航空隊第47飛行師団所属の飛行士たちも攻撃した。また、士気という要素も見落とすわけには行かない。ルフトヴァッフェの飛行要員も

1 ソ連の領空を飛ぶ第3爆撃航空団所属のユンカースJu88爆撃機編隊。
2 出撃前の入念な点検が行なわれている。コンプレッサーでハインケルHe111爆撃機の主脚タイヤ空気圧を調整する地上整備員。

軍部隊との連携活動を計画した。通信連絡を容易にするためケッセルリングの司令部は、中央軍集団の移動野戦指揮所と隣り合わせに、スモレンスク付近の森林兵舎内に構えられた。第8航空軍団とその防空部隊は、H・ホート将軍の第3戦車集団の突破攻撃に協力し、第2航空軍団の「対地協同航空団」とO・デッスローホ将軍率いる防空軍第2軍団はE・ヘプナー将軍の指揮する第4戦車集団の縦列を掩護することが予定されていた。また、第2航空軍団に属し、第77急降下爆撃航空団本部及び第Ⅰ飛行隊、第3戦闘航空団第Ⅱ、第Ⅲ飛行隊からなるC・フォン・シェンボルン伯爵中佐の特別部隊は、南方軍集団から回されたW・フォン・アクストヘルム将軍指揮下の防空軍第1軍団と共同で、G・グデーリアン将軍の第2戦車集団の前線突破を促すよう計画された。

フォン・ボック中央軍集団司令官の指令は、大規模戦力で対モスクワ戦略空爆を行う必要性から空軍

3 整備されていない急造滑走路を使用すると、こういう事故はよく起こった。オーバーランして土手にスタックしたBf109Fを移動させようと懸命なドイツの地上員たち。

地上要員も、昼夜を問わず身の安全を感じることはできなかった。それから数ヶ月経っても、赤軍航空隊を最終的に壊滅させるのにあたかもほんの少しだけ時間が足りなかったのだとドイツの将軍たちは苦虫を噛んだことであろう。しかし、東部戦線でルフトヴァッフェの出した損害は、ベルリンの戦略家たちの予想をすべて上回っていたのである。

ルフトヴァッフェの中央方面への兵力集中は、9月末に基本的に完了した。9月初めに第2航空艦隊の保有飛行機数が300機を超えなかったのに対し、1941年9月30日には1320機を数えるほどになった。ドイツ指導部は、空軍を機動的に動かし、南方やレニングラードから部隊を移動させ、作戦開始前夜には東部戦線に配置されていた全航空機の約3分の2を集結させたのであった。

ヴェアマハトの部隊がモスクワ郊外に差しかかったところで立ち止まったとき、ソ連指導部はこの小休止を最大限活かそうと努めた。特に、モスクワ地区に配置された部隊の組織力と戦闘能力の向上に大きな注意が払われていた。この作業がどのように進められたか、M・N・コロリョーフ少佐が指揮していた第177戦闘機連隊を例に見てみよう。

この連隊は、独ソ開戦直前に第11、第34、第120各戦闘機連隊の飛行、整備要員から編制され、使い古されたポリカールポフI-16戦闘機で装備されていた。7月末には42名の軍曹クラスの飛行士たちで補充された。彼らはまだ飛行学校を卒業したばかりで、未配属のままであった。飛行士たちの訓練は、ポドーリスク（15ページの図参照）付近のドゥブローヴィツィ飛行場で行われていた。ひと夏の間に969回の訓練飛行が行われ、そのうち92回は夜間飛行訓練、19回は空中戦闘訓練であった。幸いにして、人的損害をともなう事故は発生しなかった。

4 出撃準備中のユンカースJu87。手前のドリーにはPC500装甲貫徹爆弾が載せられている。
5 夜間出撃に向け給油中のハインケルHe111爆撃機。
6 発進準備の整った第2急降下爆撃航空団第9中隊のユンカースJu87R。主翼下面の懸架式燃料タンクと「唸るサイレン」駆動用プロペラが見える。
7 爆弾搭載作業中のユンカースJu87R急降下爆撃機。
8 オルシャの野戦飛行場の整備作業を全速力で進めるドイツ兵。後方にはヘンシェルHs126偵察・弾着観測機が見える。1941年8月末。

1941年8月最後の日、同連隊の政治将校であるN・L・ホードゥィレフ上級大隊政治委員が誰よりも先に、新型のミコヤン＝グレーヴィチMiG-3戦闘機を大空に舞い上がらせた（第177戦闘機連隊の資料から判断すると、これは、政治将校が部下たちを言葉だけでなく、自ら手本を見せて鼓舞しようとした一例だったようである）。9月末には同連隊は戦闘活動への準備を整えることができ、しかも兵員の半数はミグの操縦を習得していた。ドイツ軍のモスクワ進撃前夜、ドゥブローヴィツィ飛行場では敵空挺部隊との戦闘に向けた訓練が実施され、破壊工作員捕捉活動における飛行場整備大隊との連携行動が練り上げられ、野営施設の建設が完了された。

　後方部隊の準備に対する注意も緩められなかった。1941年9月7日付けで当該機関に出された赤軍航空隊参謀部長G・A・ヴォロジェイキン将軍の指令書のひとつを引用しよう。——「秋雨により多くの地区で飛行場が長期間使用不能となることに関して3日間以内に対策案を検討し、提出するよう命令する……」。

　ヴォロジェイキンは、悪天候でも飛行機が発進できるような、125本の簡易滑走路の敷設と木造道路の建設を徹底的に検討するよう要求した。あらかじめ講じられた措置は、実戦の過程で肯定的な役割を果たした。

　赤軍最高司令部大本営は、モスクワ西部方面が敵の進撃再開の主方向であると、正しく想定した。ウラルやシベリアなどの奥深い後方から西部方面軍に、航空部隊を含む予備兵力が引き出されてきた。8月、9月の間に出た損害は、新規部隊の移動により埋め合わされた。たとえば、西部方面軍航空隊（F・G・ミチュー

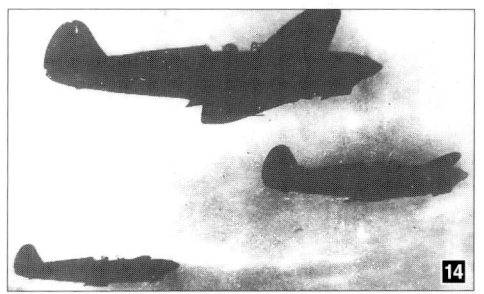

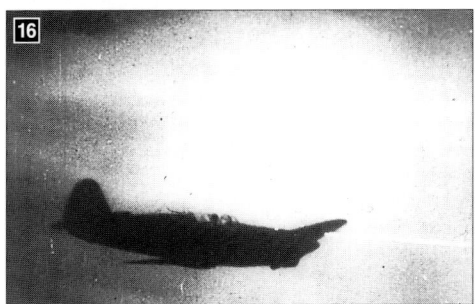

ギン将軍指揮)は9月の間、100機以上の軍用機を完全に失い、そのうち77機は戦闘中または飛行場での損失であった。しかしながら、9月1日時点で同方面軍の航空隊が保有していた航空機が246機であったのに対し、10月1日時点のそれは272機に増えていた。同じく、ブリャンスク方面軍と予備方面軍(それぞれF・P・ポルィニン将軍、E・M・ニコラーエンコ将軍が司令官)も増強された。

10月1日時点の赤軍の戦闘投入部隊には3286機の航空機が配備され、その内訳は1716機の方面軍航空機(これは各方面軍、各軍の航空兵力で、指揮官は様々)に加え、防空戦闘航空軍に697機、長距離爆撃機部隊に472機、海軍航空隊に401機が配備されていた。これらの航空機の69.5％が戦闘可能な状態にあった。

モスクワ方面の方面軍保有機数は568機で(可動機数は389機)、防空軍第6戦闘航空軍団(指揮官　I・D・クリーモフ大佐)は432機(可動343機)を保有していた。ドイツ軍のモスクワ進撃開始数日後にはソ連軍大本営が対独攻撃にさらに5個長距離爆撃飛行師団を投入したことから、1941年10月1日時点で、航空機の数の点では敵と拮抗したといえよう。さまざまな資料は、ドイツ軍全航空兵力に対してソ連側の可動機数だけを比較の対象としたり、モスクワ防空軍の戦闘機を除外したりして、ルフトヴァッフェが1.7～2倍も優勢であったかのように説明しているが、この

進撃前夜の航空兵力比較

	赤軍航空隊				ルフトヴァッフェ
	方面軍航空隊(1)	長距離爆撃航空軍	防空戦闘航空軍	計	
爆撃機	210(2)	368	—	578	720(3)
戦闘機	285	—	423	708	420(4)
襲撃機	36	—	—	36	40
偵察機	37	—	9	46	140(5)
計	568	368	432	1368	1320

注：
(1)西部方面軍に272機、予備方面軍に126機、ブリャンスク方面群は170機が配備されていた
(2)西部方面軍は28機のトゥーポレフTB-3重爆撃機を保有していた
(3)ユンカースJu87爆撃機約250機を含む
(4)メッサーシュミットBf110戦闘機50機を含む
(5)各軍直属偵察機を含む

9 MiG-3戦闘機の出撃準備を行なう地上作業員。
10 SB高速爆撃機の乗員。左は操縦手のI・M・レーフシン少尉、中央は爆撃手のP・I・ボロスーヒン。
11 飛行士や整備兵たちを総動員してトゥーポレフSB高速爆撃機を滑走路に押し出しているところ。西部方面軍の所属機。
12 このような形で第38偵察飛行大隊のミグMiG-3戦闘機がルフトヴァッフェに捕獲された。
13～16 モスクワの夜空を飛ぶヤーコヴレフYak-1戦闘機。
17 第150爆撃連隊での慰問コンサートを終え、部隊指揮官の説明を受けるヴァフタンゴフ劇場の劇団員たち。

ような比較の仕方は正しいとはいえない。(前ページの表参照)
　モスクワ郊外の戦闘ではおもに旧式の戦闘機が用いられたとする主張も事実にそぐわない。逆に、ヤーコヴレフYak-1、ミコヤン＝グレーヴィチMiG-3、ラーヴォチキン＝ゴルブノーフ＝グトコーフLaGG-3、ペトリャコーフPe-2(Пе-2)、イリューシンIl-2(Ил-2)といった新型機の比率は絶えず大きくなり、飛行要員は一定の経験を積むことができたのである。ソ連軍指導部は、開戦後数ヶ月の間に判明した多くの欠点を解消することに成功した。たとえば、西部方面軍航空隊司令官のF・G・ミチューギン将軍は自らの命令により、西部方面軍にあった全飛行師団を自分の直接指揮下に置き、各軍による統制から外した。まさに西部方面軍航空隊で初めて、各参謀部による空戦結果の整理や敵の戦術の分析が行われるようになったのであった。しかし、未解決の問題はまだまだ残されていた。
　飛行事故の原因はさまざまであったが、その主なもののひとつは、戦時下の厳しい要求にもかかわらず、赤軍航空隊内では多く

の物事が"当てずっぽうに"処理されていた。たとえば、ヴォロネジ(モスクワの南東587km)からオリョール(同じく南東に382km)へ向けた、第174襲撃機連隊各配下部隊の配置移動もあまりよく考えられておらず、準備も整っていなかった。方位特定のおそまつさから、襲撃機編隊はドイツ軍占領下のエーリニャ地区(スモレンスクの東約80km)の方向に出てしまい、そこでメッサーシュミットの攻撃と高射砲の射撃に直面してしまった。イリューシンIl-2襲撃機全9機は前線を越えて友軍の側に引き返すことができたが、強行着陸の際に機体が壊れてしまった。ブリャンスク方面軍は予定していた補充兵力を受領することができなかった。これらの事実について、空軍管理総局長のI・F・ペトローフ将軍は命令書中で指摘を行っている。
　もっと悲劇的な結果に終わったのが、第49戦闘機連隊所属のミグMiG-3戦闘機20機によるラスカーゾヴォ～レベジン間の移動であった。9月13日に目的地まで辿り着いたのはわずか12機に過ぎなかった。他の2機は全焼、さらに5機は着陸時に前のめり転覆事故を起こして修理が必要となり、残る1機は若干損傷していたことが判

明した。このとき、メドヴェージェフ少尉は死亡、ザバイーロフとミーヒン両上級中尉は重傷を負った。この事故の捜査の結果、飛行中に進路から編隊のひとつが先導機(Pe-2)を見失い、それが非戦闘時の損害へとつながったことが突き止められた。ところが、この連隊は戦闘経験もあり、北西方面軍内では優秀部隊のひとつと見なされていたのである。

赤軍航空隊司令部が出した訓令書のひとつには次のように指摘してあった。

——「針路逸脱がまるで自然災害のように発生するようになったが、それは規律のたるみと怠慢、無計画性のもたらした結果である。事態は、好天下で目標物の多い航路でさえ、単独機や編隊全体が方向を見失うまでに至った」

このような事件を捜査していたミリシュテイン内務人民委員部特務課長代理は1941年10月3日に、多くの事件のおもな原因は、「空中のフーリガン行為にも近い飛行要員の低い規律性である」と結論付けている。しかし、現存の統計資料でこの言葉を証明するものはない。事故のほぼ半分は、人的損害を出したものも含め、飛行要員の訓練度の低さから発生していた。訓練を充分受けぬままどんどん前線に送られたパイロットたちの数は、特に1941年秋に多かった。

先入観を排して事態を分析してみると、当時のソ連軍前線航空部隊の抱えていた主な問題が2点浮き彫りとなる。それは、熟練飛行士たちの低い規律と、他の飛行士たちの低い熟練度である。モスクワのすぐ上空でさえ、万事順調であったと

18 赤軍機関紙『赤い星』のK・M・シーモノフ従軍特派員が、トゥーポレフTB-3重爆撃機に乗って闘った飛行士たちに取材しているところ。
19 1941年秋になっても、機関砲で武装した「ロバ」(I-16)は恐るべき兵器であったことに変わりはなかった。
20 胴体着陸したラグLaGG-3戦闘機。
21 損傷したI-16の回収後作業。小型の機体なので、このようなさほど大きくないトラックでも搬送が可能であった。
22 ロケット弾を搭載した「チャイカ」。被弾による損傷を受けている。
23 前線でのポリカールポフI-16戦闘機の修理風景。

方は不明のままである。そのうえ5件の人的損害をともなう大事故と、14件の事故、40件の小さな破損、7件の進路喪失……が記録されている。敵機墜落地点と思しき場所を捜索して発見されたのは、上述の10機のうち5機だけであった（ドイツ側資料も偵察機5機の損失を認めている）。また、さらに3機のユンカースJu88偵察機が体当たり攻撃を受けて墜落した……。

1941年9月22日、赤軍参謀総長のB・M・シャーポシニコフ元帥は空軍兵力活用効率の向上に関する訓令を出した。そこではとりわけ「敵機に対する攻撃をともなわぬ出撃回数の多いこと」などの欠点が指摘されていた。たとえば、爆撃機を護衛していたソ連戦闘機がドイツ軍地上部隊を襲撃することは非常に少なかった。それに、ソ連爆撃機が敵地上部隊を銃撃することはなおさら稀であった。訓令は、"空出撃"を減らし、敵部隊に対する圧力を昼夜を問わず強めていくよう求めていた。

偵察機部隊にも注文が出された。同訓令は、偵察機が「機銃掃射と爆弾を使って森林掩蔽に櫛を通すよう」要求した。偵察機のこのような使い方に賛成することはまずできるものではない。しかも、9月の西部方面軍の偵察活動はかなり効率アップしていたことを認めねばならない。西部方面軍に属していた第38偵察飛行大隊は、写真機搭載のペトリャコーフPe-2爆撃機とミグMiG-3戦闘機に慣熟していた。偵察任務を遂行する大隊機は、ラ

はとてもいえない状態にあった。1941年9月の間、敵の偵察機や夜間爆撃機に対して、第6戦闘航空軍団のパイロットたちは6620回の迎撃発進を行った。11回の敵機来襲を撃退し、わずか51機の敵機が市内に侵入できたに過ぎないと思われていた。しかし、夜間に出撃した80機の戦闘機のうち、敵機を撃墜できたのは1機もいなかったのである。公式集計資料によると、日中に撃墜されたドイツ偵察機の数は10機となっている。

この1ヶ月間に戦闘任務から還らなかった第6戦闘航空軍団配下諸部隊のパイロットは6名であり、その後の彼らの行

グLaGG-3戦闘機により護衛されていた。もっとも重要度の高い情報は無線で伝達され、空撮結果は暗号解読された後に分析に回された。こうして、ルフトヴァッフェの支配下にある飛行場の動きが活発化していることが前もって把握されたのだった。

1941年9月26日に西部方面軍司令官I・S・コーネフ将軍はスターリンとシャーポシニコフに対して、捕虜飛行士の尋問調書によると「敵はモスクワ進撃を準備しており、主力部隊はヴァージマ～モスクワ間幹線道路沿いに移動中。すでに戦車1000両を引き連れており、そのうち500両はスモレンスク～ポチーノク(スモレンスクの南東62km)地区にあり……」と報告した。コーネフはとりわけ、方面軍航空隊への地上襲撃機1個連隊と昼間爆撃機

24 ドイツ軍の攻撃から機体を護るため擬装は欠かせない。樹木の枝で入念に覆われたミグMiG-3戦闘機。
25 前線沿いの地域に輸送するための物資を集積するソ連兵。後方の複葉機はポリカールポフU-2。
26 森の外れに分散待機するラグLaGG-3戦闘機。
27 ソ連軍陣地後方で撃墜された第3爆撃航空団所属のユンカースJu88爆撃機。赤軍兵士が警備に付いている。
28 撃墜されたポリカールポフI-16戦闘機10型を検分するドイツ兵。
29 擬装を施したまま給油を受けるラーヴォチキン=ゴルブノーフ=グトコーフLaGG-3戦闘機。

1個連隊の増援を要請した。
ここでおもしろいエピソードがある。捕虜となったドイツ飛行士のA・ムーディン上級曹長は次のように証言している。
──「飛行機の車輪をスキー板に換装せねばならない。なぜなら、中央軍集団戦区では部隊が進撃する予定が無いからだ」

しかし、NKVD(エヌカーヴェーデー:内務人民委員部)の尋問官たちはこの情報の信憑性を疑った。ムーディンを再度尋問したところ、彼は自己の証言

を百八十度ひっくり返した。

　赤軍航空隊司令部は入手した情報を基に、ミチューギン将軍、ニコラーエンコ将軍、ポルィニン将軍の各方面軍司令官たちに暗号電報を送り、「ドイツ軍は9月25日、スモレンスク方面へ他戦線から単発戦闘機300機、双発戦闘機90機、急降下爆撃機90機による戦力を移動させた」と伝えた。ところが、西部方面軍航空兵力の追加補強は行われなかった。

　ヴェアマハトによる大規模攻勢準備についてはスターフカ(ソ連軍大本営)にも報告された。ソ連軍最高司令官は最初、敵兵力が誇大視されているとしていたが、その後西部方面軍とブリャンスク方面軍に対して堅牢な防御態勢を整えるために部隊を動員するよう命じた。しかし、その後の事態の展開が示すとおり、有効な措置は採られなかった。

　ドイツ軍は大きな成功を収めていたにもかかわらず、ルフトヴァッフェ指導部は多大な航空兵力の損害に憂慮していた。東部戦線において8月31日までにドイツ航空艦隊が完全に失った戦闘機、爆撃機、偵察機の数は1320機に達した。さらに820機の機体は60％以上の損傷を受け(ドイツで採られていた損害計上方法に基づく―著者注)、これらはすべて修理不可能であったようである。この段階では航空艦隊に所属していなかった(おもに偵察機からなる)各航空隊は170機を喪失し、124機が大破していた。また、197機の輸送機や連絡機、高速連絡機も廃棄しなければならなくなった。このうちの113機は空中や地上で破壊されたものである。予備兵力はまったく欠如しており、司令部に進撃の過程で兵力を増強するあてはなかった。

　中央方面にルフトヴァッフェから数個航空団を抽出しても、すべての問題を取り去るには至らなかった。東部戦線から再編成のために後送される部隊の兵器を使って、残る航空部隊を補強することはできた。総体的に、ドイツ軍は何とか航空兵力を定数近くにまで引き上げることには成功した。ただし、どのような原則に基づいて航空部隊に飛行機を配備させたのかを説明するのはかなり難しい。たとえば、レニングラード郊外に残っていた第54戦闘航空団第Ⅲ飛行隊には9月末にメッサーシュミットBf109F型戦闘機45機が与えられ、ネヴァ川(レニングラードを貫く川)の岸からスモレンスク地区へ去った第27戦闘航空団第Ⅲ飛行隊はこのとき、くたび

30 ユンカースJu88爆撃機のコクピットにおさまるパイロット。
31 32 給油作業中の第76爆撃航空団所属ユンカースJu88A-5爆撃機。(機体コードF1＋GM、W.Nr.4339)
33 スモレンスクの飛行場におけるJu88。差し迫った出撃もないのか、乗員たちの表情は和やかである。胴体下のゴンドラ銃座ハッチが開放され、搭乗用ラダーが付いているのに注意。

れたメッサーシュミットBf109E型戦闘機を20〜22機抱えていたのみであった。

これまでの戦争の経験も考慮されていた。東部前線からは双発戦闘機を配備する部隊の半数が外された。専門家の意見では、当初駆逐機として開発されたメッサーシュミットBf110戦闘機は、ここではその役目を果たすことができなかった。ソ連の方面軍航空機との戦闘において、Bf110はBf109よりも劣ることが判明し、つぎに襲撃機として用いたところが、かなりの損害を出したのであった。ドイツ本国へは、レニングラード郊外から第26駆逐航空団の本部と第Ⅰ飛行隊が、またキエフ郊外からは第210高速爆撃航空団第Ⅰ飛行隊が送り返された。第210高速爆撃航空団は、短時日の戦闘で5名の中隊、飛行隊指揮官たちを失っていた。

『タイフーン』作戦前夜のドイツ陣営ではいまだ、最終的な成功に期待が寄せられていた。ルフトヴァッフェはヴェアマハトの地上軍とともに、(ヒットラーの言葉によれば)「今年最後の大規模かつ決定的な闘いに」参加する用意ができていた。

34〜35 これもスモレンスクにおけるJu88。出撃前の整備、点検を受けている。
36 修理作業室内(といっても屋根があるだけだが)で台座に固定しエンジンの駆動状態を検査しているところ。
37 ユンカースJu88のエンジンカウリング。環状ラジエーターの様子がわかる。

Порыв «Тайфуна»

Порыв «Тайфуна» 「タイフーン」発動

　ドイツ軍のモスクワ進撃作戦は1941年9月30日に始まった。グデーリアン将軍の各戦車師団はソ連軍ブリャンスク方面軍戦区左翼に強烈な打撃を与えた。悪天候がルフトヴァッフェの活動を邪魔し、とりわけユンカースJu87急降下爆撃機の航空団は離陸することができなかったほどであった。とにもかくにも、ドイツ空軍によるブリャンスク方面軍への爆撃は砲兵の猛射撃と同時に開始された。進撃初日には、第2戦車集団はソ連軍第13軍の後方に進出した。

　ヴァイクス将軍指揮する第2野戦軍は10月2日、ソ連第50軍が守備していたブリャンスク地区に攻撃を発起した。ヒトラーの軍隊はここでも戦線を突破してブリャンスクとオリョールを直接脅かし、ブリャンスク方面軍は困難な形勢に陥った。ブリャンスク方面軍とは、フォン・シェンボルン将軍の航空部隊だけでなく、第2航空軍団の他の部隊(全部で約300機が戦闘可能)も戦っていた。ブリャンスク方面軍がこの地区に配置していた105機の稼動ソ機は、敵を妨害することはできなかった。ソ連軍最高司令部のスターフカ(大本営)は緊急措置を採り、10月2日にこの方面へA・A・デミードフ将軍の第6予備航空隊を移動させた。この部隊は戦闘機のほか、イリューシンIl-2襲撃機、ペトリャコーフPe-2爆撃機を有し、さらに進撃してきたドイツ部隊に打撃を加えるために長距離爆撃航空軍の主力も増援された。これと同時にオリョール～トゥーラ(モスクワの南193km)方面へは、急編制された第1親衛狙撃軍団が差し向けられた。

　すでに10月2日にはドイツ戦車に対して第40、第42、第51、第52爆撃飛行師団が活動を開始した(各師団の司令官は順に、V・E・バトゥーリン大佐、M・Kh・ポリセンコ大佐、E・F・ローギノフ中佐、A・M・ドゥボーシン大佐)。やや後になって、A・E・ゴロヴァーノフ大佐が指揮する第81特務爆撃飛行師団も投入された。航空部隊の活動を調整するために、赤軍航空隊司令官のP・F・ジーガレフ将軍と空軍参謀部長代理のI・N・ルーフレ大佐がブリャンスク方面軍に到着した。爆撃機の戦闘機による護衛任務の指揮は、ブリャンスク方面軍司令官のF・P・ポルィニン将軍に委ねられた。

　長距離爆撃機は接近しつつあったドイツ軍予備部隊に攻撃を加え、方面軍航空隊は敵の突破部隊第1陣を叩いた。ムツェンスク近郊(オリョールの北東約59km)でドイツ軍を迎え撃つことになったのは、おもに第6予備飛行隊所属の5個連隊であった。これらの連隊は敵戦車の縦列を襲い、友軍を敵機の攻撃から掩護し、地上軍のために偵察活動を行った。同予備航空隊に属していた第42戦闘機連隊のG・V・ジーミンの回想によると、
　——「敵を襲撃するにあたっては次々と3機編隊で飛び、ドイツ軍を常に緊張下に置き、前進を遅滞させるよう図られていた。我々

1 野戦飛行場から出撃するハインケルHe111。この季節はまだ野戦飛行場はその本来の機能を失っていなかったが、秋から冬になると、飛行場は役にたたなくなった。

②ソ連のトゥーポレフSB高速爆撃機の機首を背景に写真に収まるI・S・ポールビン少佐。
③SB高速爆撃の前部機銃は、対空防御というよりも、もっぱら敵地上部隊の襲撃・掃討に使用されることが多かった。
④ブリャンスク地区でドイツの急降下爆撃機、地上攻撃機の餌食となったソ連軍車輛。手前はBT7戦車。
⑤ドイツ第2戦車軍の進撃地区に不時着したソ連のイリューシンDB-3F長距離爆撃機。機体はドイツ兵によって検分された。

の小編隊による攻撃でさえ、ヒットラー軍の縦列を停止させ、自動車化歩兵たちを側溝や窪地に四散させるに充分であった。我々は低空を飛んでいたので、この様子がすべてはっきり見えた。我々は超低空で活動することにより、敵戦闘機による発見を許さず、同時に敵高射砲兵の射撃の効果も減殺することができたのである」

　1941年10月2日のソ連情報局の発表で、長距離爆撃航空軍第212飛行連隊のV・K・グレチーシキン中尉が9月末にスモレンスクの飛行場を首尾よく爆撃したことが紹介された。この発表の当日、彼は再び際立った活躍をした。ブリャンスク地区でドイツ戦車を攻撃するにあたり、天候は明らかに飛行に不向きで、爆撃機長は高度を100mまで下げざるを得なかった。敵縦隊の真上でイリューシンDB-3F長距離爆撃機の操縦が不能となったが（搭載爆

弾の爆発によるとも考えられる)、グレチーシキンはそれでも縦隊から500mの地点に強行着陸し、敵パトロール隊との遭遇を避けることに成功した。それから22日間(!)に亘って、搭乗員たちは友軍陣地に辿り着くまで敵の後方を潜行していったのである。モスクワ戦の間に、V・K・グレチーシキンは他の操縦士が一生かかって遭遇するようなことをすべて体験した。最初の出撃の際、帰還中に彼の機体は高射砲弾を被弾したが、彼は乗機を片方のエンジンだけで操った。スモレンスク上空で撃破されたヴァシーリィ・コンスタンチーノヴィチ(グレチーシキンのファースト、ミドルネーム)はDB-3Fを脱出したが、落下傘が開かなかった。高度600mからの自由落下は、雪の窪地への無事着地に終わった。

　もっとも大きな戦果を挙げた出撃は、1942年1月17日のトゥマーノヴォ、翌18日のイヴァーノフスカヤ各鉄道駅に対する爆撃である。グレチーシキンが配転された第748爆撃機連隊の本部は、1941年11月12日に彼がポリカールポフR-5偵察機に乗って行った大胆不敵な前線越境出撃を特筆している。このときは、敵側前線の向こうに不時着した後に機関士たちが修復させたイリューシンDB-3F長距離爆撃機に乗り込んで、友軍側に無事帰還し、爆撃機を再び戦列に加えることに成功した。1942年2月20日、グレチーシキンはソ連邦英雄金星章を受勲した。

　ソ連飛行士たちの自己犠牲的な活躍は敵のドイツ軍によっても指摘されている。グデーリアンは書いている。
　──「私は、ロシア空軍の積極さにかなり強い印象を受けた。セーフスク飛行場(ブリャンスクの南約150km)に私が着陸してすぐに、20機に上るドイツ戦闘機(第3戦闘航空団第Ⅲ飛行隊──著者

6 実戦に備え最終訓練を受けるドイツ急降下爆撃ユンカースJu87の機銃手兼通信手。
7 野戦飛行場から発進直前、地上員が「シュトゥーカ」の最終点検を行う。
8 土煙を上げて離陸を開始するハインケルHe111爆撃機。胴体下面にはPC1000徹甲爆弾を懸架している。

⑨ 奇襲攻撃に出撃するSB高速爆撃機編隊。
⑫ "モスクワ爆撃"——1941年10月3日付け『フランクフルター・ツァイトゥンク』紙はこのような大見出付きで発行され、ドイツ軍の攻撃を報じた。

注)が配置されていたその飛行場にロシア空軍による空襲が行われた。その後敵機は航空団本部を爆撃したため、我々の居た部屋の窓ガラスが飛び散った……」

しかし、ブリャンスク方面軍航空兵力の攻撃は、結果的に見るとそれほど効果的ではなかった。その理由はおもに、飛行要員の経験と訓練が不充分であったことで説明される。G・グデーリアンのソ連空軍による対独戦闘活動についての回想は、上述のエピソードにとどまらず、さらにこう続けられている。——「私は、第3戦車師団が移動していた道路に沿って進んでいた。ここでもまた我々はロシア爆撃機による爆撃を一度ならず受けた。爆撃機は3～6機編隊で高高度を飛んでいたため、受けた損害は軽微であった」(グデーリアンの『兵士の回想』の先の部分がしばしばソ連の文献に引用されていたのに対し、後者は一度も紹介されたことはない)。

A・A・デミードフ将軍が指揮する第6予備航空隊の基幹を成していたのは、第4予備戦闘機連隊のなかから慌てて編制された連隊であった。たとえば、1941年9月末まで訓練期間にあった第509戦闘機連隊(指揮官T・G・ヴィーフロフ少佐)には、一般操縦士たちの中に戦闘経験のある者はひとりもいなかった。戦闘活動の評価は、飛行士たちの報告にのみ基づいて行われていた。それゆえ、歩兵を載せたドイツ自動車輌の破壊された実数は、ソ連軍の報告書に記されたものよりひと桁も少なかったのである(戦車については言わずもがなである)。

10月3日の夕方、第509連隊にはクロームィ地区(オリョールの南西約40km)からリーヴヌィ地区(オリョールの南東150km)への基地移動命令が届いた。もう少し遅れていたら、兵員も飛行機も敵の掌中に

⑩ 重「航空艦船」と呼ばれた大型爆撃機TB-3は当時すでに旧式となっていたが、モスクワ防衛には盛んに使用された機体である。
⑪ ペトリャコーフPe-2爆撃機搭乗員たちの訓練風景。

落ちたことであろう。
──「ミグMiG-3戦闘機で夜間飛んだことのないパイロットたち、あるいはどんな機種であれ、夜空を一度も飛んだことのない者たちは濃くなる宵闇に飛んでいき、暗くなって焚き火の明りが点いてから着陸した」

このように第509戦闘機飛行連隊の隊史史料には記されている。この命令は遂行され、

──「特に優秀だったのが、最初に着陸し、後続機の受け入れを組織したパイロットのE・E・ヴォールコフ少尉と第2飛行大隊指揮官のI・G・アレクサンドロフ大尉である」

この連隊は1941年10月22日まで闘い、213回の戦闘出撃を行った。このときまで戦列に残っていたのは、当初18機あったMiG-3のうち5機だけであった。

ブリャンスク方面軍航空隊の数個飛行連隊の果敢な戦いぶりも状況を好転させることはできなかった。敵は前進を続け、10月3日にはオリョールへ、6日にはブリャンスクに突入してきた。ようやくムツェンスク郊外でドイツ軍の進撃速度を落すことに成功した。ドイツ軍は第2戦車集団の突破攻撃により、モスクワまで最短距離で行ける西部方面からソ連軍指導部の関心をそらせた。ここでの進撃は1941年10月2日に始まった。「今年最後の大規模かつ決定的な戦い」には、中央軍集団配下の残り全部隊が参加した。ロシア語で「バービエ・レート」と呼ばれる、安定した明るく晴れ渡った天気は(直訳では"女ざかりの夏"となるが、冷雨の多いモスクワの秋に2、3週間訪れる小春日和的な天気―訳注)、ドイツ軍をしてルフトヴァッフェを大々的に活用することを可能にした。

好天の10月2日、第2航空艦隊の所属部隊は1387回の出撃を行った。進撃初日にしてみれば、この程度の負荷はルフトヴァッフェ内部ではたいしたものではないと見なされていた。いくつかの飛行隊は新しい土地での飛行場整備が間に合わなかったり、他方の飛行場地上要員は充分な活動を保証することができなかった。とにもかくにも、戦車部隊による突破攻撃はすべて、航空機によって然るべく"土地が鋤き返されて"から実行に移されていた。ソ連軍指導部は夏季戦闘の経験をもとにモスクワ方面に堅固な防衛態勢を整えようと試みたが、部隊の戦闘配置の奥行きは不充分であった。狙撃師団は一列に並べられ、砲や戦車の密度は低かった。防衛陣地を工兵施設で充実させる時間も足りず、陣地は点々と散らばっていた(塹壕網が欠如していた)。各方面軍の防空戦力もまったく物足りなかった。たとえば、資料集『大祖国戦争における防空軍』によれば、9月初めの時点で半数以上の高射砲大隊は兵器をまったく有さず、また西部方面軍第29軍の所属部隊を援護するための高射砲は1門もなかったのである。

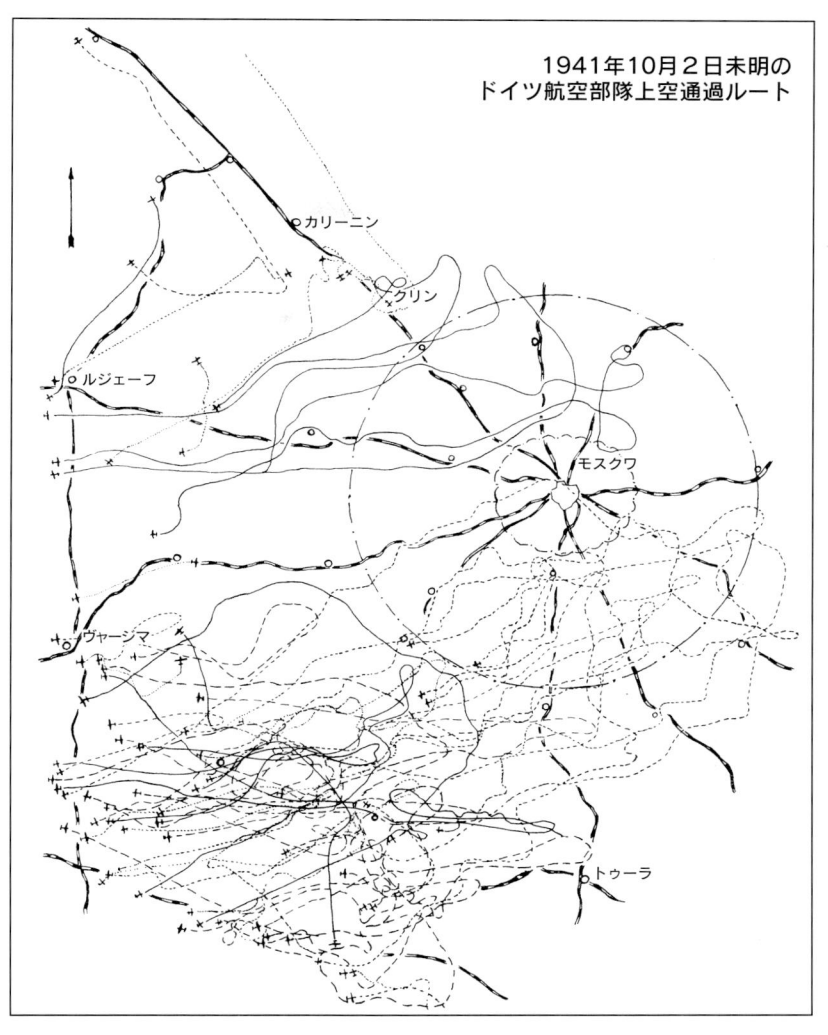

1941年10月2日未明の
ドイツ航空部隊上空通過ルート

これは、赤軍将兵の耐久性と敵の戦車、航空機の行動に影響した。特に敵機は1時間以上も戦場上空を"漂う"ことが可能となった。ドイツ軍は、ソ連軍各部隊本部に対する攻撃にも大きな注意を注いだ。第3爆撃航空団のK・ペーテルス大尉が指揮する第Ⅱ飛行隊のユンカースJu88爆撃機18機による、カースニャ駅沿いにあった西部方面軍司令部に対する急降下爆撃を指摘することができよう。ソ連高射砲兵の頑強な抵抗にもかかわらず、爆撃精度は高かった。直撃弾が通信を麻痺させ、多数の人員を戦闘不能にした。指揮所には掩蔽壕があることを想定していたルフトヴァッフェ司令部は、小型、中型爆弾だけでなく、重量1000kg以上の大型爆弾も使用するよう命令していた。

9月とは違って今度は、ドイツ機は大編隊で活動し、突破地区に対する大規模攻撃を展開していた。10月4日だけで第8航空軍団の各部隊は、対西部方面軍突破地区であるベールィ(カリーニンの南西294km)～スィチョーフカ(スモレンスクの北東234km)～ヴャージマの三角地帯に急降下爆撃機を152回出撃させ、爆撃機は259回の出撃を繰り返した。フィービッヒ機動部隊は、ブリャンスク～スパース・デーメンスク(カルーガの西197km)～スヒーニチ(カルーガの南西105km)地区にある予備方面軍及びブリャン

スク方面軍の補給、連絡を狙って、急降下爆撃機と爆撃機をそれぞれ202回と188回飛ばした。フォン・シェンボルン将軍は48機のユンカースJu87急降下爆撃機に、第2航空軍団所属のハインケルHe111爆撃機32機を支援につけて、クールスク～リゴーフ（クールスクの西80km）～クロームィの三角地帯に位置していたソ連部隊を爆撃するために送り出した。ドイツ軍飛行士たちは戦車22両（うち52トン以上の重戦車4両を含む）と石油貯蔵タンク3個、さらに450両以上の各種自動車の破壊を報告した。

ソ連側資料に従えば、防空軍第6戦闘航空軍団のパイロットたちは初日からドイツ軍進撃部隊に対して猛攻を加えた。『首都上空の警護にありて』という書物にある「防空軍モスクワ軍管区正史」を引用してみよう。
──「10月2日に航空偵察部隊は敵大縦列がベールィ市に進軍中であることを把握した。その先頭はすでにベールィから15～20kmの地点にあった。侵攻軍はメッサーシュミットBf109戦闘機の小編隊群により掩護されていた。敵機械化部隊の縦列を襲爆撃するために、A・A・サチコーフ、A・V・ジャチコーフ両少佐が率いる第95戦闘機連隊のペトリャコーフPe-3戦闘機40機とA・S・ピサンコ少佐、N・I・ピリューギン少佐がそれぞれ指揮する第120及び第27戦闘機連隊の戦闘機60機がモスクワ軍管区司令部の指示で派遣された。正午頃、ソ連機部隊は目標に到達した。敵縦隊に対してペトリャコーフPe-3戦闘爆撃機が第1撃を加えた。それに続いて、敵は戦闘機の襲撃を受けた。パイロットのA・S・ピサンコ少佐は危険を顧みず、乗機のポリカールポフI-153戦闘機の飛行高度を5～10mまで下げ、超低空飛行をしながら敵の兵隊と兵器に次々と銃弾を撃ち込んでいった……。攻撃は30分ほど続いた。ソ連機のこのような行動は敵にとってまったく予期せぬことで、高射火器で撃つ間もなかった。ソ連機との交戦は縦隊を護衛していた敵戦闘機でさえ躊躇した。ソ連機はみな、首尾よく任務を完了し、自分たちの飛行場へと戻っていった。サチコーフ少佐のグループだけで、敵の歩兵、弾薬輸送車輌40両と戦車43両を破壊した」

その先では、「短期間の内に防空軍モスクワ圏の航空部隊は120両の敵戦車を撃破した」とも主張されている。
ここですぐに3つの疑問が沸いてくる。
第1に、ソ連パイロットたちの打撃がそれほど効果的であったとしたら、なぜヒットラー軍の攻撃力が弱まらなかったのであろうか？
察せられるとおり、ドイツ側資料はベールィ地区での大損害は認めていない。ここに突入してきた第1戦車師団が困難に直面したのは、燃料運搬の途絶からであった。この問題は、第2航空艦隊の輸送機を使うことによって解決された。第3戦車集団の戦闘日誌には、この地区では「ロシア人たちはいつものごとく、激しい抵抗を示した」と記録されている。しかし、赤軍機が街道を移動中の縦隊に損害を与えることができるということをドイツ軍司令部は理解し、G・ホート将軍は未舗装道路や通行困難なマモーノヴ

1941年10月1日当時の
モスクワ近郊におけるソ連航空兵力編成

西部方面軍
各軍：航空部隊なし
方面軍：第23爆撃飛行師団、第31、第43、第46、第47混成飛行師団

予備方面軍
第24軍：第38混成飛行師団、第10、第163戦闘機連隊、第66襲撃機連隊
第43軍：第10、第12混成飛行師団
方面軍：航空部隊なし

ブリャンスク方面軍
第13軍：第11、第60、第61混成飛行師団
方面軍：第24爆撃機連隊、第6予備飛行隊（爆撃機連隊、襲撃機連隊各1個）

長距離爆撃航空軍
第40、第42、第51、第52、第81爆撃飛行師団

モスクワ軍管区
防空軍第6戦闘航空軍団（17個戦闘機連隊）、第77混成飛行師団、第441戦闘機連隊

ォ森林地帯を利用して部隊の分散を図った。乾燥して晴れ上がった天候はそれに好都合であったのだ。

ちなみに、第6戦闘航空軍団のパイロットたちも、敵に大損害を与えたということは報告していない。たとえば、この襲撃作戦に果敢に参加した第120戦闘機連隊の「チャイカ」乗りたちは、火災地点を、特にベールィ市の道路要衝に強力な火種を作り、ガソリン給油車を爆破、5、6両の掩蓋付トラックに投弾を命中させたと報告しているが、戦車の破壊などには触れていない。炎上する戦車に関しては、ペトリャコーフPe-3戦闘機の乗員たちの口からも聞かれなかった。1941年10月2日から4日までの間に第6戦闘航空軍団各所属連隊は1014回の出撃を行い、そのうち178回は襲撃活動を目的としていた。ドイツ第3戦車集団の進撃部隊に対しては第120戦闘機連隊のパイロットたちが124回出撃している。

第2の疑問は、ドイツ軍進撃開始当初のソ連方面軍航空隊の活動について何が明らかとなっているのかである？

今に残っている資料から次のような結論を導くことができよう。西部方面軍航空隊の防衛作戦計画によれば、ヤールツェヴォ（スモレンスクの北東63km）〜ヴャージマ方面で敵が突入してきた場合、「敵航空部隊を空中およびクラースヌィ・ボール、デミードフ、ドゥホフシチーナ、スタールナ、スモレンスク、シャターロヴォ各飛行場において叩く」べしとされていた。それには、同方面軍配下の全飛行師団（第23、第31、第43、第46、第47師団）を投入すること

⓭第11戦闘機連隊のパイロットたちに敵部隊襲撃の任務が与えられ、出撃前状況説明が行われている。1941年10月、クービンカ飛行場における撮影。もっとも左端がG・A・コーグルシェフ連隊長、その右（地図の傍）の人物がK・N・チテンコーフ。
⓮ドイツ軍に占拠された直後のクールスク飛行場。
⓯このペトリャコーフPe-3長距離戦闘機は機首を損傷してなお戦闘任務から帰還した。
⓰第120戦闘機連隊長のA・S・ピサンコ少佐。
⓱I-153戦闘機の前で政治ニュースを知るソ連兵士たち。10月6日付けの新聞より――「前線西部方面で活躍する我が航空部隊は、敵戦車45両、自動車160両、オートバイ156両を破壊、大隊規模の敵歩兵を殲滅し、空戦においてはドイツ機を19機撃墜した」

スターフカ（ソ連軍大本営）は、日中に大規模な首都空襲が行われる際、これらの連隊が敵爆撃機をモスクワから充分離れたところで迎撃することができると判断していた。当然、防空軍所属戦闘機を使って方面軍航空隊を強化するなどの話はなかった。さらに、数日後スターリンは、「国防人民委員（スターリン自身）の特別許可無くしてモスクワ市防空軍から所属部隊や兵器資材を受領すること」を禁じたのであった。

1941年10月初頭の戦闘について、当時第16軍司令官であったK・K・ロコソーフスキィ元帥が回想している。
――「夜明けとともに、攻撃が予想されていたわが軍中央戦区に対するドイツ軍の進撃が始まった。このとき初めて敵機はわが軍司令部の所在地を爆撃した。ただ、大きな損害は蒙らなかった」

が想定されていた。航空兵力活用の効果を上げるため、第46飛行師団所属の連隊をすべてクレショーフカ中継飛行場（ヴァージマの北方20〜50km）に派遣することも企図された。

西部方面軍航空隊司令部は配下部隊の臨戦態勢を強化し、首尾よい戦術偵察出撃を数回実施することはできたものの、敵の今後の進撃路をつかむことはできなかった。空中や地上でルフトヴァッフェを叩くという課題も非現実的なことが判明した。ここでの独ソの兵力比は、赤軍航空隊に不利であったからである。たとえば、7個飛行連隊からなる第43飛行師団はもっとも大きな部隊であった。しかし、8月、9月の激戦の後、各連隊に残された戦闘可能な航空機は5〜8機を数えるに過ぎなかった。

3番目に、防空軍モスクワ圏飛行部隊は臨時に西部方面軍空軍の指揮下に移されたのかという疑問がある。

スターリンの指示により、1941年9月末に第6戦闘航空軍団の5個連隊が、モスクワ防空軍の指揮下に残ったまま、ルジェーフ、ヴャージマ、キーロフ地区の各基地へ移動せねばならなかった。

この箇所に注意していただきたい。ソ連軍指導部にとって進撃は予想外のことではなかったのである。ロコソーフスキィはさらに、彼の部隊は敵の攻撃をすべて撃退し、自らの陣地を守り通したと書いている。ところが、ドイツ第3戦車集団の主攻撃はやや北のホールム・ジルコーフスキィ地区（スモレンスクの北東165km）に対して発起され、ルフトヴァッフェはただ積極的な活動を見せかけて、第16軍の諸部隊をその陣地に縛り付けておこうとしていただけで、しかもそれに成功したというのが真相であった。ユンカースJu87やJu88、ドルニエDo17などの爆撃機15〜25機ずつの編隊が、突破地区でお互い常に交替しながらソ連軍を爆撃した。10月2日15時までにはすでに、ソ連第19軍戦区で340回を越える敵機の上空通過が記録され

18〜**20** ヘンシェルHs123複葉機発進の最終準備風景。この飛行機は初期の急降下爆撃、地上軍の近接支援・直協を主任務とした機体。東部戦線初期には多用されたもののひとつである。本来主脚には整流用の覆い(スパッツ)が付いているが、泥や草が詰まることを嫌って、取り外した機体が多かった。エンジン・カウリング後方、翼間支柱あたりの胴体に描かれた白いマークは、陸軍の「歩兵突撃徽章」をもとにしたもので、地上攻撃航空団所属の地上支援・直協任務にあたった機体の多くに描かれていたようである。
21 ドイツ軍飛行場攻撃任務遂行のため離陸するソ連のSB高速爆撃機。
22 野戦飛行場に駐機するドルニエDo17偵察機。主翼の両端を繋留索で結び、地面に打ち込んだアンカーに固定されていることに注目。

た。隣の第30軍との連絡部分は遮断され、そこに敵の戦車や機械化歩兵がなだれ込んできたのであった。

　予備方面軍が守っていたスパース・デーメンスク地区でも赤軍司令部にとって形勢が不利に転じていた。この状況についてドイツ人史家のK・ラインハルトは書いている。
──「ロシア第23軍及び第43軍の防衛地帯における第4戦車集団の突破攻撃は成功であった。西部方面軍とブリャンスク方面軍の間に位置し、予備方面軍の担当とされたこの地区で、防衛対策をとる必要はないと考えたソ連軍指導部の過ちは、ソ連軍部隊を破滅的な結果に導いた」

　さらに、突破地区でE・ヘプナー将軍は、空軍も含めた総兵力という点で絶対的な優勢を築き上げたことを付け加えておくべきであろう。ドイツ戦車の履帯に飛行機が文字通り踏みにじられてしまったいくつかの飛行部隊は、悲劇的な結末を迎えた。他の飛行部隊は困難な空中戦を強いられた。危険性の高い方向を防衛していたN・G・ベローフ大佐の第10混成飛行師団に残ったのは、わずか戦闘機6機と爆撃機4機に過ぎなかったのである。

　防空軍第233戦闘機連隊の資料をみると、撤退の混沌のなかで空中や地上で不利な戦闘を強いられたソヴィエトのパイロットたちがいかなる代償を払ったのかが理解できる。予備方面軍第43軍防御地帯のナウーモヴォ飛行場へ、モスクワ中継飛行場からV・L・ラーシン大尉を

長とする14名の飛行士たちが到着した。しかし彼らは、K・シーモノフ(従軍記者で、'60年代には作家として活躍。代表作『生ける者と死せる者』)の表現を借りれば、基地移動命令がこの連隊を生き残り組みとあの世行きとに分けることになろうとは想像だにしなかった。10月4日までに「ナウーモフ隊」──命令書のなかで彼らはよくこう呼ばれていた──は戦闘出撃を159回も遂行し、空戦でポリカールポフI-16戦闘機を12機失った。さらに2機のI-16とミグMiG-3戦闘機1機が撤退中に自らの手により破壊された。戦死及び行方不明となったパイロットの数は10名、さらに1名は重傷を負った。

　反撃が失敗した後、第149狙撃師団司令官のF・D・ザハーロフ将軍は第43軍司令部に次のように報告している。

──「45機の敵機が14時から17時にかけて第149狙撃師団を襲撃し、師団の戦闘任務着手を阻害した」

これと似たような証言は少なからず残されている。

西部方面軍防空隊管理部は、10月2日に前線地区を除いて延べ300機のドイツ機上空通過を、その翌日は150機のそれを確認した。これらの多くは偵察任務に携わり、その結果に基づいた重要なメモが中央軍集団の戦闘行動日誌に記された。
──「航空偵察のデータに基づいた戦闘の全体的印象は、敵は守り抜く決意に満ち満ちており、ロシア軍最高司令部からの別の命令は何もない、というものである」

F・ハルダー地上軍参謀本部長はより率直に発言した。
──「敵は前線の攻撃を受けていない地区はどこも確保し続けており、その結果これらの敵部隊はそのうち深く包囲されることになろう」

ヒットラー軍は成功を急いでいた。ルフトヴァッフェもまた、ソ連軍前線地帯のさらに奥深くで活動し、鉄道の要衝や橋梁、その他の重要施設に打撃を加え、戦果の拡大に努めた。赤軍防空隊管理部は10月4日、513件の敵機通過を認めたが、それはおおむね事実に適っていた。ところが、5日には1050件が記録され、これはドイツ空軍が実際に行ったものの1.5倍である。この二日間は特に激しい爆撃がウグラー(スモレンスクの南東240km)とルジェーフの鉄道駅に対して行われた。

ロシア国防省中央公文書館所蔵資料によると、もっとも激しい空戦が展開されたのは10月4日のことであった。この日ソヴィエトのパイロットたちは328回も大空に舞い上がったが、そのうち221回は友軍部隊と飛行場を掩護するためであり、62回だけヴェアマハトの地上部隊を叩くために飛び立ったのであった。これらの資料は、前線中央部と右翼上空での戦いでソ連軍が11機を失いながら、敵機26〜31機(各種集計資料により差がある)を撃墜したことを物語っている。

ドイツ軍は4機の損失を認めているだけである。しかも、この地区で戦ったドイツ第8航空軍団は4名の戦死者と3名の負傷者を出したに過ぎない(偵察機部隊の損害資料は欠如している)。この小さな損害の理由は大部分、メッサーシュミット戦闘機が12〜20機単位の編隊でDo17やJu87、Ju88といった爆撃機を護衛し、ソ連地上部隊をも襲撃するという積極的な活動で説明される。ほとんどすべての戦闘は、ルフトヴァッフェの圧倒的な数の優勢下で繰り広げら

㉓第11戦闘機連隊のヤーコヴレフYak-1戦闘機。整備兵が搭載されているM-105エンジンを点検している。
㉔ラグLaGG-3戦闘機の翼の傍で戦闘任務内容を確認している第172戦闘機連隊のV・S・キセリョーフ上級中尉。
㉕信じがたいことに、稼動ラグLaGG-3戦闘機が修理後わずか20日を経過して故障してしまった。
㉖敵機来襲の警報を受け出撃準備をするG・D・オヌフリエンコ上級中尉。

れた。3機から6機の小編隊で飛んでいたソヴィエトの爆撃機や襲撃機にとって、様々な高度でパトロールに当たっていたメッサーシュミットBf109やBf110戦闘機の強力な防壁を貫くことは困難であった。

　戦車や自動車輌の識別に不慣れであったことも影響し、それがためソ連の飛行士たちは前線から敵防衛陣地の奥深くまで入り込んで活動せざるを得なかった。たとえば、10月3日にドイツ第9野戦軍後方からの無線連絡が傍受された。
──「敵機による間断なき空爆。ドイツ機は1機もなし」
　さらにそのうえ、ソ連軍地上部隊は例のごとく、防衛線の最前線を明確にしていなかったのである。その結果、しばしば二次的な目標が空中からの攻撃対象となった。

　10月4日、第19及び第30軍から編制され、西部方面軍予備部隊で増強されたI・V・ボールジン将軍の指揮する機動集団が、ホールム・ジルコーフスキィ地区で反撃を発起、38両のドイツ戦車を撃破し、ホート師団の進撃にブレーキをかけることができた。翌日はドイツ航空部隊がこの戦闘に投入された。30〜50機ずつの梯形編隊で接近、急降下爆撃に移るという波状攻撃を繰り返し、敵の兵器資材の30%を破壊した（機動集団指揮官の報告による）。現在明らかになっているところでは、ドイツ第5軍団とドゥホフシチーナより南西8kmの地点にあるモーシナ飛行場を基地とする第2急降下爆撃航空団本部は緊密な連携行動をとっていた。ただし、同連隊の第Ⅰ飛行隊に所属するユンカースJu87急降下爆撃機3機は乗員を乗せたまま戦場付近ですぐに墜落したという事実もあるが、ドイツ軍はソ連軍の反撃を撃退するのに成功した。

　西部方面軍航空隊司令官のF・G・ミチューギン将軍は敵に対抗できるだけの充分な兵力をもたなかった。ミチューギン将軍に委ねられた部隊は、10月5日の時点で幅広い前線にばらばらに配置された格好となり、ボールジン将軍機動集団の支援に投入できたのは、わずかに第43飛行師団から抽出した航空機12機に過ぎなかった。これらの航空機の中には、37mmB・G・シピターリスィ機関砲を装着したラグLaGG-3戦闘機の3機編隊もあった。しかし、

27 離陸する第2教導航空団第2飛行隊所属のメッサーシュミットBf109E型戦闘機。
28 Bf109のMG17機銃弾を補充する整備員。
29 Bf109のエンジンカバーは、簡単に取り外しができ、戦場でのDB601エンジンの保守点検、簡単な修理などの作業を容易にしていた。第27戦闘航空団第Ⅲ飛行隊所属機。
30 自ら撃墜した第3戦闘航空団所属のメッサーシュミットBf109Fを背に立つ第126戦闘機連隊のV・G・カーメンシチコフ中尉。
31 損傷して村の空き地に着陸したメッサーシュミットBf109F型戦闘機を調査する赤軍将兵。

LaGG-3の製造・構造上の多くの欠陥から、この強力な火器を存分に活用することはできなかった。ところが、設計者のシピターリヌィは新兵器の使用は成功し、スターリンにドイツ中戦車5両の撃破を報告したのである。総じて、ホールム・ジルコーフスキィ地区での兵力比が赤軍航空部隊にとり不利となりつつあった。

ソ連空軍の指揮管制上の欠陥は、10月4日に西部方面軍航空隊司令部から抽出された機動部隊が直面した空戦を例にとると明らかとなる。この日、ミグMiG-3戦闘機の3機編隊が、ヴァージノ付近上空1500mを飛んでいたメッサーシュミットBf109戦闘機4機と遭遇した。ドイツ戦闘機はおそらく地上からの指揮により、ソ連機編隊の攻撃に対する応戦準備を整えた。敵機に接近中、MiG-3編隊のうちの1機が遅れをとり、別の1機は勝手に攻撃に移り、その結果、長機は掩護のないまま被弾、不時着した。負傷したパイロットはすぐに病院へ送られた。

10月初めの数日間に出された集計資料、指令書、戦闘日誌のページをめくると、第129戦闘機連隊(その後第5親衛戦闘機連隊となり、赤軍航空隊のもっとも有名な部隊のひとつとなる)に所属し、将来ソ連邦英雄となるN・P・ドミートリエフやV・A・ザイツェフ、I・P・ラヴェイキン、I・I・メシチェリャーコフ、その他のパイロットたちの名前がしばしば登場する。同連隊は第43飛行師団に属し、『ソフホーズ・ドゥーギノ』飛行場を基地としていた。

1941年10月2日、連隊内でも百戦錬磨の戦闘機乗りのひとり、G・D・オヌフリエンコ上級中尉が(このとき彼はすでに約150回の戦闘出撃を経験していた)、重要な偵察任務を遂行した。彼は撃墜され、傷と火傷を負いながらも翌日連隊に生還し、偵察飛行の結果を報告した。後にグリゴーリィ・デニーソヴィチ(オヌフリエンコのファースト、ミドルネーム)は、敵の前線すぐ後方の上空を通過中、その前部地域に集結したドイツ機の数に驚愕した。長い戦

争の間、後にも先にもこのような光景は目にしたことがなかったと、彼は後に語っている。

オヌフリエンコと同じ連隊のV・V・エフレーモフ少尉は10月3日、6機のミグMiG-3編隊の一員としてイリューシンⅡ-2襲撃機シュトルモヴィークの3機編隊を護衛していた。ハーリノ地区に突入してきたドイツ戦車に対する攻撃の際、襲撃機は超低空にまで高度を下げたため、ミグも森をバックに襲撃機を見失ってしまった。その後何が起きたのかは謎のままである。唯一明らかなのは、前線にあった第51戦闘航空団の当時最優秀戦闘機操縦士のひとり、H・ホフマン上級曹長がこの地区で戦死したことである。ドイツ兵たちが、破壊された「茶色の2番」機を発見し、水平安定板に63機の戦果マークを確認した後、このエースには死後「樫葉」が叙勲された。また、ソ連襲撃機編隊を率いていたA・E・ノーヴィコフ上級中尉は、第215襲撃機連隊（後に第6親衛襲撃機連隊に改称）のうちで、もっとも経験豊かなパイロットであった。彼は誰よりも頻繁に編隊をもっとも責任重大な任務に引き連れていった。ノーヴィコフもまた、メッサーシュミットとの戦いがいかに繰り広げられたのかをいずれは語って聞かせてくれたことであろうが、エーリニャ～ハーリノ地区へ出撃したきり、彼もまた帰ってこなかった……。

ソ連軍は空中でも地上からも常に、敵編隊におなじみのユンカースJu88やメッサーシュミットBf109、ハインケルHe111といった機種のみならず、多数のドルニエDo17爆撃機が含まれているのを目にしていた。ソ連側文書では、これら旧式の2枚尾翼の爆撃機や偵察機は「ドルニエ215」型との呼称が与えられていた。ソ連軍はこのような機種を何機か撃墜することに成功した。たとえば、10月2日にドルニエDo17Z爆撃機（W.Nr.4182）が地上からの対空砲火により被弾し、その後第47混成飛行師団のパイロット、S・T・ゴリューノフ中尉により止めを刺された。この空戦ではゴリューノフの乗機LaGG-3も大きな損傷を受け、彼は落下傘降下せざるを得なくなった。彼は翌日、自分の所属部隊に帰還し、勝ち取った戦果を報告した。この間、同じく落下傘降下によって助かったドイツ軍飛行士たちはうまく森に隠れこみ、9日後に友軍のもとに辿り着いた（ドイツ側戦闘活動日誌によると、第2爆撃航空団は東部戦線での4ヶ月間の戦いで61名の

戦死者と43名の負傷者、12名の行方不明者の損害を出したが、ロシアの捕虜となった者はいない）。

B・A・ジューリン中尉に撃墜されたDo17Z（W.Nr.2806）の乗員たちはそこまで運が良くはなかった。交戦中、ソ連パイロットは敵爆撃機に銃弾を食らわせることはできたが、彼自身メッサーシュミットBf110戦闘機に攻撃される格好となった。ジューリンは一旦敵の射線から逃れ、文字通り雲隠れし、その後再び被弾したドルニエに追いつき、炎上させた。このときは、H・ウールマン上級曹長だけが負傷にもかかわらず捕虜とならずに済んだだけで、残る3名の乗員たちは拘束された。

彼らは、第8航空軍団第3爆撃航空団第Ⅲ飛行隊に所属していた。モスクワ進撃直前に同飛行隊は航空機7機と15名の飛行士たちで補充され、17機のDo17は戦闘に突入していった。捕虜たちの尋問から西部方面軍航空隊参謀部情報課は敵の編成を確認

することができた。それまでソ連軍の戦況報告資料には、第42、第55爆撃航空団のように存在しない部隊や（1941年8月半ばから中央方面では活動していない）、1941年12月になるまでここでの戦闘に加わっていなかった第30爆撃航空団の名前が登場していたのである。しかし、ウーラ飛行場の航空機数やその配置に関して得られた情報は、何ら価値はもたなかった。モスクワ進撃の、それこそ前夜に、第3爆撃航空団第Ⅲ飛行隊はそこからオルシャへと基地移動していたからである。

もっと価値のある情報を第76爆撃航空団第Ⅰ飛行隊の航空機関士K・ディットリッヒ曹長が、内務人民委員部の機関にもたらした。10月8日に彼の乗機ユンカースJu88爆撃機（機体コードF1＋JH）が撃墜され、彼の第1中隊で戦列に残ったのはわずか1機に過ぎないことが判明した。その2日後、同中隊最後の稼動Ju88（機体コードF1＋LC）は、カリーニン近郊上空でソ連軍の高射砲射撃により撃墜された。

ドイツ側公式資料によれば、第8航空軍団各部隊は1941年10月2日から5日の間、約2500回の出撃を行い、不完全な情報ではあるが、21機の航空機を失った。10月4日の激戦を伝えるソ連側

32 夜間出撃を行うⅡ-4長距離爆撃機
33 モスクワへと進むドイツ軍縦隊。車輌のボンネットを覆っている鉤十字の布は、友軍機による誤爆を防ぐための対空識別標識。
34 ヴェアマハトの戦利品となったヤーコヴレフYak-4偵察機。

㉟破壊されたソ連機に登って記念撮影して余暇を楽しむルフトヴァッフェの飛行士たち。彼らはまだ総統を信じ、勝利を疑ってはいなかった。ヴャージマ地区における撮影。
㊱㊲10月11日に撮影された航空写真。東進するドイツ戦車と機械化の進んだ歩兵部隊を捉えていた。

情報とは裏腹に、ドイツ側資料は、あらゆる機種の航空機が10機以上撃墜され(ここには西部方面軍防衛地帯で活動していた偵察部隊の損失も含まれる)、8名の飛行士たちが死傷した10月2日の戦闘をもっとも血なまぐさい日と記録している。どうも、ソ連防空軍がもっとも組織的に活躍し、弾薬補給に困難がなかったのは、前線が膠着状態にあったドイツ軍進撃初日のことであったようである。

これらの期間に関する西部方面軍航空隊参謀部の報告には次のように記されている。
——方面軍及び各軍の航空隊パイロットは日中に1399回の出撃を実施(内383回は敵部隊への襲爆撃のため)、36機を損失；
——173回の夜間出撃時の損害はSB高速爆撃機1機とTB-3重爆撃機1機

ここで、ドイツ第8航空軍団もソ連西部方面軍航空隊もモスクワ戦開始時にそれぞれ約2000名の実働飛行要員を擁していたことを想起されたい。

戦時にはありがちなことであるが、最新情報で自軍の損害を正確に把握することは不可能であった。ドイツ側資料も、少なくとも戦列から外れた兵器に関する数字資料は不完全なまま現在にいたっている。いっぽうのソ連軍各級本部は集計資料の確認どころではなかった。戦況は時間単位で悪化していったからである。

10月4日夕刻、西部方面軍司令官I・S・コーネフ将軍はスターリンに「敵大部隊がわが軍後方に進出する脅威」について報告し、その翌日には予備方面軍司令官S・M・ブジョンヌィ元帥が「モスクワ街道沿いに穿たれた突破孔を塞ぐ手段は皆無」との報告を行った。スターフカ(ソ連軍大本営)は情勢を検討した後、各部隊にかねてより準備されていたヴャージマ〜ルジェーフ防衛線までの後退を命じた。ところが、スターフカの命令を予定通り遂行することはできなかった。

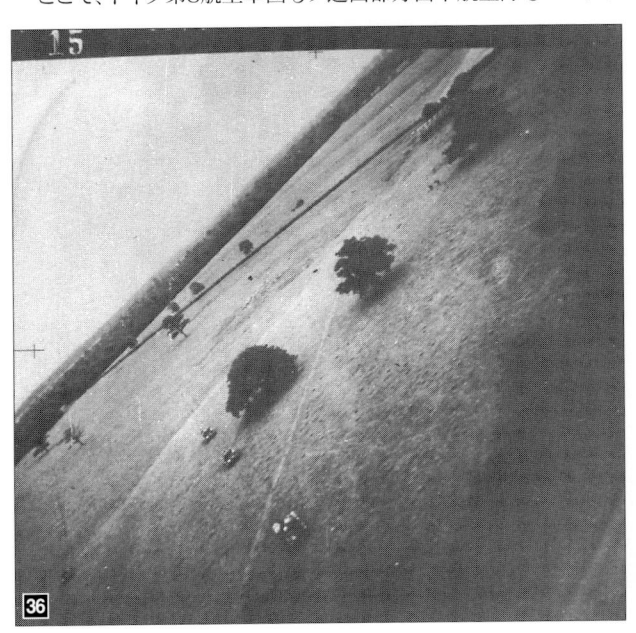

「ソ連の空軍は機能を失ったとみんなが信じきっていた——これらの日々のことをドイツ第12歩兵師団の元中尉であったB・ヴィンツァーは書いている——ソ連軍司令部は空軍とともに航空偵察能力も失った。わが軍の爆撃機は主要な電話線を切断し、通信網を破壊した。防衛線回復のため西に向かっていた赤軍諸部隊の指揮官たちは、我々がすでに彼らの後方でやっとこの先を挟み合わせるほど迫ってきているのを知らないか、あるいは想像だにしていなかった」

ヴィンツァーの見方とは異なり、この切迫した日々に第6戦闘航空軍団司令部とモスクワ軍管区航空隊は航空偵察に大きな注意を払っていた。敵部隊の進撃が主に道路沿いに展開されていたことから、敵が進むことのできそうな幹線道路1本につき戦闘機連隊各1個を割り当てた。1941年10月5日の日の出時に、モスクワ軍管区航空隊のパイロット査閲官のG・P・カルペンコ少佐は航法士のD・M・ゴルシコーフ少佐とともにペトリャコーフPe-2爆撃機に乗って偵察に出た。両名は、ユーフノフ市（カルー

38〜**40** 1941年10月3日に発生した事故後のポリカールポフI-16戦闘機(機体番号2921616、パイロットは第176戦闘機連隊所属イーヴレフ少尉)。
41 AO-25航空破片爆弾をI-153戦闘機の懸架装置に装着するための準備を行っているところ。
42 銃弾と弾片により多数の損傷を被りながらも無事帰還したペトリャコーフPe-2爆撃機の尾部。
43 樹木で擬装したままのミグMiG-3戦闘機に燃料補給するソ連軍地上整備員。

ガの北西85km)方面に戦車部隊が突入しているのを発見した。ワルシャワ街道を通ってヒットラー軍の部隊が2個の縦隊でウグラー川の岸に進み、ソ連部隊をヴァージマ西方で分断しようとしていた。ソ連軍後方部隊をごまかそうと、ドイツ軍は先導部隊のオートバイとトラックに真っ赤な旗をつけ、車輛に乗っていた兵士には赤軍の防水布を着せていた。その日の夕方、ドイツ第4戦車集団はユーフノフを占領した。

偵察の結果はまったく予想外であった。モスクワ軍管区司令部はさらに、第120戦闘機連隊の戦闘機を2機(パイロットはセローフとドルシコーフ)、この情報を確認させるために飛ばした。彼らは「低空飛行し、進軍部隊の所属を把握せよ」と命じられた。正午きっかりには2名のパイロットは、ドイツ軍縦隊がユーフノフに接近中である事実を確認した。

10月5日午後に第6戦闘航空軍団司令部に入ってきた報告もまた、ますます危機感を募らせた。

——14:15時、第10戦闘機連隊ザヴゴロードスィ上級中尉より;
30〜40両の戦車と30〜40両の自動車からなる敵縦隊が我が軍クリーモヴォ及びズナーメンカ両飛行場を通過。同縦隊を18〜20機の戦闘機が掩護……

44 単機で出撃、作戦を遂行するハインケルHe111高速爆撃機。SC50通常爆弾を投下している。
45 密集編隊で飛行するユンカースJu87急降下爆撃機中隊。爆弾を確認できないので、訓練飛行かデモンストレーション飛行時に撮影されたものと思われる。第2地上攻撃航空団「インメルマン」所属機。
46 ルフトヴァッフェの爆撃機、急降下爆撃機の活動の結果、地上ではこのような被害がもたらされていた。

――17:45時、第564戦闘機連隊長I・V・シチェルバーコフ大尉より（U-2練習機にて飛行）；
　敵自動車化歩兵と戦車の縦隊を監視。先頭はユーフノフ、後尾はユーフノフの南西20キロメートルの地点。ユーフノフ飛行場付近にて高射砲射撃を受く……
――18:50時、第95戦闘機連隊長S・A・ペストフ大佐より；
　ヴァージマ～カルーガへ延びる鉄道を列車が進行中。ユーフノフ～メドゥィニ（カルーガの北西60km）間のイズヴェーリ湖に掛かる橋が爆破されるのを視認……。スパース・デーメンスク～ヴァージマ間各道路の森林地区は火災に覆われ、……

　この最後の報告は、I・G・スタルチャーク大尉の率いる落下傘空挺部隊の功績を反映するものといえよう。西部方面軍落下傘空挺隊長であったスタルチャークは、8月末に方面軍航空隊司令官ミチューギン将軍から、ユーフノフに破壊工作部隊養成基地の創設を命じられた。10月5日、彼の部下たちはユーフノフ北東にある重要な橋を爆破し、敵のモスクワ進軍を遅延させることに成功した。公文書資料によると、当時戦闘に参加した同部隊430名のうち、生き残ったのは29名であった。
　偵察部隊からの情報は随時、参謀本部に伝達された。モスクワ軍管区航空隊司令官のズブイトフ大佐の結論は、第6戦闘航空軍団副参謀長のコビャショーフ大佐が支持した。「突入してきた敵部隊は、ヴァージマ付近でソ連軍部隊を背後から攻撃している。おそらく、敵機械化部隊は北東方面への戦闘地域拡大を続行するであろう」。状況は、モスクワ軍管区航空隊と長距離爆撃航空軍を投入し、敵部隊に即刻打撃を加えることを必要とした。しかしながら、そうはならなかった。
　これにL・P・ベリヤ（当時の内務人民委員で大粛清の実行者）が介入してきたのであった。彼は、スターフカ宛ての報告を最初に準備したN・A・ズブイトフ大佐を、人心を撹乱し虚偽の噂を流布したとして非難した。ベリヤの命令により、ズブイトフは赤軍特務課長V・S・アバクーモフに呼び出された。

　このときの彼らの会話は、A・K・スリヤーノフの著書『クレムリンにて逮捕』に引用されている。
「――貴官はどこからこのような情報を入手されたのか？　煽動者と臆病者たちの口からか？
　このような粗暴な応対を予期していなかったズブイトフは動転し、すぐには答えられなかった。
――軍管区航空隊パイロットたちによる航空偵察の情報に基づいている。
――では、貴官と貴官の部下たちの思いついたこの戦車縦隊の写真はどこにあるのか？
　眉をしかめ、ズブイトフの顔に「食いついて」アバクーモフは厳しく詰問した。
――戦闘機に写真機は無い
　最初の動揺を打ち払い、ズブイトフは落ち着いて答えた。――2機の戦闘機には弾痕がある。ドイツ軍は戦闘機に大口径機関銃による射撃を浴びせたのだ。それからもうひとつ。パイロットたちは戦車に鉤十字を認め……。
――大佐、作文はもう充分だ！　貴官のパイロットたちは臆病者で煽動者だ、指揮官と同じように。始末書を書きたまえ。過失発生、ユーフノフにはいかなる戦車もないと……」。

　第6戦闘航空軍団副司令官M・N・ヤクーシン少佐の回想によると、まだ10月4日の日中に軍団司令官は彼に、ユーフノフから遠く離れてはいないシャイコーフカに飛ぶよう命じた。シャイコーフカ飛行場に近付きつつあったときにすでに、戦車縦隊がワルシャワ街道の路肩に並んでいるのを発見できた。高度を300mにまで落とし、ヤクーシンはカムフラージュの黒と黄色の斑点と、ある戦車の上でギターを抱えている戦車兵を認めた。ドイツ軍は高射砲撃を開始した。どうやら、長い行軍の結果、機械化縦隊は燃料が尽き、その補給を待っていたようであった。帰還途上、この情報ははすべてI・D・クリーモフ軍団司令官に報告された。その結果、ドイツ戦車の突入とい

45

う恐るべき情報を確認あるいは否定すべく、翌朝も偵察機が飛ばされた。ズブイトフではなく、クリーモフも同時にベリヤとアバクーモフによりルビャンカ(モスクワ市中心部のロシア、ソ連の秘密警察・諜報機関が代々本拠を構える広場の名称で、それらの代名詞として一般的に使われる)に呼び出され、顔面蒼白の憔悴しきった様子で帰ってきた。ミハイル・ネステローヴィチ(ヤクーシンのファースト、ミドルネーム)は、この事実は公文書資料中には見出さなかったと指摘している。

計算ミスの発見と修正はあまりにも遅かった。この間、第4戦車集団と連携行動をとっていたルフトヴァッフェ部隊を率いていた

G・ローマン大佐は、突撃地区の防空態勢を整えることができた。ドイツ軍は、機械化縦隊を高射砲と戦闘機の大規模な哨戒飛行で掩護する態勢づくりも間に合わせた。その1日前はまだ、ソ連機に対抗できるのは個々のエリコン小口径機関砲や高射機関銃だけだったのにである。今では戦闘機が道路上空を2、3段階の高度から絶え間ないパトロールを行っている。第51戦闘航空団だけでも10月7日に、ヘプナー部隊の掩護のために144回の出撃(稼動メッサーシュミットBf109戦闘機1機あたり3回の出撃)を行っている。早朝だけドイツの戦車兵たちをソ連夜間爆撃機がちょっと邪魔したに過ぎなかった。この日ヴァージマ地区へ進出した第4戦

46

と、1941年10月初めに約1.5平方kmの敷地を占めていたムツェンスク飛行場は、文字通り様々な機種の飛行機で埋め尽くされ、飛行場の幅いっぱいいっぱいに数列にわたって並べられていた。というのも、ここにはブリャンスク方面軍のほとんどすべての航空兵力が、前進飛行場を失って集結していたのである。「飛行機が次から次へと到着し、飛行場はなにやら想像を絶する様相を呈してきた。個々の燃料補給車はあちこち無秩序に走り回り……。ふと、今ここに敵爆撃機の大空襲が1回でもあれば、方面軍航空兵力の大部分は消え去ってしまう……という思いに襲われた。

もしドイツ軍があの時我々を爆撃しなかったとしたら、それは奇跡であったろう。すぐに高度約5000mの上空にハインケルHe111爆撃機の3機編隊2個(第100爆撃飛行隊所属—著者注)が姿を現し、飛行場に爆弾をばら撒いた。いくつかの飛行機がぱっと燃え上り、他の数機は爆発した。思ったとおり、誰ひとり反撃に飛

車集団第10戦車師団は第3戦車集団第7戦車師団との通信連絡を確立し、ドイツ軍の楔は西部方面軍と予備方面軍の相当な部分を遮断した。ソ連第19、第20、第24、第32各軍やボールジン将軍の部隊、10月初めに解隊された第16軍の諸師団、それに第30、第43、第49各軍の一部が完全包囲されてしまった。ドイツ陸軍参謀本部長ハルダー将軍はこのとき、モスクワ奪取は保証されたと自分の日記のなかで断言している。そこではさらに、モスクワ戦終了後ルフトヴァッフェの兵力は削減されねばならないとのメモも見られる。しかも、中央方面においては、爆撃飛行隊3個、戦闘飛行隊4個、偵察中隊1個を残し、ロシアの首都付近に基地を置くことが想定されていた。

緒戦での成功はドイツ指導部にこのプランの現実性に疑問を抱く余地を与えなかった。10月6日、第2航空艦隊は非常に積極的な行動に出て、1030回もの出撃を行った。しかしその後数日間は雨が降り続き、それは吹雪へと変わった。いっぽうで視界の悪化と機体の氷結の危険性から、他方で未舗装飛行場の滑走路の劣悪な状態から、ドイツ軍は航空機による掩護をこれまでの水準に維持することができなかった。10月8日には航空機の出撃回数が599回に低下し、その翌日には269回にまで落ちてしまった。これは進撃速度を急激に落とした。

「我が航空部隊の活動は卓越していた、——こう第4野戦軍参謀長のG・ブルーメントリット将軍は書いている——しかし現在では稼動機数が減り、前線に近い滑走路は不足し、ことに泥濘期はなおさらそうである。飛行機の離着陸の際に起きる事故の件数がうなぎのぼりに上昇した。ロシアの航空機はこれまでほとんど上空に現れない」

実際のところは、ソ連軍パイロットたちは天候の悪化にともない、むしろ活発さを増したのであった。ただし、彼らは敵の歩兵ではなく、戦車師団や機械化師団を攻撃していたのであった。ところが、ドイツ軍の進撃開始とともに、ソ連の方面軍航空隊は急速に迫ってくるナチス軍の打撃を受けないように緊急に基地移転をせざるを得なくなった。G・M・ジーミン第42戦闘機連隊副連隊長による

び立つ者はいなかった……」

　全焼した機体のなかにはジーミンの乗っていたミグMiG－3もあった。

　似たような光景は北の方でも見られた。小回りの効かない航空隊管理システムの結果であった。たとえば、G・N・ザハーロフ将軍指揮する第43混成飛行師団は第20軍の作戦指揮下に入り、戦闘に入るには第20軍航空隊司令官のA・F・ヴァニューシキン大佐を通じなければならなかった。自分の配下にあった数少ない兵力を効率的に活用しようと、西部方面軍航空隊司令官ミチューギン将軍は個人的にも、また航空隊本部を通じても同飛行師団を地上の戦況とはまったく関係なしに命令を出そうとしていた。その結果は悲惨であった。多大の無益な損害を出し、ヴァニューシキン大佐は捕虜となり、ザハーロフ将軍は更迭され、もう少しで軍事裁判にかけられるところであった。

　スターフカ（ソ連軍大本営）と空軍司令部は、不安をもって戦況の行方を見守っていた。10月6日付けの空軍司令部訓令には航空兵力管理の欠陥が指摘されている。その主なもののひとつは、飛行連隊と地上部隊との連携のまずさであった。空軍司令部は、飛行師団の指揮官たちが作戦機動部隊とともに自ら地上軍部隊の指揮所に赴き、「陸空共通」の地図をもつなりするように要求した。

　さて、現有兵力を主要方面に集中させることが重要な課題となった。1941年10月7日、この目的で赤軍航空隊副司令官のP・S・ステパーノフ軍団政治委員が西部方面軍に到着した。臨時に彼の指揮下に西部方面軍の全航空兵力が移り、さらに4個飛行連隊が加勢された（イリューシンIl－2襲撃機連隊1個、ロケット弾搭載ミグMiG－3戦闘機連隊2個、ペトリャコーフPe－2爆撃機連隊1個）。これらの部隊が首都近郊に集結している間に、モスクワにつながるもっとも危険な方面（ユーフノフ～メドゥィニ～マロヤロスラーヴェツ）の防御を至急固めることが要請された。

　10月7日早朝、霧にもかかわらずユーフノフ郊外でポリカールポフI－15bis戦闘機と飛行音の小さなU－2練習機が飛び立った。

このとき優秀な活躍をしたのが、パイロットインストラクターたちから編制された第606軽爆撃機連隊所属のポリカールポフR－5偵察機の乗員と、エゴーリエフスク・パイロット学校独立飛行大隊であった（全部で95機を投入できた）。

　天候の改善にともない、モスクワ軍管区と長距離爆撃航空軍の襲撃機や爆撃機も活動を始めた。これらの航空機は、とりわけウグラー河にかかる重要な橋の破壊に成功した。そこでは、ガステーロの偉業（N・F・ガステーロ――ソ連爆撃機パイロット、ノモンハン戦、ソ・フィン戦争にも参加。1941年6月26日にドイツ軍戦車・機甲縦隊への爆撃中に被弾、炎上、敵縦隊に突撃体当たりを敢行し、死後ソ連邦英雄の称号を受ける）を第40爆撃機連隊のペトリャコーフPe－3戦闘機の搭乗員たちが再現して見せた（操縦手：A・G・ローゴフ大尉、爆撃手：V・I・フォルノーソフ上級中尉）。

　ユーフノフ郊外での戦闘には方面軍航空隊の一部も参加した。西部方面軍パラシュート空挺隊長I・G・スタルチャークは、10月7日のソ連機空襲を目撃した。
――「夕方近くになって、我々はこの2日間ではじめて上空に友軍のPe－2を3機見つけた。それらはユーフノフ南西の外れに出て、そこに集結していた敵部隊に爆撃を加えた。爆発と地上から立ち上った黒煙からして、爆撃は成功したようであった。3回目に飛来したとき、ペトリャコーフの1機が高射砲で撃たれた。機体は大きく旋回しながら高度を下げだしたが、ようやく100～150mのところで地上と水平になり、滑空しながらメドゥィニのほうへ去って行った」

　方面軍所属のパイロットたちがあまり積極的でなかったのは、大半の部隊が補充を必要としていたからであった。たとえば、第450爆撃機連隊は9月の半ば以降かなりの装備不足が指摘され、そのときも飛行要員の一部がカルーガとモスクワに新品の兵器を受領に発ったのであった。残りはコゼーリスク飛行場（カルーガの南西約70km）に飛び移った。ここにドイツ軍が接近してきたとき、

[47] 無傷のままドイツ軍に捕獲されたイリューシンDB－3F長距離爆撃機。
[48] トゥーポレフTB－3重爆撃機の尾翼。戦闘任務後に被弾の状況を調べているところ。次の出撃までに整備兵たちがパッチを当てて穴を塞いでしまう。コルゲート（波板）の外板は、モノコック、セミモノコック構造の機体製造技術の確立と軽量合金開発・製造法が一般的になる前に、全金属の機体を製造するための有効な手段であった。ドイツのユンカースが確立した手法である。
[49] 晴天の航空基地。このSB高速爆撃機乗員たちは、この後すぐ戦闘任務に飛び立った。

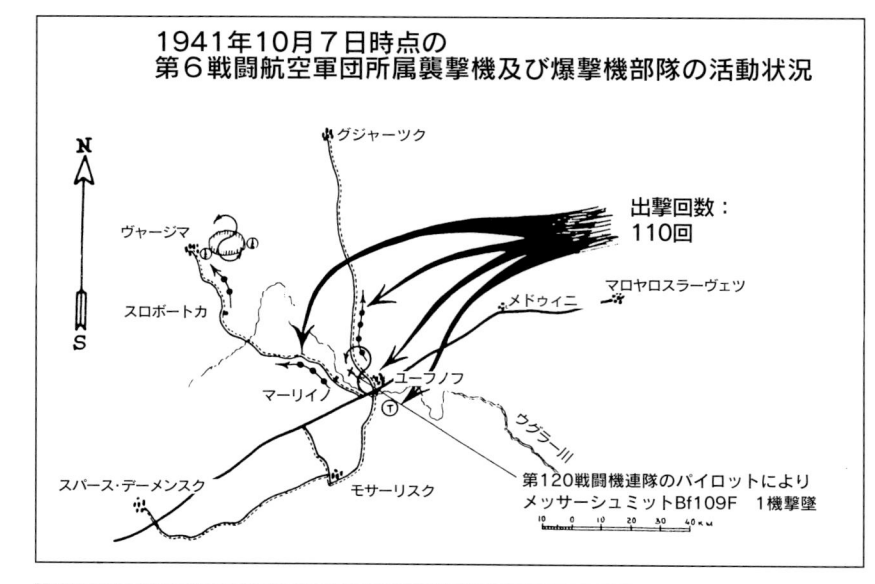

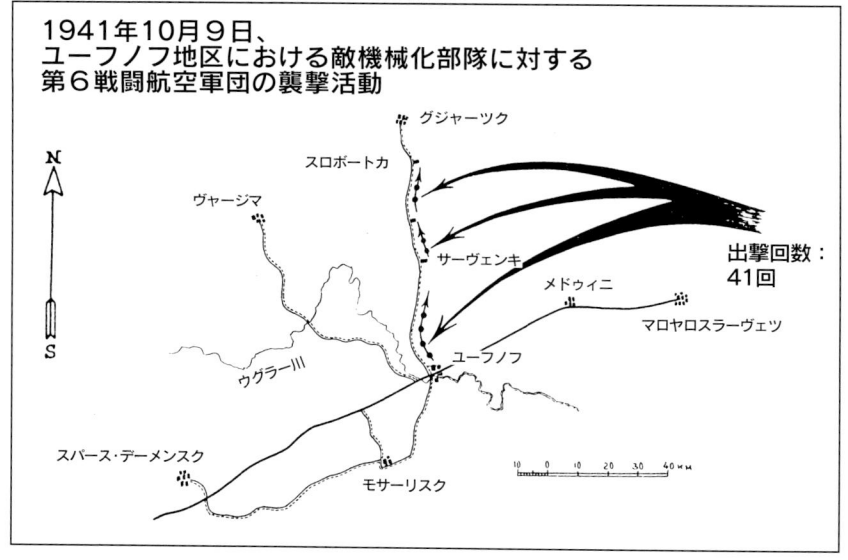

**1941年10月7日時点の
第6戦闘航空軍団所属襲撃機及び爆撃機部隊の活動状況**

出撃回数：110回

第120戦闘機連隊のパイロットにより
メッサーシュミットBf109F 1機撃墜

**1941年10月9日、
ユーフノフ地区における敵機械化部隊に対する
第6戦闘航空軍団の襲撃活動**

出撃回数：41回

フ中尉はもっと慎重で、損傷したペトリャコーフPe-2爆撃機をセールプホフ付近に胴体着陸させることに成功した。10月5日から7日にかけてレドニョーフの乗機は3度も被弾したが、彼は毎回敵からできるだけ遠くに離れ、それから主脚を収納したままうまく着陸した。

　トゥーポレフTB-3四発重爆撃機の出撃は、天候条件に直接左右されていた。月明かりの視界のよい夜は、低空で任務を遂行する重爆撃機は容易に高射砲の餌食となり、いっぽう曇った夜は爆撃目標を探すのも、帰還するのも困難であった。当初天候は重爆撃機の活動には不向きであったが、10月9日から10日にかけての夜間に第1及び第3重爆撃機連隊は、ウグリューモヴォ駅（ユーフノフ南方）に集結していた敵機械化部隊を爆撃し、次の夜にはヴァージマの南東で敵を襲い、包囲された友軍部隊に燃料を投下し、その後でドイツ軍の占領されたボーロフスコエ、シャターロヴォ、オルシャの各飛行場の爆撃に移った。

　この間、ソ連防空軍第6戦闘航空軍団の配下部隊は襲撃活動を強化した。彼らの攻撃対象は、ユーフノフ～ヴァージマ街道にあった第4戦車集団の各師団であった。10月7日の襲撃活動図（54ページ参照）はドイツ戦車部隊が主要幹線道路に出たばかりの時点のもので、10月9日の図はドイツ戦車が歩兵の支援を得てソ連軍部隊の包囲網構築を完成させつつあった時点のものである。いずれの場合も、第6戦闘航空軍団の戦闘機は大編隊で戦闘任務遂行に出撃し、それはドイツ式戦術に則ったものであった。

　襲撃作戦に特別な貢献を果たしたのが、第120戦闘機連隊のパイロットたちである。アルフェーリエヴォ基幹飛行場から早朝に飛び立ち、イニューチノ（ナロ・フォミンスクとマロヤロスラーヴェツの間）へ作戦拠点を移し、そこから各機2回ずつ戦闘出撃を行い、夜遅くにアルフェーリエヴォに戻った。飛行距離は400kmを超えた。この戦闘任務に編隊をしばしば率いていったのが、G・P・パーセチニク上級政治委員であった。彼の乗った先導機チャイカにドイツ軍の高射砲射撃が集中していた。しかし、ポリカールポフの半複葉機は驚くべきしぶとさを見せた。10月8日にパセーチニクの戦闘機は果たして被弾した。だが、ひどくなる悪天候のなかをパイロットは自分の基地に辿り着くことに成功した。また、別の出撃の際も天気はかろうじて飛行可能な状態であったが、雪が降り始めたときS・A・ネチャーエフ少尉は自分の編隊から取り残されてしまった。彼は方位感覚を回復することに成功し、ようやく連隊仲間に追いついたときは最初自分の目を疑った。しかし、何の見間違いでもなかった。チャイカの群れの後ろに確かにメッサーシュミットBf109戦闘機3機が陣取って、誰にも

　彼らは稼動不能な高速爆撃機（SB-2）をみな燃やし、残った7機に整備要員も乗り込んでセールプホフ（モスクワの南99km）に移動した。10月7日、M-100エンジン搭載の古ぼけたつぎはぎだらけのSB-2高速爆撃機が、高度100～200m以下の飛行で、スパース・デーメンスク～ユーフノフ間の道路にあった自動車と装甲車輌の敵縦隊を襲った。この自己犠牲的な出撃の際、3機のSB-2高速爆撃機が被弾したが、パイロットたちは首尾よく野原に着陸し、搭乗員たちとともに部隊に帰還した。

　不時着がいつもうまくいったわけではなかった。たとえば、この日第602爆撃機連隊のパイロット、クラスノシチョーコフ中尉は被弾した乗機を救おうとし、車輪を出して着陸を試みた。しかし、「ペーシカ」（ペトリャコーフ機種の愛称）は木に突っかかって、前のめりになってしまった。生き残ったのは機銃手兼無線手1名だけであった。第602爆撃機連隊の別のパイロットであるレドニョー

Bf109戦闘機3機が陣取って、誰にも邪魔されずにソ連戦闘襲撃機を撃墜する準備を整えつつあったのだ。ドイツパイロットのひとりは、第27戦闘航空団第3飛行隊のK・マラウン曹長だと想像されるが、彼はここで5機目の個人戦果を挙げ、エースの誉れを手にすることもできたことだろう。ところが、ドイツパイロットたちの意表を衝いてネチャーエフの放ったロケット弾が炸裂し、メッサーシュミット1機がヴャージマ南東のウグラー河の屈折したところに墜落した。どうやら、ロケット砲弾の弾片がBf109を破壊したようであった。マラウンは助かり、戦争を生き抜くこともできたが、結局エースにはなれなかった。

10月初旬の10日間は第95戦闘機連隊のパイロットたちはペトリャーコフPe-3戦闘機に乗って戦いに参加した。例のイニューチノ飛行場に拠点を構え、彼らはドイツ軍縦隊をFAB-100やFAB-50の航空爆弾で襲った。この攻撃をI-153戦闘機に搭載されたロケット弾RS-82と航空破片爆弾AO-8がうまく補完した。しかし、すばしこいチャイカと違って、ペーシカは地上からの対空射撃に脆いことがわかった。連隊は、Pe-3を半数も失った段階で偵察任務に回された。

10月7日からは襲撃活動に第11及び第562戦闘機連隊のヤーコヴレフYak-1戦闘機も加わった。第562戦闘機連隊長のA・I・ネゴーダ大尉は最初の出撃の後、エメリヤーノフカ飛行場（ユーフノフ南方）に15件の火災と5機のドイツ戦闘機を発見と報告した。第120戦闘機連隊のパイロットたちが翌日、グラゴーリニャ（スパース・デーメンスク～ユーフノフ間街道付近）の飛行場から飛び立つ敵戦闘機の行動を確認した。これらはすべて、ドイツ軍が航空兵力の一部、何よりもまず戦闘機や近距離偵察機を、地上部隊との連携行動向上のために、新たに占領した地区に基地移転させていることを物語っていた。

1941年10月4日から9日にかけて、第6戦闘航空軍団の戦闘活動報告によると、同軍団のパイロットたちは1151回の出撃を行い、そのうち約4分の1は第11、第95、第120、第562各戦闘機連隊によるドイツ進撃部隊に対する爆撃や襲撃を目的としていた。他の出撃は、「偵察任務、友軍部隊の集結地区や鉄道駅、作戦対象（モスクワを指す――著者注）の援護」のためであった。軍団のパトロール飛行の際にはしばしば、いわゆる「ブルーライン」（方面軍航空隊と防空軍航空隊の行動範囲の境界線）が侵された。たとえば、10月7日にK・N・チテンコーフが率いるヤーコヴレフYak-1戦闘機5機がヴャージマ地区の上空に出て、雲の切れ間の下にBf110が攻撃され、撃墜されたのを目撃したのだった。

10月4日から10日にかけての第6戦闘航空軍団の出した損害を公文書資料のなかで完全に把握することはできなかった。しかし、その保有機数が459機（1941年10月4日時点）から413機に減り、そのうち戦闘可能な状態にあったのは327機だけであったことははっきりしている。

――「この最初の航空機による襲撃を過大評価することはできない、――戦後ズブィトフは回想している――この当時ユーフノフ～マロヤロスラーヴェツ～モスクワ方面に防御施設を構築していた建設大隊以外にいかなる部隊もいなかったことを思えば、航空隊と教

50 トゥーポレフTB-3重爆撃をテストベッドに稼動テストされるM-17エンジン。

51 ドイツ軍の駐留するマーリツェヴォからP・V・バラショーフがにごとごと奪還に成功したトゥーポレフTB-3重爆撃機

習生連隊はヒトラー軍の鼻先でモスクワへの「ゲート」を閉ざし、ユーフノフ付近で数日間足踏みさせた、と誇張なしに評価すべきであろう。ヴォロコラームスク（モスクワの北東119km）～マロヤロスラーヴェツ（カルーガの北東61km）～セールプホフのラインに予備部隊を引き集め、防御を固めるにはこれで充分であった」

「モスクワ門前での足踏み」に一部のドイツ軍指導者たちは非常に気を揉んだが、彼らはその理由を別に解釈していた。第4戦車集団参謀長のV・ド・ボーリエ将軍は、第4、第3戦車集団の俊足部隊をすべて、至急ボリシェヴィキの首都に放つべきであったと考えていた。彼の意見によれば、10月5日までに「モスクワ進撃のためのすばらしい可能性が開けていた」のだが、司令部がそのために抽出したのはわずかにSS『ライヒ』戦車師団だけであった。そのうえ、戦車が「敵予備軍の強い摩擦」で「前進が遅れた」。将軍はまた、航空機に掩護されたロシア兵たちは6日間もの間、『ライヒ』師団がユーフノフとメドゥィニの間の50kmを走破することを許さなかった、と書いている。ド・ボーリエは状況を過大に描写しながら「モスクワ戦は10月7日に破れたのだ」と言い切った。

52 次の出撃まで翼を休めているアルハンゲリスキィAr-2高速爆撃機（トゥーポレフSB高速爆撃機の改造型であり、トゥーポレフがそもそもの開発設計者であるが、スターリンの粛清により「人民の敵」としての烙印を押された彼が服役中であったため、その後継責任者となったアルハンゲリスキィの名が冠されることになった）

10月2日から10日までの間、ソ連航空部隊は2850回出撃し、ドイツ軍の進撃を食い止めるには至らなかったものの、損害を与えることはできた。赤い星を付けた航空機の活発さは敵を不安がらせた。
——「ルフトヴァッフェ総司令部は、——グレフラート中佐は書いている——この時期に(これより後ではなく)ひとつの重要な問いを自らに発しなければならなかった、——ロシア航空兵力を質だけでなく、何よりも量の点においてどれほど自分たちが正しく評価していたのか?と」

　すでに指摘したように、10月半ばに向けてルフトヴァッフェはモスクワ近郊でのソ連防衛陣地に対する圧力を弱めた。広大な戦線で戦闘を繰り返していた中央軍集団司令部は、優先項目をはっきりさせざるを得なくなった。最重要方面と認められたのが、ヴャージマとブリャンスクの郊外に包囲されたソ連軍部隊との戦いで、両地区にはそれぞれ28個と20個の師団が投入されていた。自らの命を顧みず猛然と戦う赤軍将兵はドイツ軍の大部隊、とりわけ航空部隊を足止めした。たとえば、『インメルマン』第2急降下爆撃航空団の急降下爆撃機は包囲されたソ連軍を常に爆撃して、突破を許さなかった。誰よりも頻繁に急降下爆撃機編隊を率いていたのは、上級曹長クラスのL・ラウやF・ノイベルト、A・ポエルストといった第Ⅰ飛行隊の中隊長たちで、彼らは後に有名な急降下爆撃機エースとなった。ここにはドイツ第2高射砲軍団の主力も展開しており、ドイツ側資料によると、同軍団はヴャージマ地区において10月13日だけで23両のソ連戦車を破壊した。

　ルフトヴァッフェは包囲されたソ連軍部隊にかなりな損害を与えた。公文書館には第43軍司令部から予備方面軍司令部に宛て て、包囲網が縮まった直後に書かれた戦闘報告書(署名なし)が保管されている。そこには、次の一節がある。
——「各師団は、戦闘部隊としてはもはや存在せず、敵航空部隊のせいで規律を喪失した歩兵や砲兵、特化部隊の小さなグループが残っているに過ぎない……。各師団は甚大な損害を出し、特に敵航空機が猛威を振るっている。航空部隊は20～25機ずつの編隊で計画的な空襲を行っている」。

　報告書は最後に苦々しく自認している。
——「総じて我が軍はいかなる戦闘も行う能力は無い。なぜなら、生き残っているものはみな、理性を失って呆然となっているからである」

　10月13日、ドイツ軍部隊の司令部は"包囲釜洗浄終了"の報告を急いだ(実際には、ブリャンスク郊外での戦闘は少なくともさらに10日間は続いた)。ドイツ軍資料には、中央軍集団により狙撃師団67個、騎兵師団6個、戦車師団7個殲滅、と記録されている。捕虜の数をナチス側は66万3000人と見積もった。これらの数字は、ロシアの歴史家たちによる最新の研究でも否定されていない。すなわち、赤軍史上最大の破滅的事件のひとつがここで起きたことになる。

　ソ連空軍の損害は陸軍ほど甚大ではなかったが、やはり相当なものであった。空中での激戦と後退時の混乱が影響した。公文書資料は、貴重な兵器を救出する献身的な活躍を指摘している。たとえば、破壊工作偵察大隊のP・V・バラショーフ上級中尉の配下部隊は1941年10月7日、ドイツ軍に占拠されたマーリツェヴォ飛行場を襲った。将兵は、第1重爆撃機連隊が遺棄したトゥーポレ

53 第150爆撃機連隊の指揮官たち。右から3人目がI・S・ポールビン少佐

の四発機を炎上させ、3機目の操縦席にはピョートル・バラショーフが乗り込んだ。彼はU-2練習機とペトリャコーフTB-1重爆撃機の飛行経験があったのだ。後に彼はこう回想している。

――「さんざん恐い思いをしばらくの間させられた。トゥーシノ（モスクワ北西部）の滑走路を覗いたときは心臓が止まりそうになった。ひっきりなしに飛行機が着陸したり、飛び立ったりしているではないか。「滑走路を完全に空けられたし、着陸は初めてなり！」とのメモを入れた通信筒を投下した。飛行管制官は私の要求を満たしてくれた。そこで、着陸進入態勢に入り……、しまった、やり直しだ……。ようやく5回目にしてうまく着陸できた」

1ヵ月後P・V・バラショーフは飛行学校に入り、卒業後は襲撃機パイロットとなった。

しかし、撤退時にどれだけの飛行機が捨てられ、爆破されたことだろう！　ルジェーフ南東のヴォルガ河を軍用機を渡河させることができずに、機体を崖から河へ放り捨てていたとの目撃談もある。1942年の春に氷が割れ出したころ、水中に多種多様な飛行機が多数沈んでいるのがはっきり見えたという。ちなみに、ルジェーフ付近のヴォルガ河に掛かる橋を破壊した功績で、ルフトヴァッフェは第1急降下爆撃航空団第Ⅲ飛行隊の若手パイロット、S・フィスヘル一等飛行兵を叙勲した。

突入してきたドイツ軍の戦車兵団の姿が、西部、予備、ブリャンスクの各方面軍航空隊が占める飛行場のすぐ近くに一度ならず発見された。各狙撃部隊の兵員数は、すべての突撃地区を塞ぐには不充分であった。ドイツ軍が10kmの距離まで接近した時点で、各方面軍司令部は後方飛行場への移動を許可した。これにより、1

回の燃料補給で3、4回の出撃が可能となったが、リスクは大きかった。10月13日、第180戦闘機連隊本部は、戦闘任務遂行の後、ミガーロヴォ飛行場に着陸することを決定した。しかし、飛行場はすでにドイツ軍の手に落ちていた。副司令官のI・M・フルーソヴィチ大尉はすばやくミグMiG-3戦闘機のエンジンを始動させ、敵の文字通り鼻先かすって離陸することに成功した。ところが、不幸なことに連隊長のA・P・セルゲーエフは捕捉され、無惨な死を迎えた。

クリーモヴォ飛行場放棄直前の様子については、第150爆撃機連隊指揮官のI・S・ポールビン少佐が回想している。
──「10月12日から13日にかけての夜、連隊はスィチョーフカ～ズプツォーフ（カリーニンの南西146km）及びズプツォーフ～スターリツァ（カリーニンの南西77km）地区の爆撃任務を与えられた。2回目の出撃の後、スターリツァ街道から我が連隊指揮所のほうにひとりの中尉が兵を連れて駆け寄ってきた。中尉は、飛行場に敵戦車が接近中と報告した。

赤軍航空隊代表者と話し合って、私は決断した──ダニーロフスコエ教会村に突進してきた戦車を爆撃し、その後クリン飛行場（モスクワの北西約90km）へ基地移転すると。また、昼間飛行要員全員の基地移動準備措置を緊急にとった。朝の5時ごろスターリツァ街道の方から誰かが飛行場めがけてロケット弾を放ち始めた。やや後に曳光弾の弾道曲線が見え出した。私は、ドイツ軍先鋒部隊が射撃を行っているのだと思った……長い説明は必要としなかった。この緊迫した事態のなか、ナザーロフ少尉の搭乗員たちは乗機にやってこなかった。同機の準備を整えた整備兵はやきもきしながら、飛士たちの到着を待っていた。ところが、待てども待てども彼らは現れない。

ひょっとして飛行機を爆破するはめになるのだろうか？　飛行場には、故障したエルモラーエフEr-2爆撃機の乗員たちが残っていることが判った。私の質問に隣の連隊のパイロットが、SB高速爆撃機の操縦をさせられたことがあると答えた。我々がナザーロフの飛行機に向かっていたところ、飛行機に銃弾が浴びせられてしまった。それにもかかわらず我々はエンジンを稼動し、爆撃機を離陸させることに成功した。私はPe-2で最後に飛び立った。離陸の条件は困難であった。なぜなら、操縦席風防の表面が氷の膜に覆われていたからである。私は野戦飛行場の中央に防空軍の戦闘機を垣間見たが、それらは多方向に走り回っていた。Pe-2が前日破壊されたMiG-3とうまい具合にすれ違って地上から離れたとき、緊張はいくらか解けた……」

残念ながら、飛行場を支配していた混乱がこれで済んだわけではなかったことを付け加えざるを得ない。操縦手のほかに機関士と整備兵たちが乗っていた2機のトゥーポレフSB高速爆撃機が、高度約100mの空中で衝突したのである。

ここでやや先回りして、1941年10月の独ソ戦線全般における総括をしてみよう。赤軍航空隊参謀部の資料によると、この月の損害は1729機に上り、しかもその内の931機は、敵戦闘機や高射砲による撃墜、あるいは戦闘任務から未帰還、事故による損壊のいずれにも分類されていない。損害の54％を占める飛行機の辿っ

た運命はいまだもって不明なままなのである。特にたくさんの襲撃機（308機中225機）が「未確認損失」欄（赤軍内部で機体数計上方法の整理をした際に浮かび上がった、撃墜、未帰還などの戦闘損失や故障などの非戦闘損失のいずれにも該当しない原因不明の損失）に記帳されている。どうもこれは、当時頻繁に発生したAM-38型エンジンの故障と予備部品の不足から修理が不可能であったことと関係がありそうである。また、およそ70％もの赤軍航空機は、空戦で失われたのではなかったといっても過言ではなかろう。

他方、ルフトヴァッフェ主計局の資料に従えば、東部戦線で破壊、大破した飛行機は422機であった。ドイツ軍の損害全体の半数以上は東部戦線中央方面で出たものであった。ソ連西部方面軍航空隊は10月に500機以上を損失、そのうち223機が「戦闘活動の結果」とされている。

ドイツ側の損害を評価するに当たっては、赤軍航空隊が飛行場にある敵航空兵力を叩くためのもっとも大規模な作戦のひとつを、1941年10月半ば近くに実施した点を考慮しておく必要がある。その直接のきっかけとなったのは、ルフトヴァッフェ司令部がソヴィエト連邦の工業その他の施設に対して大打撃を与えようと企図しているとの諜報情報であった（このような計画を証明するものを

54 ドイツ軍に捕獲されたミグMiG-3戦闘機。
55 包囲された赤軍兵士たちは、突然の空襲を避けるために森の中で装甲車に迷彩を施し擬装している。
56 ソ連第562爆撃機連隊の功績を称える国内向けの宣伝ビラ。
57 モスクワ郊外上空で「狩り」をするBf110駆逐機のペア（シュヴァルム）。
58 野戦飛行場に駐機中のメッサーシュミットBf109F型戦闘機。第51戦闘航空団第4飛行隊所属。

ドイツ側資料に確認することはできなかった)。スターフカ(ソ連軍大本営)は、ジーガレフ空軍司令官に方面軍航空隊及び長距離爆撃航空軍の兵力でもって広汎な前線にわたって敵飛行場に先制打撃を加えるよう指示した。1941年10月11日〜18日の間、この目的で937回の出撃が行われ、その主な矛先は西部方面であった。

P・F・ジーガレフ将軍は自らスターリンに対して、10月11、12日の2日間と10月12日から13日にかけての夜間だけで、スモレンスク、オルシャその他の飛行場で166機の敵機が破壊されたと報告した。これらの数字を証明するものとして、ジーガレフは捕虜の証言を引き合いに出した。空軍司令官の言葉を借りれば、「敵パイロットたちの自白を信用しないわけにはいかない。なぜならば、予定されていた敵航空兵力による工業その他の施設に対する大規模攻撃は今日にいたるまで実行されていないからである」(報告書は10月20日付けとなっている)。

作戦全体の結果は、航空機500機以上の破壊である。作戦終了後、ジーガレフには空軍大将の階級が与えられた。後になって集計された資料は、敵の損害は47機であったことを物語っている(ドイツ側が主張するところでは、ロシアのパイロットたちがもっとも大きな成果を挙げたのは、黒海沿岸の州都ニコラーエフ市の飛行場に対する空爆であった——そこではさまざまな機種の飛行機が11機炎上した)。

とはいえ、中央方面における幾度かの攻撃は成功したと見なしてよかろう。たとえば、10月11日早朝、オリョール飛行場にあったルフトヴァッフェの部隊に、第42戦闘機連隊と第74襲撃機連隊の2個連隊が襲い掛かった。

——「2個飛行連隊——この堂々たる響き。当時第42戦闘機連隊長を努めていたF・I・シンカレンコは回想している——実際に襲撃機連隊にあったのは全部で6機の稼動イリューシンと、われわれのほうに戦闘機が12機あっただけで、そのうちのいくつかはまだ修理を必要としていた」

飛行に適さぬ天候が予告されていたにもかかわらず、彼らは飛び立ち、敵の不意をつくことに成功した。4回の侵入で、(ソ連側資料に基づけば)70機に上るドイツ機を破壊、あるいは損傷した。ソ連機は無事帰還した。

この空爆の目撃者であるドイツ軍のE・シュトル-ベルベリッヒ少佐は、オリョール西飛行場上空に朝陽の方角からロシア機が姿を現したのはまったくの予想外だった、と認めている。しかし、西方からの次の攻撃には高射砲兵も当直戦闘機も反撃する用意を充分整えていた。そして、シュトル-ベルベリッヒの説によれば、2回目の攻撃に加わっていた襲撃機をすべて撃墜した。よくありがちなように、双方とも敵の損害をかなり誇張している。ドイツ側報告書には、第2教導航空団第9近距離偵察飛行中隊のメッサーシュミットBf109E型戦闘機1機のみ炎上と記されている。間接資料は、

—— 11日：オリョール市飛行場にて第3戦闘航空団第Ⅱ飛行隊地上要員が負傷

—— 13日：第1特殊任務爆撃航空団第Ⅱ飛行隊の航空機関士

59 基地まで辿り着くことのできなかったイリューシンⅡ-2襲撃機。しかし、その耐久性の高さはドイツ軍将兵を驚かせた。
60 第177戦闘機連隊のミグMiG-3戦闘機発進を捉えた1葉。
61 63 ヴェアマハト将兵の回想を信じるなら、秋の泥濘はソ連空軍よりも多大な損害をドイツ軍に与えたことになる。戦車はもとより人馬にいたるまでが、ロシアの大地に足もとをすくわれてしまったのである。もちろん航空機も例外ではない。
62 第81爆撃飛行師団所属ペトリャコーフTB-7重爆撃機(ペトリャコーフPe-8爆撃機の改造型)飛行大隊の長距離奇襲攻撃を僚機より空撮。

が弾片を受け死亡と語っている。この
ことからは、ルフトヴァッフェが「ちょっ
と驚いた」だけではなかったことは想像
できる。ドイツパイロットの捕虜たちは、
オリョール飛行場での損害を10～12機
と見積もっている。攻撃されて損傷を
受けたのは、ソ連飛行士たちの報告書
にあるユンカースJu88爆撃機ではなく、
ユンカースJu52輸送機とハインケル
He111爆撃機であった。これらは、ク
ールスク付近の鉄道やソ連部隊の爆撃
の他、ボブルイスクからオリョールへの
物資輸送にも携わっていた、第100爆
撃飛行隊の所属機であった。

夜間にドイツ軍の飛行場を攻撃して
いた長距離爆撃航空軍の飛行士たちに
とって、戦闘行動の結果を評価するのは
もっと困難であった。長距離爆撃航空軍参謀部の資料によると、
これらの空爆でもっとも大きな戦果を挙げたのは、第51爆撃飛行
師団(指揮官　E・F・ローギノフ中佐)となっている。

1941年9月22日から10月21日の間、同師団は1854回の出撃
を行い、イリューシンDB-3長距離爆撃機39機を喪失、「オリョ
ール飛行場で少なくとも100～150機の敵機を破壊」した(これらの
明らかに誇大な数字については、もう何もいえない)。ドイツ側資
料では、夜間爆撃機の空襲によりもっとも苦しんだのはスモレンス
ク北飛行場とされている。O・トムゼン工兵総監の報告から、3～
4機編隊からなるロシア機の集団が幾度も、密集して立ち並んで
いた爆撃機や偵察機に高度約1500mから焼夷弾をばら撒いたと
判断される。飛行要員や整備要員のなかに死亡者はいなかった
が、炎に包まれた飛行機や格納庫は少なくなかった。

ソ連側資料では、敵機の、とりわけ飛行場での破壊にソ連軍各
種航空隊の果たした決定的な役割が強調されている。しかし、ル
フトヴァッフェの資料は、戦闘行動の積極性を低下させたのは天
候条件だけだとしている。この点について、ルフトヴァッフェ作戦
指導部長のH・フォン・ヴァルダウ将軍
は1941年10月16日付けのメモのなか
で率直に語っている。

──「進むべきものすべてがひどいぬか
るみにはまり込んだとき、『タイフーン』
作戦成功への希望は雨と雪に洗い流さ
れてしまった」。

A・ケッセルリング元帥の表現はもっ
と控えめであるが、彼もまた常に天候に
ともなう「恒常的な航空支援」を保証す
ることの困難さを指摘していた。真実は、
独ソ両軍指導者たちの意見の中間辺り
にあるように思われる。少なくとも航空
機の半数以上をナチスドイツ軍は1941

年10月に、爆撃や事故、機械的な故障の結果、地上で失ったとみ
なすことができよう。それを証明するものとして、1942年2月に
A・ガランド戦闘機総監が作成した、戦闘機損害に関する報告書
を引用したい。

ガランド報告書に基づく損害集計表（1941年10月分）

	完全損失	修理可能	計
戦闘による損害	46	29	75
非戦闘損害	51	58	109
総計	97	87	184

1941年翌月以降の、戦闘行動とは直接関係のない損害のレベ
ルはさらに上昇している。

Время напряженных боев

激戦の日々

　1941年10月7日の時点で、西部方面に連綿たる前線というものはすでに存在しなかった。しかし、首都モスクワでの生活に大きな変化はなかった。新聞やラジオは実際の情勢について何も伝えていなかった。方面軍パイロットのA・イーズバフはたまたま故郷のモスクワに戻ったときのことを次のように回想している。

——「私たちは夕方、ボリショイ劇場のバレエ『白鳥の湖』鑑賞に招待された。それは私たちにとっては何かの奇跡のようであった……。巨大な防壁が外側から劇場の建物を爆弾片から守っていた。ファシストたちはすでにだいぶ前から、劇場は爆弾で粉々になるだろうと豪語していた。ところが、劇場は残っているし、中ではこれまでどおりチャイコフスキーなどの音楽が響いていた。バレエは、いつものように7時半ちょうどに始まった。劇場の中では、普通の平和な日々と同じく、人々がコートを脱いでいた……」

　10月7日の夕方、ソ連情報局は初めて、「ヴャージマ方面での激戦」について報じた。『赤い星』(赤軍機関紙)はやはり同じ日、「ソヴィエト国家の存在そのものが脅かされている」と指摘した。
　当時スターフカ(ソ連軍大本営)直属の第81長距離爆撃飛行師団長であったA・E・ゴロヴァーノフは、クレムリンに呼び出され、そこで憂鬱と不安に落ち込んでしまったときのことを思い出している。

——「私はスターリンを、執務室にひとりでいるところをつかまえた。彼は椅子に座っていたが、それは普通はないことだった。スターリンは黙ったままである。私は自分のことを思い起こさせるのは無神経なことだと判断した。ふと、何かが起きたのだと察した。しかし、何が起こったのだろう？ このようなスターリンを私は目にしたことがなかった。静寂が重たく感じられた。
——「我々には大きな不幸、大きな悲しみが起きた」
——　私はようやく、静かな、それでいて明瞭なスターリンの声を聞いた。
——「ドイツ人はヴャージマの守りを突破し、我々の師団16個が包囲された」。
——　やや間をおいて、私に尋ねているのか、それとも自分自身に問い掛けているのか、スターリンはまた静かに口を開いた——
——「どうしようか？どうしたらいいだろうか？」
——　どうやら、起きた事実は彼にひどいショックを与えたようであった」

　西部方面軍破綻の報に対するスターリンの最初の反応が、司令官のI・S・コーネフ大将を非難し、厳罰に処してやりたいという気持ちだったことは、今や秘密ではない。イワン・ステパーノヴィチ(コーネフ将軍のファースト、ミドルネーム)はもうすこしで、部隊の指揮統制上の過失を理由に1941年7月に銃殺された元西部方面軍D・G・パーヴロフ上級大将と同じ運命を辿るところであった(予備方面軍司令官のS・M・ブジョンヌィ元帥は、ヴャージマとユーフノフの間で、元帥曰く、「あやうく敵の手に落ち掛かり」、彼の行方についてスターフカでもしばらくの間何もわからなかった)。コーネフ本人は、敵の兵力が優勢であること、のびすぎた戦線、戦車と砲兵の密度が不充分であること、強力な予備部隊の欠如などが敗北の原因であると説明した。しかし、彼自身も、優秀な働きをしたとはとてもいえなかった。とりわけ、ドイツ第22軍のアンドレアポーリ地区(西部方面軍右翼)での部分的な進撃作戦に気付くのが遅く、各軍戦区間の境界部分の防衛が確保されていなかったのである。当時参謀総長代理であったA・M・ヴァシーリエフスキィ元帥の見方によれば、この件に関する責任の大半は、ヴェアマハトの主攻撃方向を正確に特定できなかったスターフカと参謀本部にある。
　赤軍にとって状況をさらに複雑化したのは、ブリャンスク方面軍の形勢が西部方面軍のそれに比べて少ししか良くはなかったことである。包囲、殲滅された部隊の数は西部方面軍よりは少なかったものの、ここでは軍の統率が失われ、敵は主要な通信連絡網を奪った。10月7日にA・I・エリョーメンコがブリャンスク方面軍司令官として最後に出した指令のひとつには、飛行士たちに大きな期待が寄せられていた。

——「方面軍航空隊は、1941年10月8日から12日の後退期間に各軍突撃部隊とともに連携しつつ、昼夜を問わず敵縦隊及び戦闘隊形を壊し、包囲網脱出に協力すること。なお、敵予備部隊の接近を阻止すべし。航空隊による友軍識別のため、すべての戦車とトラックの運転台に白線帯を横に引くこと」

　ソ連軍は退却を慌て、重火器や擱座(かくざ)した自動車輌、故障した航空機……などを放り捨てていった。1941年10月13日、まだ確認のとれていない資料によると、レッセータ川の渡河時に受けた爆撃により、第50軍司令官のM・P・ペトローフ将軍が戦死した。この不幸が起きたその日、スターリンに「卑劣漢のグデリアンを有無も言わさず叩きのめす」と約束したばかりのエリョーメンコ将軍も、撤退時に航空投下爆弾の破片を受けて負傷した。S-2病院機の操縦士P・T・カシューバの並外れた飛行テクニックのおかげで将軍は命拾いした(カシューバはこの後ソ連邦英雄の称号を授かる)。
　1941年11月17日付け『イズヴェスチヤ』紙はこのときの行動について報じた。

——「カシューバは6時間以上も敵側上空を飛びながら、猛烈な阻止射撃をかいくぐってきた。早朝に彼は乗機を小さな草地に着陸させ、偽装を施した後、友軍陣地へと向かった……。朝から草地の周囲は爆撃を受けていた。カシューバは負傷した司令官を

見つけ、暗くなってから飛び立った。彼は帰途、敵の射撃圏を抜け、前線を越えるまで約9時間もの間空中にいた（練習機U-2の病院機型である同機は、補助燃料タンクを有していた—著者注）。そして燃料が尽きたとき、彼は友軍側にあるが着陸には不適な広場に着陸した」

しかし、スターフカ（ソ連軍大本営）がもっとも情勢を憂慮していた西部方面軍に再び話を戻そう。実際、状況は劇的な展開を見せていた。ドイツ軍は、ソ連軍防衛線に延々500kmに及ぶ突破口を切り開いていた。ソ連軍指導部はこの時点で戦略予備部隊は有しておらず、したがってモジャイスク防衛線を確保するための部隊もなかった（モジャイスクはモスクワの西方110km）。そこには工兵隊と建設作業に従事するモスクワ市民がいただけであった。レニングラードから呼び出されたG・K・ジューコフ上級大将は、10月8日の夜を徹して情勢を把握し、その後スターリンに報告した。

——「最大の危険は、モスクワに通じる道がほぼすべて開放されており、モジャイスク線の脆弱な防御は、敵機甲部隊がモスクワの眼前に突如として現れることを許すやも知れず」

仮に赤軍指導部がこの危機的状況で何かを当てにすることができ

① 第81戦闘飛行師団指揮官、後に長距離航空軍（ADD）司令官となったA・E・ゴロヴァーノフ
② コロボフ上級中尉と乗機ミグMiG-3戦闘機
③ モスクワ郊外の難民たちは常に空襲の脅威にさらされていた
④ 修理のためにカバーを外されたヤク戦闘機。エンジン部分のディテールが見て取れる。
⑤ ヤーコヴレフYak-1戦闘機の出撃が事故に終わったこともあった。

るとすれば、それは航空兵力であった。航空隊も10月初めには重大な損害を出したが、スタフカ直属予備兵力をもって危険方面の強化が早急に行われた。航空隊には、何よりもまずモジャイスク付近の第5軍戦区を空中より掩護し、敵の進撃を停滞させよとの課題が与えられた。第5軍航空隊は第77飛行師団に統合され(同師団の編制は開戦前から始められていた)、10月8日には師団長のI・D・アントーシキン中佐はボドーリスクの師団本部からドイツ軍の戦車、自動車輛が集結している場所に最初の打撃を加えることができた。

当初、第77飛行師団には第173および第321爆撃機連隊とヴィノグラードフ大佐が率いる混成連隊、さらにいくつかの独立3機編隊が含まれていた。わずか数日間のうちに同師団はみるみる消滅していった。特に大きな損害を出したのは第321爆撃機連隊で(指揮官―S・P・チューリコフ少佐)、そのペトリャコフPe-2爆撃機はほぼ毎回の編隊出撃の際に失われていった。たとえば、10月9日のまだ夜明け前にソ連軍飛行士たちはユーフノフ地区のウグラー河にかかるひとつの橋の基礎を爆弾で破壊することに成功したが、6機のPe-2のうち帰還したのは1機に過ぎなかった(その後明らかになったところでは、未帰還機のうち2機のペーシカは不時着時に損壊した)。通常もっとも大きな損害が出るのは、2回目の出撃の際であった。速度や高度、戦闘航路に変化がなかったため、ドイツの高射砲兵にとっては照準調整が楽であった。ときには急射を友軍の高射砲から受けることも稀ではなかった。さらに、これらの戦闘出撃のうち1回たりとも戦闘機の護衛がついたことはなかった。

数日後スタフカは、これまた拙速にかき集められたN・A・ズブイトフの機動飛行部隊をモジャイスク防衛線に投入し、ズブイトフは10月12日にモスクワ防衛圏航空隊司令官に任命された(モスクワ軍管区の一部がモスクワ防衛圏として編制された)。第1段階でこの部隊を構成していたのは、第41、第20、第172各戦闘機連隊、第65襲撃機連隊、またU-2練習機大隊であった。さらに、ラグLaGG-3、ミグMiG-3、ヤーコヴレフYak-1戦闘機及びイリューシンIl-2襲撃機の新しい機体が補充された。

ズブイトフ飛行隊は第5軍に対して、特に同軍の展開時に大きな支援を行った。パイロットたちは悪天候のなか、しばしば高度100〜150m、水平視界600〜800mという条件下で飛行を敢行した。作戦半径を狭め、出撃回数を増やすため、また防空軍による通過航空機識別作業を複雑化させないようにズブイトフ飛行隊の夜間飛行士たちは野戦飛行場に基地移転し、夜間戦闘出撃の頻度を高めた。10月8日から19日の間、この飛行隊はユーフノフ方面で508回の出撃を行った。その結果は、敵戦車数両と自動車数百両が機能喪失、弾薬庫3箇所爆破、5個の橋梁・いかだ破壊、歩兵2個大隊の四散・殲滅というものであった。

ズブイトフ飛行隊に続いて、西部方面軍との連携行動のために最高司令部大本営予備兵力による他の飛行隊が編制されるようになった。そのひとつは、西部方面軍南翼に中央アジア軍管区から第1、第34、第459爆撃機連隊(各連隊にSB高速爆撃機20機)と第39重爆撃機大隊(TB-3重爆撃機14機)を基地移転させることにより編制された。部隊移動には様々な困難はあったものの、総じて成功裡に行われた。たとえば、第1爆撃機連隊の飛行士たちは、アシハバードとエゴーリエフスクを隔てる4800kmを飛ぶのに10日間を要したが、移動は重大な事故もなく行われ、乗員20名全員は10月18日に戦闘任務に就いた。

10月10日を迎えた時点で、西部方面軍航空隊に残された航空機は200機を下回り(より正確な数字を見つけられなかった)、予

備方面軍航空隊に至っては上空に飛び立つことのできる飛行機はわずか28機に過ぎなかった。後方地区から航空予備兵力をかき集めることにより、モスクワ郊外の航空隊を補充することが可能となった。第77飛行師団には5個の各種飛行連隊(93機)が編入された。西部方面軍航空隊は1941年10月の間だけで、ザカフカース地方やザバイカル地方などから派遣された7個飛行師団により増強され、しかもこれにはモスクワ軍管区に基地を置いていた師団の数は含まれていない。多くの部隊は平時に編制されたものであり、したがって訓練も装備も良かったが、一部旧式の兵器も抱えていた。ルィビンスクとヤロスラヴリの両地区には10月11日に第26及び第133飛行師団(計93機のDB-3F長距離爆撃機)が到着し始めた。ただし、空軍司令部がしばしば部隊を部分的に、しかも飛行士たちが地上の情勢を充分把握しないうちに投入せざるを得なかったことから、これら師団の実力は存分には発揮されなかった。

ドイツ軍進撃開始の直前から強力な襲撃飛行師団編制の構想が練られていた。しかしスターリンは、国家防衛委員会の政令案に署名せず、赤鉛筆で×印をつけた。どうも、その理由はひとつだったようである。これらの部隊の創設には航空機も時間も足りなかったのである。その代わりにソ連軍最高司令官は、航空機生産能力を考慮した、西部方面飛行連隊14個を集結させる以下の表のようなプランを承認した。

到着日	部隊名	機種	到着地点	行動戦区
1941年				
10月06日	61ShAP	Il-2	ラーメンスコエ	西部方面軍
	243ShAP	Il-2	スタリノゴールスク	北西方面軍
	519IAP	MiG-3 (ロケット弾搭載)	トゥーシノ	戦闘未参加
	136BAP	Pe-2	モーニノ	南西方面軍
1941年				
10月07日	237ShAP	Il-2	チカーロフスカヤ	ブリャンスク方面軍
	41IAP	MiG-3 (ロケット弾搭載)	トゥーシノ	北西方面軍
	436IAP	Yak-1	グリージノ	戦闘未参加
	208IAP	Pe-3	キルジャーチ	戦闘未参加
1941年				
10月08日	62ShAP	Il-2	ノギンスク	北西方面軍
	28IAP	MiG-3	スタリノゴールスク	南部方面軍
	427IAP	Yak-1 (ロケット弾搭載)	クリン	戦闘未参加
	524IAP	LaGG-3 (ロケット弾搭載)	ドミートロフ	戦闘未参加
	415IAP	LaGG-3 (ロケット弾搭載)	クリューコヴォ	北西方面軍
	46BAP	Pe-2	ステプィギノ	戦闘未参加

※略号は以下の通り
ShAP：襲撃機連隊
IAP：戦闘機連隊
BAP：爆撃機連隊

6 メッサーシュミットBf110駆逐機のコクピット内。
7 ドイツ軍の整備士たちは戦場で様々な機器を活用し、回収、補修を行った。写真はメッサーシュミットBf109のエンジンを機体から外して整備している。
8 地上勤務員たちが、メッサーシュミットBf109戦闘機胴体下の取付架に爆弾を装着している。
9 損傷し後方へ移送されようとしていたラグLaGG-3戦闘機だったが、ドイツ戦車部隊の急進撃の中、敵の手に渡ってしまった。

前ページの表に列記された連隊の多くは、その後、首都防衛に重要な役割を担うことになる。次の事実を強調しておきたい。すなわち、新型機（ちなみに、戦車も火砲も同じであるが）の配備はスターリン自身が行っていたのである。このことは、当時の戦力状況が極めて逼迫していたことを物語っていよう。

　モスクワ郊外における赤軍航空隊の強化は新型機の補充だけに終わらなかった。モスクワ軍管区航空隊航空技術局とその技師長T・G・チェーレポフの発意により、モスクワ市内の工場で36の移動航空修理所用の設備が製造された。モスクワ防衛戦の期間、これらの修理所は150機の航空機の大修理を行い、戦場で故障を修理した機体は250機に上った。多くの修理工たちは直接飛行場で働き、そうすることにより故障機の戦列復帰までの時間を短縮できた。10月末時点までに、第34戦闘機連隊と第177戦闘機連隊にそれぞれ17機と14機の戦闘機が戦列復帰した。整備要員はしばしば奇跡的なことを思いついた。たとえば、第16戦闘機連隊のA・P・マールコフ技師を筆頭とする名職人たちは、スクラップにしかならないと思われるほど損傷、故障したミグMiG-3戦闘機を34機も回収した。連隊と移動航空修理所の努力の結果、驚くべきことに、このうち11機が使用可能となったのである。

　モスクワ郊外に各種航空兵力を集結させたことは、それなりの実りをもたらした。ドイツ軍進撃開始当初の10日間は西部方面軍と予備方面軍の守備地帯を鉤十字をつけた航空機が延べ7000機も通過し、対する赤軍機はおよそ6000機を飛ばしたが、その後の9日間（10月11日～19日）は、状況が一変した。ドイツ軍機の出撃回数が約3000回であったのに対し、ソ連軍機のそれは7000回にも上ったのである（これに関しては各資料により数字が異なるため、モスクワ戦初期の独ソ双方の航空兵力活動を比較分析してみた。ソ連側については西部方面軍及び予備方面軍の航空隊、第6戦闘航空軍団、モスクワ軍管区航空隊、長距離爆撃航空軍の昼間出撃を集計し、他方ドイツ軍に関しては第2航空艦隊のそれを調査、比較した。ただし、ドイツの近距離偵察と夜間飛行の出撃は含まれていない）。

　このような際立った変化に関して、ドイツの歴史家P・カレル（このペンネームで、かつてドイツ外務省報道課長であったP・シュミットは『ロシアに対するヒットラーの戦争』という書を著した）はその主な原因をこう説明している。

　――「ソ連機は、前線から近く、温かい格納庫付きのよく整備された飛行場に配置され、それゆえ各ソ連機はすばやく上空に飛び立ち、天候に左右されずに何回かずつ戦闘出撃を繰り返すことができたのである。ドイツ機はきまって野戦飛行場を利用し、好天下でのみ飛ぶことができた」

　ソ連側資料では、10月中旬のドイツ空軍の優先課題をはっきりさせることは難しい。というのも、10月6日にヴャージマ、ユーフノフ、スヒーニチ、コゼーリスクを結ぶ線に配置されていたVNOS監視哨が、地上部隊の退却とともに大挙して撤退したからである。当時のソ連軍の指令書類には、「敵はVNOSの電信線を通じて偽情報を流し、前線後方に緊迫した状況を作り出そうとしている」といった指摘がある。こうして、VNOS監視哨が把握できる敵の上空通過はほんの一部だけとなり、しかもそのすべてを通報することすら、連絡網の欠如からできなくなったのである。

　ドイツ側資料によると、この間の攻撃の大半をルフトヴァッフェ

⑩ 偵察任務から帰還した後のA・E・シードロフ第423戦闘機連隊長のミグMiG-3戦闘機。機体に戦闘による傷跡が見える。

司令部は包囲されたソ連軍部隊への打撃に充てるよう指示した。これを誰よりも先に主張したのが、中央軍集団司令官のフォン・ボックであった。包囲網の完全には閉ざされていない部分に形成された前線への空爆は、10～15機の爆撃機によって散発的に行われただけであった。たとえば、10月11日の空襲で注目に値するのは、第2爆撃航空団所属のドルニエDo17爆撃機のズプツォーフ～スタリッツァ地区における活動である。ドイツ機の課題は第41軍の進撃を支援することにあった。

ドイツ第2航空艦隊の戦闘活動日誌は10月12日、426回の爆撃機及び急降下爆撃機の出撃を記録しているが、そのうち約350回はソ連西部方面軍戦区に対して行われた。これは、ソ連防空軍管理部の資料と適合する。

この日、セールプホフ、トゥーラ、モジャイスクの各地区でもドイツ空軍の活動は活発であった。とりわけモジャイスク上空では、第76爆撃航空団のユンカース編隊はソ連第562戦闘機連隊のヤク戦闘機群を振り払い、そのうち3機に損害を与えることができた。カリーニンへのドルニエによる空爆は市内に火災を発生させ、市の機能を乱すことに成功し、いっぽうのハインケル群はモスクワ市内の建物をいくつか破壊し、85名の死傷者を出させた。ドイツの航空爆弾はクービンカでも3機の戦闘機に損傷を与え、トゥーラ付近の飛行場ではイリューシンDB-3F長距離爆撃機1機を炎上させ、ミグMiG-3戦闘機1機を使用不能にした。第6戦闘航空軍団司令官のI・D・クリーモフ大佐は、23箇所の前進飛行場防空隊の高射砲兵力を補充するよう緊急要請した。

ルフトヴァッフェ爆撃機は、モスクワ郊外南部、南西部の鉄道施設に対しても打撃を強化した。ドイツ側資料からは、このような空爆を第4爆撃航空団第Ⅲ飛行隊が昼夜を問わず繰り返していたことがわかる。ある報告書には、「毎夜村という村が燃え輝き、

⑪ 発進準備完了したイリューシンⅡ-2襲撃機シュトルモヴィーク。

⑫ 第2教導航空団第Ⅱ襲撃飛行隊所属のフランク中尉。「果敢で主導的、迅速な行動が、成功を半分約束する」という意味のことが書かれている。

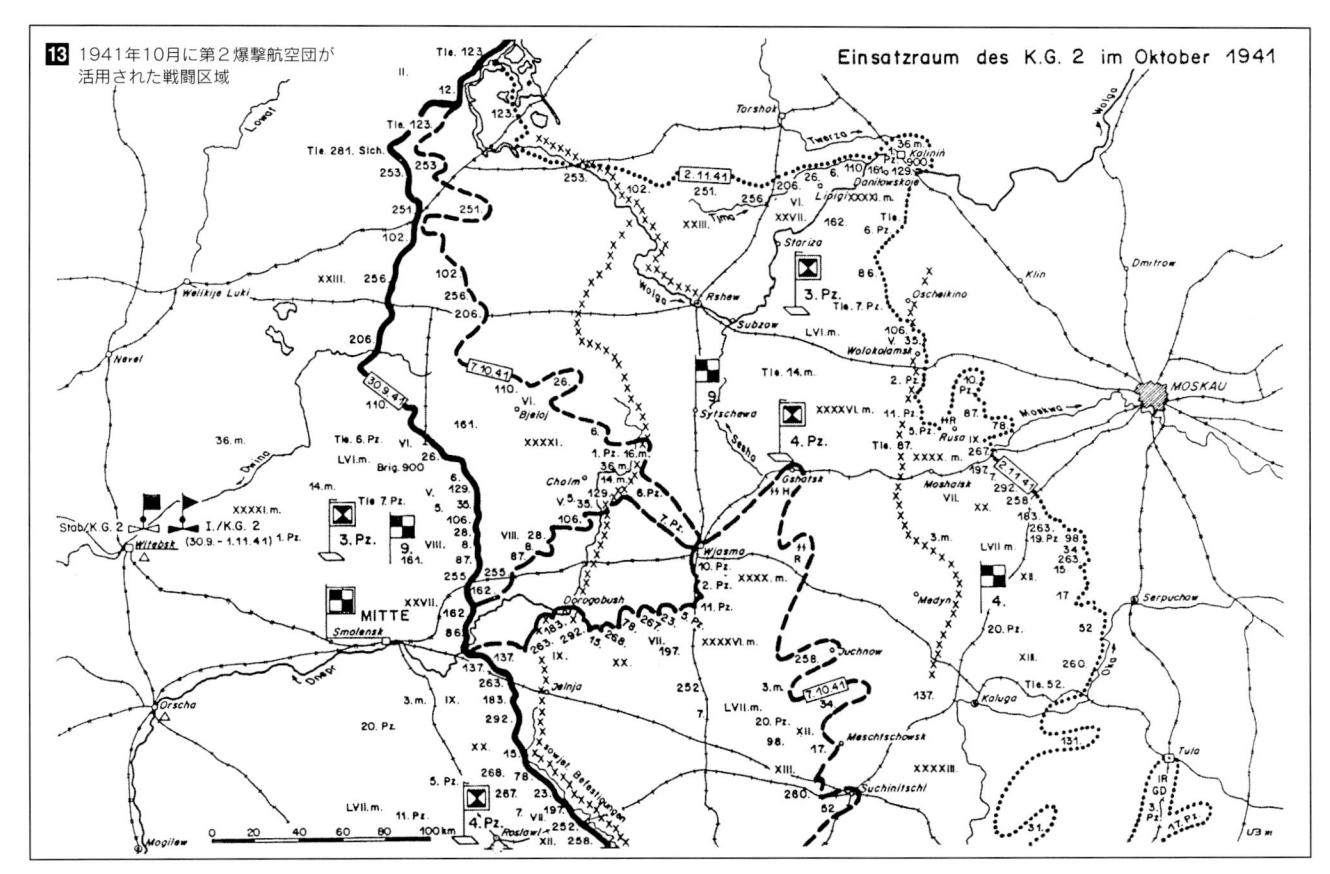

13 1941年10月に第2爆撃航空団が活用された戦闘区域

Einsatzraum des K.G. 2 im Oktober 1941

低く垂れ込める黒雲を赤い血の色に染めていた……」と記されている。ソ連軍資料は、10月12日に敵機3機を撃墜、16機を飛行場にて破損と語っている。

翌日になると、上空にはドイツ戦闘機がしばしば姿を現した。これはおもに、第51戦闘航空団と第2教導航空団第Ⅲ急降下爆撃飛行隊の航空機であった。前者は間断ない哨戒飛行で機械化縦隊の進撃を援護し、後者は地上攻撃機として活用された。空中戦で撃たれたが何とか帰還できた第562戦闘機連隊所属のヤコブソン少尉は、メッサーシュミットが前進するドイツ戦車と装甲輸送車の縦列の前に爆弾を投下し、街道脇の林道を機銃掃射していたと語った。

その後の数日は、ルフトヴァッフェは活動を抑制した。ドイツ機は偵察活動にとどめ、時折重要目標に対する爆撃を行っただけであった。たとえば、3機のドイツ機がセールプホフ〜マロヤロスラーヴェツ〜モジャイスク〜ナロ・フォミンスク〜ズヴェニーゴロド（モスクワの西46km）〜ヴォロコラームスクという進路をたどっていたが、ソ連軍防衛陣地には危害を加えなかった。これは、ドイツ軍の進撃テンポに影響はしないように思われた。実際、10月11日にドイツ軍部隊はズブツォーフを占領し、翌日にはスターリツァを押さえた。さらに13日夕方にはカリーニン市の境にまで接近し、そこでヴォルガ河を渡河した。同じくこの日、赤軍部隊はカルーガを手放した。

フォン・ボック元帥は主攻撃の矛先をモジャイスク方面に向けた。ここは、鉄道とモジャイスク街道、それにミンスク高速道が互いにほぼ平行に走っている。そのおかげで、ドイツ軍は秋の泥濘期にもかかわらず、大規模に移動し、中央軍集団後方から予備を機動的に投入することができたのであった。

──「10月14日朝、準備砲爆撃の後、第10戦車師団がSS『ドイチュランド』、SS『フューラー』両師団の配下連隊とともに攻撃を発起した、──戦史概説『大祖国戦争　1941年〜1945年：第1冊「過酷な試練」』にこう指摘してある──砲の一斉射撃や戦車の轟き、急降下爆撃機の唸り声、機関銃のはじける連射音、火炎放射器の不吉な吐息が想像を絶するような不協和音を奏でていた。エーリニャとヴャージマの征服者たちはモスクワに突進してきた。彼らはすでに、ロシアの首都での勝利の行進と戦利品の山を目に浮かべていたのだ」

ドイツ第4戦車集団の戦闘活動日誌には次のように、モジャイスク付近での空軍の活動が描かれている。

──「他の戦区から急いで移された（ソ連軍）航空機の黒雲のような群れが、道路の交差地点や村々を低空から爆撃、掃射していた。しかし、大空の赤い星でさえ運命を変えることはできない。第8航空軍団の飛行機がドイツ地上部隊を支援している。激しい空戦が火花を散らし、敵の投下した爆弾1発に対して友軍襲撃機が10倍のお返しをしてくれる」

日誌はさらに、「ドイツ軍部隊の進撃を停滞させようとする敵の

試みは失敗した」と指摘している。「ただし、進撃側の損害も非常に大きかった」。ドイツ軍部隊は、10月14日にモジャイスクだけで、P・ハウザーSS中将率いるSS『ライヒ』戦車師団の中戦車5両と軽戦車1両を失い、逆に49両のソ連戦車を破壊し、赤軍将兵を200名殺傷、300名以上を捕虜とした。

中央軍集団参謀部によるモジャイスク線での戦闘評価も重要である。

──「指揮官たちの報告によれば、ここでの戦闘は、これまで体験してきたものすべてを超越するほど激烈であった」

モジャイスク線でルフトヴァッフェが発揮した積極さは、先に紹介したドイツ軍機の出撃回数の変化と矛盾するように一見思えるかもしれない。しかし、そうではない。地上部隊と航空部隊のすばらしい連携行動が、前線の重要な地区においてヴェアマハトが優勢を確保することを幾度も可能にしたのであった。さらに、ソ連部隊の方では多くの飛行場が撤退時の緊迫した状況での作業の用意ができていたわけではなく（爆弾や燃料・潤滑油の備蓄が不足していた）、P・カレルが書いているような赤軍航空基地の理想的な様子はソ連側部隊資料にも、戦闘参加者たちの回想にも確認されない。飛行要員は絶え間ない基地移転に疲れ切っており、定期的に温かい食事にありつけることも稀で、着陸後に乗機の翼の下で休息をとらざるを得ないこともしばしばであった。したがって、ソ連とドイツのいったいどちらの航空隊のほうがよりよい基地に恵まれていたのかわからない。第81飛行師団のパイロットたちは1昼夜の間に1回しか出撃することができなかった理由として、A・E・ゴロヴァーノフ師団長は戦闘任務の遂行要領を認める文書を出撃のわずか2、3時間前に受け取っていたことを挙げている。どの参謀部にも前進飛行基地を経由した爆撃を組織する時間的余裕はなかった。

モジャイスク線上の防衛線をドイツ軍が次々と突破して行ったことにモスクワはパニックに陥った。このパニックをさらに煽ろうと、ルフトヴァッフェはモスクワへの夜間"脅迫"空爆を何度か行った。時折モスクワ市民の頭上に空から舞い落ちてきたビラには、ドイツ軍は破壊されていないモスクワに入城したいがために、ロシアの首都に強力な爆撃は行っていないのだと書かれていた。とはいうものの、10月16日深夜未明に第100爆撃飛行隊はモスクワに超大型1800kg爆弾を数発投下した。

スターフカ（ソ連軍大本営）は、モスクワとその防衛部隊の統制を保つべく、厳格な措置を講じていた。司令部から出される命令書には「死守せよ!」との表現が絶えなかった。この危機的な状況下にあって、治安機関の"手にかかった"者たちを羨むことはできない。というのも、8月にスターリンが出した指令第0299号は、飛行士たちの首尾よい出撃と敵機撃墜を奨励するだけでなく、

14 第27戦闘航空団第Ⅲ飛行隊の精鋭エースのひとりであるフォン・カーゲネック中尉。
15 秋雨の泥濘のヴャージマ地区で遺棄された乗用車と軍用馬の遺体。
16 カリーニンの爆撃目標を目指して飛ぶ第76爆撃航空団のユンカースJu88爆撃機編隊。
17 第76爆撃航空団のユンカースJu88上部後方の銃座から編隊の僚機を望む。右下に見えるピントのぼけたリングは、銃座に設置されたMG15機銃のサイト。
18 ドイツ軍による包囲網突破を試みる赤軍部隊。泥濘は結果的にはロシアに味方したが、前線の兵にとっては、敵味方の区別なく行動の自由を奪った。

「個々の飛行士の間に潜む任務遂行義務放棄に対する闘争」を要求していたからである。1941年10月16日、イリューシンⅡ-2襲撃機編隊の長であったI・A・マールチェンコ上級中尉は攻撃目標を発見できず、弾薬を使い果たさずに帰還したところ、すぐに逮捕された。このケースでは第43軍の軍事評議会(軍以上のレベルの各級部隊に設置されていた、軍政、作戦などの重要事項に関する最高集団意思決定機関)は死刑を認めず、パイロットに対して「血でもって罪を贖う」ことを許した。マールチェンコは戦闘において優秀な活躍をし、前科は抹消されたが、彼のその後の運命は不明である。

ルフトヴァッフェは積極さを減じたものの、効果的な打撃を加え続けた。10月14日分のソ連側集計資料は、50機を下らないドイツ爆撃機群がカリーニン方面の第30軍諸部隊の防衛線に襲いかかり、しかもこの攻撃は損害なしに遂行された、と指摘している(ドイツ側資料によると、この日第2教導航空団第Ⅱ襲撃飛行隊がここで、地上からの対空砲火および機械の故障によりメッサーシュミットBf109E型戦闘機3機を失い、そのうちH・フランク少尉だけは奇跡的に無事だった。彼は後に、もっとも有名な地上攻撃機パイロットのひとりとなる。これより北西のトルジョーク地区(カリーニンの西61km)でも第26駆逐航空団がメッサーシュミットBf110双発戦闘機を3機失った)。1日間をおいて、ユンカースJu87急降下爆撃機26機が、ノヴォ・ペトロフスコエ地区にあったソ連軍部隊を爆撃し、他方22機のドルニエDo17爆撃機はトルジョークの鉄道ターミナル駅を叩き、火災を発生させ、通信線を破壊した。後者の場合、「I-18戦闘機の大群が」(第2爆撃航空団の報告書にはソ連のミグMiG-3戦闘機の行動に関してこのように記されている)ドイツ爆撃機の隊形を崩そうと試みていたが、ドイツ機は最小限の間隔で密集飛行し、機関銃火でもって「激しい防御戦闘を展開し、攻撃をすべて撃退した」。

ドイツ軍の爆撃機や偵察機は編隊飛行だけでなく、単独でもソ連軍前線後方への飛行を護衛なしで敢行し続けた。たとえば、ハインケルやユンカースがアレークシン(トゥーラの北西71km)～トゥーラ地区に何度も飛来したことが確認されていた。これらの機は、第423戦闘機連隊が基地としていたブルイコヴォ飛行場の上空をしばしば通過した。ただ一度だけ、10月11日に迎撃に飛び立ったN・G・ザボロートスィ少尉はJu88を撃墜することに成功し、それですぐに受勲候補者として推された。彼は同じ連隊仲間たち

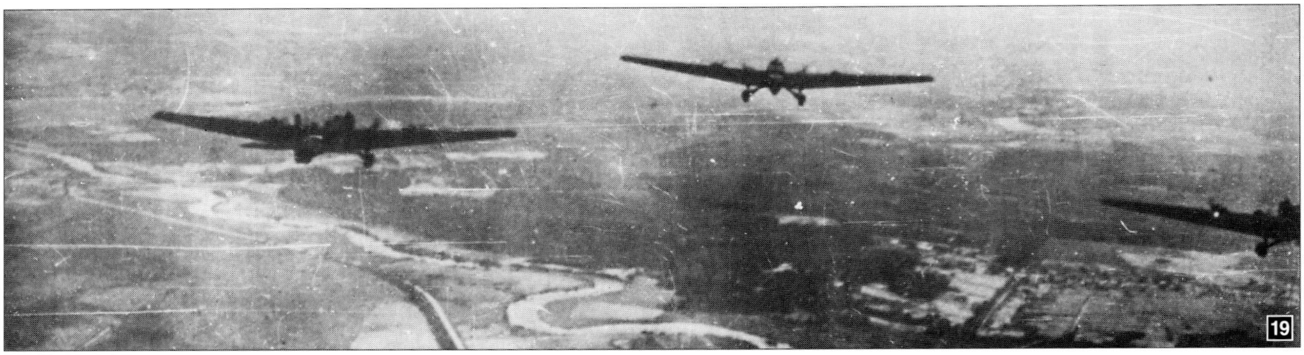
19

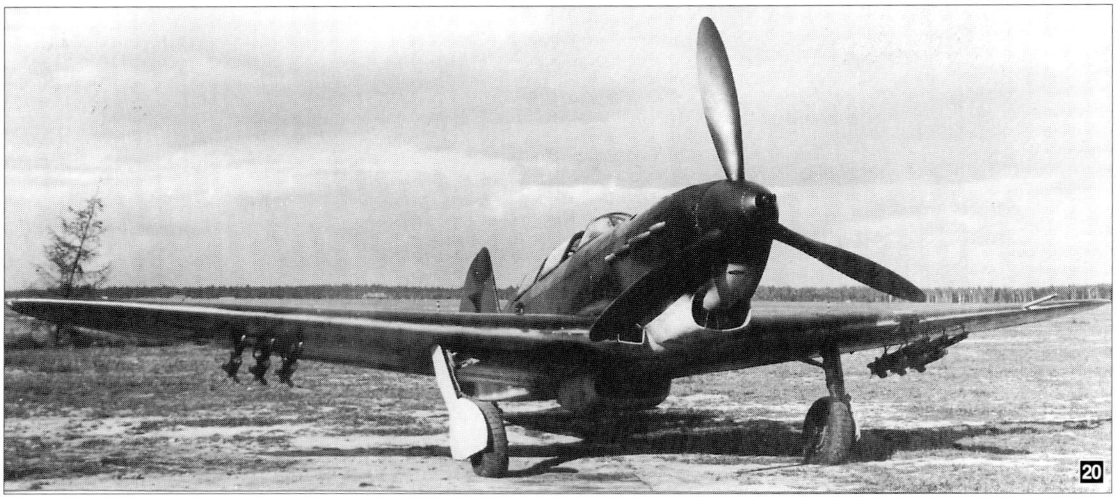
20

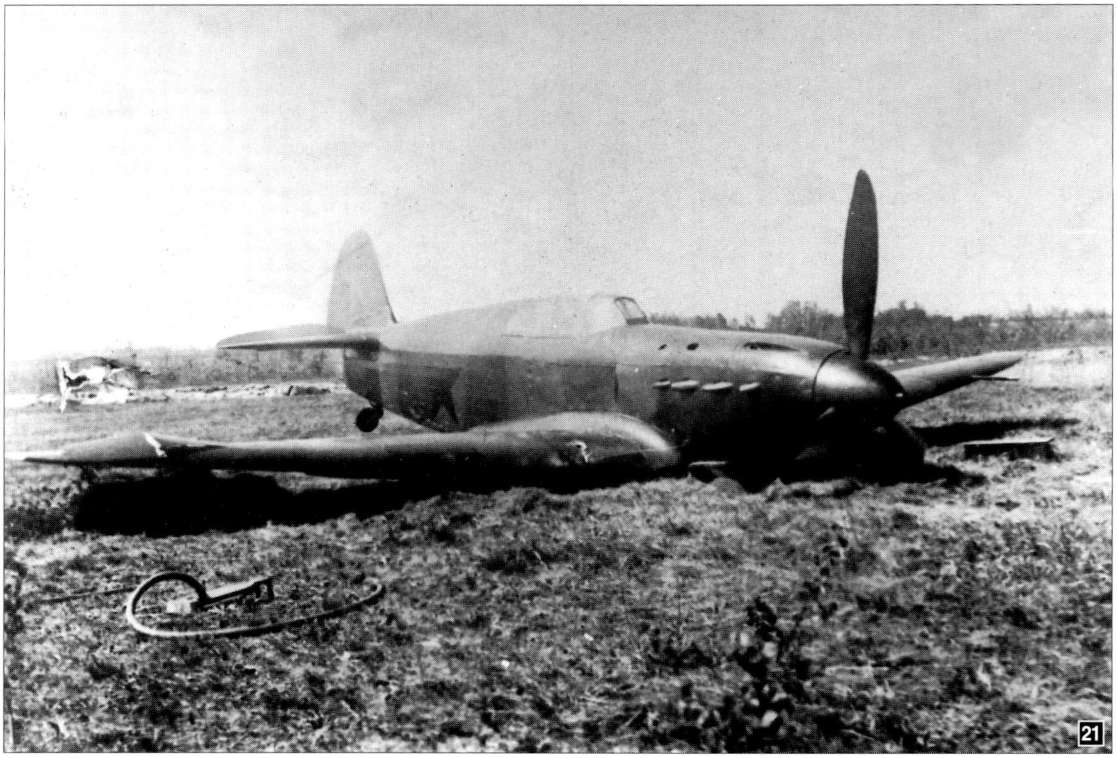
21

に、MiG-3に乗って出撃し、高度を上げ(しかもここでは、ルフトヴァッフェの航空機は3000m以上の高度では飛ばなかった)、敵に追いついて攻撃することが可能なことをはっきりと証明したのである。

第423戦闘機連隊長のA・E・シードロフ少佐は10月前半の連隊の活動を分析し、警急発進失敗の原因として戦闘機の燃料補給が適宜行われていなかったり、発進準備に時間がかかりすぎたり、兵器の故障があったことなどを突き止めた。そこでシードロフは画期的な手を打った。彼は「下っ端のミス」を探し出そうとするのではなく、2個飛行大隊の指揮官と政治将校たちを5日間の自宅謹慎処分にし、こうすれば後で彼ら自身が自分たちの配下部隊の規律を正すであろうと読んだのであった。少佐にはこのような決定を下す道義的根拠があった。経験豊かな操縦士であった彼は、自らしばしば重要な戦闘課題を遂行していたからである。あるときなど、シードロフは偵察飛行の後、脚を負傷していたにもかかわらず、蜂の巣のようになったポリカールポフI-16戦闘機を無事着陸させた。

『タイフーン』作戦の初期の段階ですでに、ドイツ第2航空艦隊所属部隊のいくつかは大きな損害を出した。前章でも指摘したとおり、第76爆撃航空団第Ⅰ飛行隊は戦闘能力を喪失し、第28爆撃航空団第Ⅰ飛行隊は第2戦車集団の進撃をわずか2個中隊で支援していた。作戦開始後10日間で、前線のソ連側で6機のハインケルHe111爆撃機が撃墜され(当初保有機の40%)、他の航空機も様々な損傷を受けた。捕虜となったE・アシュムタート軍曹は、彼の乗員グループはボブルイスクで9月24日に編制されたばかりで、わずか7回の戦闘出撃をしただけであったが、そのなかでもいちばん危険だと思われていたのが9月29日未明のモスクワ夜間空爆であったと供述した。それから1日おいて、高射機関銃がエンジンのクランクケースを正確に撃ち抜き、ほぼ無傷のハインケルはリゴーフ付近に着陸した(第28爆撃航空団第Ⅰ飛行隊の損害は付表参照)。

第27戦闘航空団第Ⅲ飛行隊はスモレンスク北方のスタープノ飛行場を基地として、積極的に第3戦車集団の進撃を支援していた。ドイツの公式資料によれば、同飛行隊は10月のロシアにおいて戦果を220機にまで増やした。その最優秀エースであるE・フォン・カーゲネック伯爵中尉は65機の個人戦果を達成し、この功績により騎士十字章に樫葉が授けられた。それゆえ、意外に思われるのが第27戦闘航空団戦闘日誌の次のメモである。

――「降雪により(第Ⅲ)飛行隊の活発さと戦闘能力は低下し続けていった。ロシア人には天候は関係ないように思われる。なぜなら、彼らの爆撃機は攻撃を続けていたからである。難しい問いが起きて来る。故郷へ戻るべきなのだろうか? 困難な決断が下さ

⑲任務を帯びて飛ぶトゥーポレフTB-3戦闘機。
⑳戦闘部隊に届いたヤーコヴレフYak-7戦闘機。第1バッチのうちの1機。
㉑㉒様々な事情から、ソ連軍パイロットたちは機体を胴体着陸させざるを得ない場合が少なくなかった。
㉓野戦飛行場に駐機するラグLaGG-3戦闘機。ロケット弾を搭載している。

れ、リヒトホーフェン将軍は10月16日、航空団本部中隊と第Ⅲ飛行隊にドイツ帰還を命じた。これ以後、第27戦闘航空団は東部戦線で戦うことはなかった」

このメモに関して2つほどコメントしておいたほうが良かろう。ひとつは、『タイフーン』作戦前夜に、第27航空団第Ⅲ飛行隊の2名のエース、E・リーペ曹長（戦果6機）とF・ブラツィトゥコ上級曹長（戦果29機）が撃墜され、捕虜となっていた。さらに、ドベリッツへの帰還数日前に離陸可能であったのは、メッサーシュミットBf109E型戦闘機が2機だけに過ぎなかった。ドイツ側資料にその詳細を説明する記述はないため、その他の機が爆撃を受けて損傷していたのか、事故で壊れていたのか、はたまた別の理由で故障していたのかを確かめることはできなかった。

同じく不明なままとなっているのは、多数のドイツ各軍所属航空部隊の行方である。ドイツ軍にとって第9野戦軍戦区の戦況がとりわけ不利になりつつあった可能性も除外できない。もしかしたら、それゆえに1941年10月17日に同軍航空隊司令官のA・ムーラー－カーレ将軍はピストル自殺したのかもしれない。

さて、今度はソ連軍司令部が自分たちの航空兵力をどのように用いたのかを分析してみよう。彼らに何ができて、何ができなかったのか？

何よりもまず、ヴァージマ郊外に包囲されていたソ連軍部隊がまだ充分戦闘能力を保持していた期間、赤軍指導部は包囲部隊とのしっかりした連絡態勢を組織することができなかった。そして、その結果として、包囲されていた部隊にどのような計画があったのか、彼らは敵戦闘隊形のどこを突破しようとしていたのかがわからなかった。

ドイツ軍が包囲の輪を閉じた直後、ソ連西部方面軍民用航空隊（R-5偵察機の民用改造型であるP-5が15機、指揮官はI・I・イーレ）は前線敵側に越境偵察飛行せよとの任務を与えられた。民用航空隊のパイロットたちは、数十発の弾痕を機体に残して出撃から帰還することしばしばであった。そして、N・N・スルコーフ、E・I・ブリッチェンコ、I・S・バールコフらが操縦していた機が撃墜された（バールコフはヴァージマ郊外で捕虜となったが、脱走し、自分の部隊に生還した）。よく訓練されたパイロットたちの勇敢さのおかげで、スターフカ（ソ連軍大本営）と参謀本部は貴重な情報を入手していたのだが、ヴァージマ地区守備隊に必要な偵察飛行は実施されなかった。

10月11日、巨大な"袋"（ヴァージマ包囲網）の北部で部隊を指揮していたI・V・ボールジンとM・F・ルキン両将軍からスターフカと西部方面軍司令官宛てに無線電報が届いた。
──「包囲網は狭まった。エルシャコーフ（包囲された第20軍司令官─著者注）およびラクーチン（第24軍司令官─著者注）と連絡をとろうとする我々の試みはすべて失敗。どこで何をしているのか不明。弾薬は尽きつつあり、燃料は枯渇せり」

ボールジンからスターリンへの翌日の報告は次の言葉で締め括られていた。
──「形勢はすこぶる不利なり。包囲網脱出の措置を講じつつあるも、貴殿より約束された航空機の影は戦場上空に見えず」

残念ながら、どこに敵の強力な援護部隊が待ち構えているのか、その他の空中偵察情報を包囲されたソ連部隊に伝えることは失敗した。もし知っていたら、多くの将兵の運命は違ったものとなっていたことだろう。というのも、突破作戦はあまりにもそれに不適当な地区で敢行されていたからである。ドイツ軍は空中観測により包囲された部隊の意図をすべてよく把握していたが、ソ連部隊は対峙している敵については何も知らないという格好であった。赤

24 トゥーポレフTB-3爆撃機のエンジンはトラブルが多く、特に寒冷期に航空整備兵たちを悩ませた。整備兵たちは時として、この翼を生やした機械が空へと飛び立ち、敵に一矢報いることができるように文字通りの「奇跡」を生み出すこともあったのである。

㉕ペトリャコフ Pe-3多目的戦闘機。
㉖乗機エルモラーエフEr-2爆撃機（M-105エンジン搭載）の前に並んだ第421爆撃機連隊ガイヴォロンスキィ中尉（左から3人目）の搭乗員たち。

　軍航空隊には「空中連絡橋」を組織するのに必要なものはもたず、時折適当な量の弾薬を投下することができただけであった。このような任務はおもに、もっとも訓練されたトゥーポレフTB-3重爆撃機の飛行士たちが遂行した。
　捕虜の悲哀を味わったルキン将軍は戦後、如何に1日1日と戦況が悪化していったかを語っている。
　——「砲弾は少なく、銃弾も底を尽きつつあり、食料はなかった。住民が与えてくれるものと馬肉で食事を摂っていた。医薬品や包帯類もなくなってしまった。テントや家屋は負傷者であふれていた」
　戦闘能力を残していた部隊の集結は、ドイツ空軍の絶え間ない襲・爆撃下で行われていた。やがて、包囲された部隊の本部は統制力を失った。その結果、包囲網を突破して友軍陣地に辿り着け

たのは、個人用の銃器を携行した小さなグループばかりであった。10月20日、包囲地区に対する最後の空襲のひとつが第7重爆撃機連隊により実施された。悪天候下、ベールィ地区へTB-3数機が昼間に飛び立った。このうち何機が撃墜され、何機が包囲された友軍を発見し帰還できたのか、特定することはできなかった。後にソ連邦英雄金星章を叙勲されたM・P・オルローフ航法士は自分の乗員たちにすべての障害を乗り越え、ソ連戦車部隊の傍に着陸することを可能にした。2500リットルの燃料を受け取り、戦車兵たちは自分たちの戦闘マシンを「生き返らせ」、前線を突破することに成功した。ドイツ側資料によると、ヴァージマ完全包囲網の上空で、10月13日を迎えた時点ですでに29機の赤軍機が撃墜された。

　計算してみると、10月後半のソ連軍パイロットが行った出撃のうち、友軍援護と敵部隊、とりわけ機甲縦隊に対する襲撃を目的としたものは80％に上る。それまではパトロールと敵偵察機の迎撃に携わっていたF・M・プルツコーフの率いる第16戦闘機連隊だけでも、172回の襲爆撃を実行し、爆弾とロケット弾により231両の自動車輛、18両の戦車、6個の橋梁・筏を破壊したと報告している。『バルバロッサ　独露紛争1941年〜1945年』の著者アラン・クラークを含む西側歴史家たちは、G・K・ジューコフが西部方面軍の指揮を執ることとなった1941年10月13日より、赤軍の全力が最大の敵——ドイツ戦車師団との戦いに振り向けられた、とみている。この見方に賛成することはできる。多くの高射砲大隊、何よりもまず強力な85mm砲を配備した大隊は、戦車進撃の予想される道路付近に射撃陣地を構えた。これらには防空と対歩兵戦用に軽砲が数門追加された。ここで、10月12日付け発令の赤軍司令部命令を引用しよう。

——「防空軍モスクワ圏の軍団所属全高射砲中隊は……対空反撃という基本課題の他、突入してくる敵戦車への反撃、殲滅にも備えよ」

　そして実際、公式集計資料によると、第5及び第33軍各戦区における高射砲部隊の活躍は大戦果を挙げた——10月にここで高射砲により破壊された戦車の数は、撃墜された航空機のそれを上回ったほどであった。

　ドイツの第39戦車軍団で機動戦闘団を指揮していたバイエルハイン将軍はソ連空軍が積極さを増していることを指摘して、次のように書いている。

——「ロシア人たちは我々を、あらゆる種類の単独機で、しかももっとも飛行に不向きな天候下でさえ攻撃していた。ところが我々は、ルフトヴァッフェから掩護を得られなかった……」

　この引用部分には、1941年10月半ばの赤軍航空隊の活動における2つの主な特徴が反映されているように思われる。それは、実質的にいかなる天候下でも飛行が実施され、地上の防衛部隊の支援に各種航空兵力が用いられたことである。

　空軍の活動に関する多数の文書資料のなかから、10月21日に西部方面軍航空隊参謀長のS・A・フジャコーフ大佐が発した電報に目を向けてみよう。

——「グジャーツク〜モジャイスク間の高速道路に沿い、さらにプーシキノ(モスクワの北東31km)に向かって、戦車を中心とする120両に上る機甲部隊縦列が移動中。プーシキノには友軍部隊あ

り。西部方面軍航空隊司令官は、ロケット弾を搭載した襲撃機と戦闘機に高速道路のモジャイスクから西で行動するよう命令。離陸は天候条件に構わず」

それからややあって、
──「至急、トールスチコフ(第47飛行師団長)とダガーエフ(同師団参謀長)宛て、以下伝えられたし：ミチューギンは貴官の仕事に満足せり。よく努められた。今日、貴官の仕事には最大限の緊張が要求せられる。暗闇になるまで任務を遂行せよ。以上」

天候に関わらず航空機を空中に出せとの要求は、西部方面軍航空隊の他の師団に対する命令書にもあった。

防空軍第6航空軍団配下部隊の戦闘活動は、次の数字がよく物語っている。10月4日から9日までの出撃数が1151回であったのに対し、その後の5日間(9日〜14日)はもう2736回を記録している。しかも、ここで注意しておかねばならないのは、天候は回復せず、航空機の補充もなかったことである。10月14日からさかのぼる5日間に同軍団内で発生した5件の人身事故と6件の他の事故の多くは、悪天候下での飛行に関係していた。戦闘飛行士それぞれの死はどれもみな取り返しのつかない損失であったが、とりわけ誰もがひどく驚いたのは、第6戦闘航空軍団最優秀パイロットのひとりK・N・チテンコーフ大尉が操縦していたヤーコヴレフYak-1戦闘機の着陸時に起きた人身事故であった。

全ソ連邦共産党中央委員会書記局のファイルには、G・N・マレンコーフ(スターリンの後継者として首相、党書記長を務める)宛ての書簡が残っている。1941年9月22日、この書簡をA・G・パノーフ大尉が送った。入院中の身にありながら、「敵に最大限の損失をもたらそうとの飽くなき意欲に燃える」第129戦闘機連隊の飛行大隊指揮官は、「秋季の航空機の戦術活用」に関していくつかの提案を行った。恒常的な曇天、視界不良、頻繁な降雨が「航空機の編隊活動を困難にしている」と、彼が述べているのはまったく正しい。パノーフは、パイロットがよく飛行訓練を積み、今後の戦闘地域をあらかじめ入念に研究しておけば、3機編隊や大隊での行動は単独機行動に置き換えることが可能とした。大尉はこれら単独機を「奇襲隊」と名づけた(後に他の用語が広まり、「自由狩人」や単に「狩人」と呼ばれた)。このような活動が成果をもたらすには、選抜パイロットたちの曇天下、低空での追加飛行訓練や各パイロットに特定地区を割り当てる必要があり、また戦闘機には「目隠し」飛行用の通信・航法設備や氷結防止資材などの装着をせねばならなかった。

先に指摘しておくが、モスクワ戦でソ連戦闘機の襲撃活動がかなりの成果を収めたのは、第6戦闘航空軍団の一部がまさに高度な飛行訓練を積んでいたからである。彼らは夜間飛行、盲目飛行の実戦経験を有し、(まだ開戦前に)戦闘地区を綿密に研究していた。ただ、ソ連戦闘機の設備や装備は極めて"質素"なままであった。同軍団諸部隊にあった手動ループ型無線方位計RPK-10の

27 機体重量が大きいTB-3が事故を起こした。その巨体のわりには、機体の被害は小さかったようである。
28 戦闘任務から部下が帰還するのを待つ第34戦闘機連隊のルイプキン連隊長とネドリガイロフ連隊政治将校。
29 戦場でM-88Bエンジンの修理作業を受けるイリューシンIl-4。

数は、指を折って数えられるほどしかなかった。もしかすると、戦闘機に通信、航法機器が装備されていたら、チテンコーフの運命も違っていたかもしれない。彼のYak-1には受信機すらなく、地上から彼に飛行場付近の視界が急激に悪化したことを警告することはできなかった。

地上目標の襲撃に戦闘機を広く活用することを可能にしたのは、ロケット弾の搭載であった。戦闘機乗りたちはしばしば、爆撃機や襲撃機が飛び去った後に敵機械化縦隊をロケット弾で撃ちまくった。

変わった編隊も現れた。たとえば、スロボートカ村付近にあったドイツ軍機械化歩兵を7機のソ連機が襲ったが、第562戦闘機連隊所属のヤーコヴレフYak-1戦闘機6機は、クヌートフ中尉のスホーイSu-2爆撃機を護衛していたかのように見えた。ところが、Su-2の10発の航空爆弾AO-25に続いて、戦闘機の機銃が火を吹き、ロケット弾が炸裂した。

長距離爆撃航空軍にはモスクワ防衛戦において特別な役割が与えられていた。10月の戦闘には第26、第40、第42、第51各飛行師団、第81特務飛行師団、それに第133飛行師団が参加した。当初これら部隊の活動はおもにブリャンスク方面軍戦区に集中していたが、ドイツ第3、第4戦車集団の突撃部隊が抵抗部隊のいない領域まで進出した後は、西部方面軍戦区に重点が移った。とりわけここでは、V・G・チーホノフ少佐が指揮する第751爆撃機連隊と、それに続きB・V・ビーツキィ中佐の第750爆撃機連隊が、編成も完了しないままに戦闘に加わった。両連隊は、ルジェーフ、

ヴャージマ、ヤールツェヴォに集中していたドイツ軍部隊を爆撃し、次にマロヤロスラーヴェツ、モジャイスク、アレークシン……へと爆撃対象地区を移していった。長距離爆撃航空軍司令部は、P・P・グラスコーフ、E・P・フョードロフ、A・S・ペトゥシコーフといった搭乗員たちの狙撃成果だけでなく、飛行要員、整備要員全員の献身的活動を評価し、その結果モスクワ戦終了後すぐに、第751爆撃機連隊は第8親衛爆撃機連隊へ、第750爆撃機連隊は第3親衛爆撃機連隊へとそれぞれ改称された。

カリーニン地区を流れるヴォルガ河に掛かる橋梁の爆撃には、ペトリャコーフTB－7重爆撃機さえも用いられた。突如としてドイツ軍により奪取されたこれらの橋は、ドイツ軍部隊の補給の面で重要な意義を持つようになり、その結果として、すぐに各種口径の高射砲数個中隊により防護されることとなった。ソ連軍パイロットたちはかなりの損害を出しながらも、橋はひとつも破壊することができなかった。

——「我々の航法士たちは嵐のような高射砲火を受けながらも、爆撃機をしっかり目標まで誘導し、はっきりと狙いを定め、爆弾は正確に橋に命中した、——当時第212爆撃機連隊の中尉であった長距離航空軍(ADD)退役将校のN・G・ボグダーノフはこう回想している、——しかし、爆撃は通常の100kg破片爆弾を用いて行われていた。それらの多くは、橋桁の透かしを通り抜けて水中深くで爆発し、橋には何の損害も与えなかった。たまに鋼鉄の橋桁に当たることもあったが、それでも大きな損傷を与えるには至らなかった。その後、鉄橋破壊用の特殊爆弾が使用されるようになり、結果も違ったものとなった」

時折、低い雲高にもかかわらず、ドイツ戦闘機もまた重要施設のある地区を哨戒していた。たとえば、10月16日に第455爆撃機連隊所属のS・K・ビリューコフ上級中尉率いる飛行大隊が投弾を終えた後、2機のメッサーシュミットから攻撃を受けた。イリューシンDB－3F長距離爆撃機の1機は損傷を受け、編隊から遅れをとり始めた。そのとき指揮官は正しい決定を行った——彼は搭乗員全員に速度を落とし、機銃火で同志を援護するよう命じた。その結果、ソ連爆撃機は全機無事帰還することができ、機銃手兼無線手のN・ペーニコフは敵戦闘機1機に損傷を与えた。ビリューコフの搭乗員たちは、3回の出撃を行ったイランからモスク

1941年
10月23日及び24日の
ドイツ空爆部隊の進路

タールドム
クリン
ドミートロフ
ヴォロコラームスク
モスクワ
ナロ・フォミンスク
セールプホフ

30 第6戦闘航空軍団のパイロットたち（左からスレサルチューク、ゴージン、ベレヴェーラ）。旧式の「ロバ」（I－16の愛称）でも彼らは果敢にドイツ機との闘いに挑んでいった。

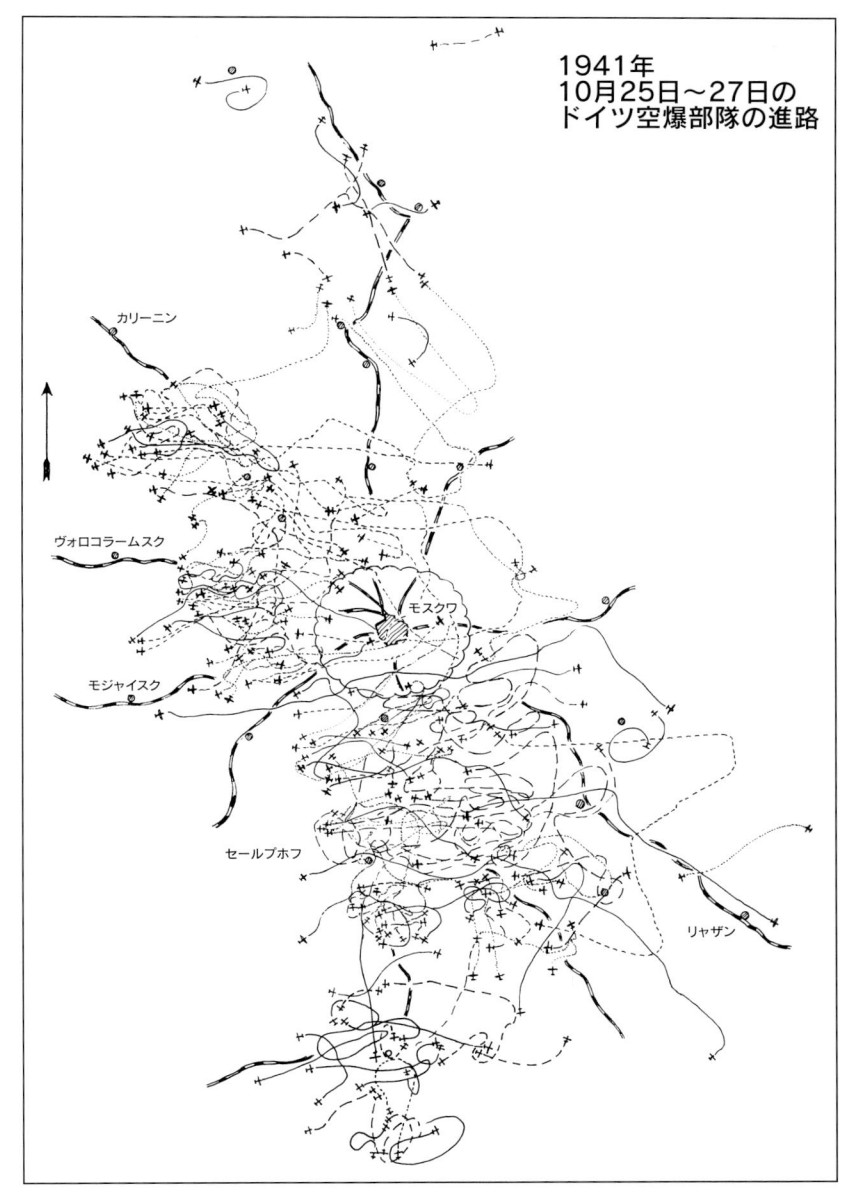

1941年
10月25日〜27日の
ドイツ空爆部隊の進路

カリーニン

ヴォロコラームスク

モスクワ

モジャイスク

セールプホフ

リャザン

フの搭乗員たちは初陣を飾った。彼らの爆撃機を3機のメッサーシュミットBf109戦闘機が襲ったが、DB-3F機銃手の放った正確な一連射が、ある戦闘機のコクピットを通過した。後になって判ったのだが、第51戦闘航空団のエースで、すでに23機の戦果を挙げていたR・フックス上級曹長は乗機とともにマロヤロスラーヴェツ付近に墜落した。しかしながら、Bf109やBf110との戦いがいつも勝利に終わったわけではまったくなかった。爆撃機の機銃手たちは機関砲を装着した敵戦闘機の攻撃に、距離300m以上ではShKAS機関銃（シピターリスィ・コマルニーツキィ航空高速機関銃の略称）で反撃することはできなかった。メッサーシュミットにいちばん苦しめられたのは、第51及び第52爆撃飛行師団の配下連隊であった。10月ひと月の間に長距離爆撃航空軍は259機を失った。かくも大きな損害とわずかな補充から（コムソモーリスク・ナ・アムーレ第126工場はこの月54機を納入することができただけで、ヴォロネジ第18工場に至ってはDB-3Fをわずか1機しか出荷できなかった）、長距離爆撃航空軍の実質的にすべての連隊が深刻な機体不足に悩まされることになった。しばしば、稼動機1機を2組の搭乗員たちが使用することもあった。良い訓練を積み、飛行経験の豊かな搭乗員たちは夜間や悪天候下で任務を遂行し、飛行学校を卒業したての若い操縦手や航法士たちは昼間に出撃した。しかし、1日の明るいうちこそ、敵戦闘機から攻撃される可能性ははるかに高かった。撃墜された機の搭乗員たちはしばしば戦列に復帰したが、不時着機の乗員たちが戻ってくることは稀であった。その結果、長距離爆撃機の保有機体総数は急激に減っていった。

　機体の損失は、方向感覚を失って不時着したときにも発生した。たとえば、西部方面軍航空隊第230爆撃飛行師団は平均して、26回目毎の夜間出撃の際に搭乗員たちは自分たちの位置を見失った。方面軍司令部はそれを、地上航空機誘導システムの欠如や、いかなる天候であろうとも「万難を排して」出撃せよとの指令がしばしば出されたこと、それに防空軍がモスクワ地区の上空通過を禁じられていたことから、航法士たちは特徴的な目印から離れて航路を選定せざるを得なかったからだと説明した。そのため、航法機器を搭載した双発機でさえ、悪天候下での離陸際して事故を起こすことも稀ではなかった。V・G・エルモラーエフEr-2爆撃機を配備していた第420長距離爆撃機連隊は、Er-2を人身事故で2機、他の事故で5機を失った。10月には非戦闘原因でペトリャコフTB-7四発重爆撃機が4機損壊し、搭乗員1組が死亡した。

　新しい航空兵器の使用に関して、あまり知られていない航空機の実戦使用にやや詳しく触れてみたい。エルモラーエフEr-2爆

ワ郊外へ到着した。彼は短期間のうちにさらに32回の戦闘出撃を西部方面軍戦区で行い、そのうち21回は夜間出撃であった。彼のDB-3Fが9回も敵戦闘機に襲われたが、ドイツ機はビリューコフを撃ち落とすことはできなかった。彼は優れた飛行テクニックの持ち主で、探照灯の照明と高射砲射撃の間を巧みに飛び回った。第133飛行師団司令部はセラフィーム・キリーロヴィチ（ビリューコフのファースト・ミドルネーム）を、連隊内のみならず、師団内においても最優秀のパイロットとみなし、ソ連邦英雄の称号受勲候補として推薦した。「戦闘課題を受け取った後のビリューコフ同志を遮るものは何もない。彼は機動力と火器の威力を充分活用しながら、破壊的な鉄の塊を幾トンもファシズムの占領者たちの頭上にばら撒いた」——このようにパイロットのことを連隊政治将校のガイシュトゥトは評した）。

　1941年10月2日、第751爆撃機連隊に所属するポーズヌィシェ

撃機に乗ってモスクワ郊外で戦ったのは第420及び第421長距離爆撃機連隊であった。前者は10月に147回の昼間出撃を行った。同連隊は10月6日に初めて、ドイツ軍縦隊をスパース・デーメンスク地区で爆撃した。このときは、14発の航空爆弾FAB-100を低空から投下し、全機無事に帰還した。それから奇襲爆撃は次第に頻度を増し、月末には同連隊は毎日、ヴャージマ～グジャーツク間にあった敵縦隊を空爆していた。戦闘損失はEr-2爆撃機11機であった（4機は戦闘機の攻撃、2機は高射砲射撃により撃墜、5機は未帰還）。もっとも辛い1日となったのは、エルモラーエフ爆撃機が5機も撃墜された10月18日であった。8名の飛行士たちが戦死し、そのうちV・V・サヴェーリエフとA・M・ボリシャコーフ両軍曹はパラシュートがモスクワ海（トヴェーリ州ヴォルガ河沿いの貯水池）に着水し、溺死した。

1941年9月末に赤軍航空隊司令部は、新型双発戦闘機ペトリャコーフPe-3（ペトリャコーフPe-2急降下爆撃機の改修型）を装備した最初の数個部隊の戦闘訓練を行った。最初に同機の操縦を習得したのは、第40爆撃機連隊のパイロットたちであった。その後Pe-3は、第95及び第208戦闘機連隊や第54高速爆撃機連隊、さらに第9及び第511近距離爆撃機連隊にも配備された。これら連隊は部隊名の違いにもかかわらず、戦闘行動の性格は似ており、敵部隊の襲撃と偵察が主な任務であった。この目的のため、たとえば、10月に平均14機を有していた第9近距離爆撃機連隊は231回の出撃を果たし、飛行時間の合計は387時間に達した（搭乗員たちは3機の空中戦果を報告）。双発戦闘機は戦場都市の上空哨戒を行い、先導機の役割を担うこともあった。モスクワ上空へは、写真機を搭載したPe-3を3機保有していた第1偵察機連隊の所属機も飛んでいた。

西部方面軍航空隊参謀部の報告書には、ドイツ軍のモスクワ進撃開始後3日間に、第38独立偵察飛行大隊所属のヤーコヴレフYak-4偵察機2機が撃墜されたと指摘してある。どうやら、ノーヴォエ・セロー飛行場に残っていたこのタイプの3機の偵察機は、首都防衛に参加したA・S・ヤーコヴレフが設計開発し首都防衛戦に参加した最後の双発機だったようである。それから約1週間後にヴャージマ近郊で、B・G・シピターリヌィが設計した37mm機関砲装備のラグLaGG-3戦闘機の3機編隊がやられた。アルハンゲリスキィAr-2とスホーイSu-2の実戦投入も、モスクワ戦の知られざる1ページであるが、10月初頭の時点でこれらの機は予備方面軍の主力爆撃機だったのである。

ソ連空軍の行動は、陸軍部隊との緊密な連携があれば、もっと効果的になったであろうことは疑いない。しかし、空軍指揮官たちと普通科部隊の各本部との連絡はしばしば途切れがちであった。このような状態は個々のケースにおいて、空軍の努力が敵主力部隊ではなく、二義的な部隊や予期せぬポイントへの攻撃のために向けられる格好となった。相互識別のためのシグナルも時折機能しなかった。戦況把握のために、戦闘行動地区をU-2練習機を使った巡回飛行を空軍司令部が実施することも稀ではなかった。それに加え、歩兵たちはソ連機、特に新型機の機影をよく識別できず、受け取る信号も正しく理解できず、さらに攻撃目標の指示も曖昧であった。

通信部隊の仕事もまずかった。カースニャにあった西部方面軍司令部に対するドイツ機の猛爆撃の後、ソ連軍司令部は通信の中継局を頻繁に移動させることによって防護しようと決めた。1941年10月5日から13日の間、西部方面軍航空隊本部指揮所は、クラスノヴィードヴォ、シャホフスカーヤ（モスクワの北西146km）、再びクラスノヴィードヴォ、それからヴォロコラームスク……と8回も場所を替えた。この間の有線通信は不安定で、飛行師団や連隊を安定的に動かすことができなかった。通信手たちも随時に送受信することができず、情報の到着が遅れることもしばしばであった。そのうえ、10月のドイツ軍による爆撃と包囲により、多数の無線機、電話、ケーブルの巻き綱、その他の資材が失われ、普通科部隊と航空隊各本部の連絡を整備することが困難であった。

襲爆撃の際にソ連軍飛行士たちは決まって、敵の強力な防空態勢のなかで活動せねばならなかった。特に困難な課題を背負っていたのが、戦闘機パイロットたちで、彼らは襲撃機や爆撃機の護衛とメッサーシュミットへの反撃だけでなく、自らも対地攻撃に加わり、空中偵察も行った。ドイツ軍部隊の戦闘隊形が防空兵力を豊富に配備していたことも影響し、装甲鋼板の機体外板をもつイリューシンⅡ-2襲撃機シュトルモヴィークさえも撃ち落とされた。戦闘任務から帰還したソ連機の機体に多数の弾痕が見られることも稀ではなかった。10月には、航空兵力損耗を減らし、攻撃効果を上げるため、Ⅱ-2襲撃機と戦闘機からなる混成部隊の行動戦術が練られ、しかも戦闘機は高射砲陣地を攻撃することとなった。

ソ連空軍の直面した困難に触れてきたが、ルフトヴァッフェ指導部にとっても抱えていた問題は雪だるま式に増大していたことを指摘せねばならない。第51戦闘航空団の戦闘活動日誌が10月7日付けで、「敵はありとあらゆる機種の航空機を用いている！最後の予備を戦闘に投入したことは間違いない」と報告していたかと思いきや、その10日後にはトーンが変わった。「ロシア人の攻

31 ソ連機による空襲を受けたドイツ地上軍。1941年10月、ヴォロコラームスク地区。

撃は、前線地区においても、悪天候が航空団を縛り付けておいた
ユーフノフ付近の飛行場に対しても強力である。敵はもっと東に
ある飛行基地を使っていたのだ……」。ドイツ戦闘機の活動が悪
天候からやむを得ず活発さを失っていたころ、他の航空部隊の損
害は大きくなっていった。トゥーラ地区だけでも、戦闘機の掩護が
なかったことから10月16、17日に胴体に鉤十字のつい偵察機や
爆撃機が4機撃墜された。

　ドイツ軍を心配させていたのは相当数の戦闘損害、非戦闘損害
だけでなく、兵站線が異常にのびきっていたことであった。それは、
地上部隊と航空部隊への補給を保証することができなかった。ル
フトヴァッフェの部隊は部品と燃料の補給中断に苦しむようになっ
た。10月末に占拠されたソ連軍飛行場でドイツ軍が目にしたの
は決まって、爆破されたガソリン貯蔵タンクや倉庫、破壊された
滑走路ばかりであった。ルフトヴァッフェの輸送航空部隊は状況
を改善することはできなかった。なぜならば、東部戦線にあった
輸送飛行隊(KGrzbV)の大部分は、空輸が盛んに行われていたリ
ュバーニ地区(レニングラード州、当時のレニングラードの南東
85km)にあったからだった。200機を下らないユンカースJu52
輸送機がここに1941年10月3日までにG・コンラート将軍により
集結され、クレタ島攻防戦後の空挺部隊復活に用いられていた。
当初の計画では、空挺部隊はレニングラードの次回攻撃に投入さ
れることとなっていた。

　ヒットラー軍は緒戦での成功を拡大発展させようと努めていた。
二度目の陸軍航空部隊と空軍戦闘機部隊の再編成が行われた。
ソ連側偵察部隊は10月17日に、キエフ街道上のモスクワから
75km離れた広場とカリーニン市の各飛行場にドイツ機が到着し
たことを確認した。後者の情報は赤軍航空隊にとって特に不快な
ものであった。なぜならば、ミガーロヴォ飛行場とカリーニン民用
飛行場はコンクリート滑走路を有し、ルフトヴァッフェが雨の多い
秋空の下でも兵力を効果的に用いることを可能とするからであっ
た。ドイツ側情報では、スターラヤ・ルッサ(ノーヴゴロドの南
99km)から移動してきた第54戦闘航空団第6中隊は、カリーニン
付近の飛行場をすでに10月15日に基地としたことになっている
(このときメッサーシュミットBf109F戦闘機1機が事故を起こし
た)。ちなみに、第54戦闘航空団第5、第6中隊、それに第51戦
闘航空団本部は、ドイツ軍が10月後半にモスクワ方面の戦闘に投
入した予備であった。この間にドイツ第2航空艦隊から抽出せざ
るを得なくなった飛行隊は5個を下らない。

32 ソ連の支配地域内にほとんど無傷の状態で不時着したハインケルHe111爆撃機。

ルフトヴァッフェの支援を得て、10月18日にドイツ戦車部隊はマロヤロスラーヴェツに突入してきた。この後で中央軍集団司令部は、中央軍集団と南方軍集団の連絡部分を守る目的でクールスクを通過してヴォロネジへ進撃していた第2野戦軍の戦区に航空兵力の主力を集中するよう命じた。戦線はさらに拡大した。第2航空軍団のなかにあったフィービッヒ将軍の機動部隊は、第51戦闘航空団及び第210高速爆撃航空団、第1襲撃航空団の飛行隊を抽出して補強された。

ソ連西部方面軍航空隊がスターフカ(ソ連軍大本営)の命令に基づいて、モジャイスク防衛線からの地上部隊の撤退を掩護していたいっぽう、ルフトヴァッフェの諸部隊は戦線翼部での活動を次第に活発化させた。ソ連軍指導部は、敵はモスクワを巨大な"やっとこ"(1941年10月7日に西部方面軍の「首根っこを捕まえた」ものよりさらに大きい)による挟み撃ちにしようと決め、ドイツ軍パイロットたちは突撃部隊の戦車や自動車化歩兵の進出を支援する任務を受け取ったのだと結論した。

オスターシコフ方面とルジェーフ方面、カリーニン地区で戦闘中の部隊の指揮統制を改善するため、スターフカは1941年10月17日付けで、I・S・コーネフ大将を司令官とするカリーニン方面軍を創設した。この方面軍の航空隊を指揮することになったのはN・K・トリーフォノフ将軍であった。これから約1週間後にはカリーニンの北東にある各飛行場に、西部方面軍及び北西方面軍の航空隊から第10、第193戦闘機連隊と第132爆撃機連隊が移転させられてきた(MiG-3、LaGG-3、Pe-2の各機種合わせて49機)。空軍基地設営条件はよくはなかったが、それでも10月末までにはカリーニン方面軍航空隊のパイロットたちは全部で48回の出撃を行った。

中央方面において重要な出来事が10月22日に起きた。朝の首都上空には濃い雲が立ち込め、視界は2kmを超えなかったが、正午近くには雲は1000〜1500mの高さまで上がった。初めてドイツ軍機が大編隊で(各60機)モスクワ近郊の軍事目標を攻撃した。夕方、ソ連パイロットたちが自分たちの飛行場に着陸したころ、個々のドイツ爆撃機が首都に進入し、防空体制の強度を試そうとしていた。ソ連の方面軍パイロットたちはあらかじめ承認された計画に基づいてドイツ地上部隊を相手に活動していたため、敵空襲の反撃の重責は完全に第6戦闘航空軍団の肩にのしかかっていた。同軍団の飛行士たちはこの日、441回の戦闘出撃を実行し、17機の戦果を報告した。

ドイツ側は少なくとも20機の損失を認めており、そのうち13機はハインケルHe111とユンカースJu88の爆撃機であった(ドイツ軍司令部の資料によると、10月22日に第2航空艦隊の所属機は624回も戦闘任務に飛び立ったとされているが、これはその前までの4日間に爆撃機と急降下爆撃機が行った出撃総数—481回出撃—を上回った)。特に大きな損害を出したのは第53爆撃航空団『レギオン・コンドル』で、AligawaとNemzensk(ドイツ軍の地図にはこのようにオジンツォーヴォとネムチーノフカが記されていた)の地区ですぐに7機のハインケルが墜落した(ドイツ軍の報告書ではしばしばロシアの地名が歪められていた。たとえば、ブロンニツィの代わりにブロン、クービンカの代わりにクビンスコエなどといった具合である)。ソ連戦闘機は一貫した攻撃によりドイツ爆撃機の戦闘隊形を崩し、当然それらの連携爆撃活動も妨害すること

33 第3戦闘航空団司令官で第51戦闘航空団司令官も兼任していたG・リュツツォ少佐。
34 機銃を覆う機首カバーを取り外した状態のメッサーシュミットBf110F戦闘機。機銃弾倉は側方に引き出し式となっている。
35 モスクワ郊外秋の戦闘で捕虜となったソ連軍女性パイロットたち。
36 出撃準備を行うハインケルHe111。機首には第100爆撃航空団の部隊章を記入。機体下面は黒で塗装している。
37 38 出撃の合い間に整備兵がメッサーシュミットBf110戦闘機の機首に、整備兵が第210高速爆撃航空団の部隊章であるスズメバチを描いているところ。写真34とは異なりこちらはG-1型である。

に成功した。ミンスク街道上空で長く続いた戦闘において、とりわけ優秀な活躍をしたのが、L・G・ルィプキン少佐率いる第34戦闘機連隊のパイロットたちであった。彼らは59回出撃し、24回交戦、12機の戦果を報告し、失ったのはミグMiG-3戦闘機1機のみであった。N・I・アレクサンドロフ上級中尉は、3回の出撃で3機の集団戦果を挙げた。彼は後にこの連隊の指揮官となる。

　第34戦闘機連隊のYu・S・セリジャコーフ中尉は次のように回想している。
　──「その日は、ドイツ機が絶え間ない波のようにモスクワに押し寄せてきていた。私は飛行場で1番機として飛び立つ用意をしていた。その日も終わろうとしていたとき、高速道路上空を高度2000mで飛んでいたJu88が1機、我々の飛行場に気付き、爆撃のために引き返してきた。指揮所に出撃許可を求め、私はすぐに滑走路に出た。発進していた戦闘機を発見したユンカースは滑走路を爆撃し始めた。しかし、それは遅すぎた。私のMiG-3は急速に高度を上げていった。私はヴヌーコヴォ(モスクワの南西30km)からポドーリスクへ去っていた敵を追い始めた。Ju88は追跡に感づき、雲の中に隠れようとした。150mの距離まで接近したとき、私は12.7mmベレージン・シンクロ機銃で4分の1アスペクトから(敵機尾部に)長い1連射を放った。敵機は大きく"くちばしを下げて"急降下していき、地上に激突した……」

　ドイツ側の資料から判断すると、この地区では第3爆撃航空団第Ⅰ飛行隊のF・フォルケ中尉が指揮する搭乗員たちが行方不明となった。経験豊かな航法士で、イギリス、ギリシャ、ユーゴスラヴィアでも戦ったフォルケは、東部戦線での作戦が開始されたころから航空団内では有名であった。1941年7月5日にミンスク東方で撃墜されたフォルケは、ユンカース搭乗員のなかで唯一、5日後に友軍陣地に辿り着くことができたのである。しかし今度は、助かったものはいなかった。

　ドイツ空軍は損害を出しながらも、その後の3日間も勢いを落とすことはなかった。この時点でルフトヴァッフェ司令部は、爆撃機の強力な防御火器ではなく、メッサーシュミットによる掩護の方をあてにしていた。もっとも頻繁に激しい戦闘が繰り広げられていたのは前線地区で、独ソ両軍いずれにも決定的な成功はもたらさなかった。あちこちに燃えながら墜落したり、ひどく損傷して着陸するユンカースやメッサーシュミット、そしてミグ、イシャキー(「ロバ」の意味で、I-16の愛称)の姿が見られた。連綿と続く前線というものは存在せず、パイロットたちは味方の陣

103

地に戻ることにいちばん成功した。こうして、将来のソ連邦英雄、第16戦闘機連隊のI・N・ザボロートヌィも、後に第51戦闘航空団の最優秀エースのひとりとなるG・シャーク(終戦時までに175機の戦果)も幸運に恵まれたのであった。

時には地上でも空中におけるのと同じくらい狭苦しくなることがあった。第77戦闘飛行師団第188戦闘機連隊のコズローフ少尉の損傷したポリカールポフI-16戦闘機はソ連、ドイツ両軍のいずれにも占められていない地帯に着陸した際、その少し前に着陸した防空軍第177戦闘機連隊所属のミグMiG-3戦闘機と衝突した。両機のパイロットはともに無事であった。ところで、10月末の戦闘時に見られたひとつの特色は、方面軍航空隊と防空軍戦闘航空軍団のパイロットたちが同じ飛行場に基地を置き、同じような任務を与えられることが稀でなかった点である。

10月末の飛行に適した日には、ソ連軍パイロットたちは1昼夜のうちに600～700回の戦闘出撃を行い、そのうち約3分の2は第6戦闘航空軍団の戦闘機によるものであった。これらの戦闘機は地上部隊や首都の掩護だけでなく、定期的に敵の飛行場に対しても攻撃を加えた。第6戦闘航空軍団のもっとも強力な空襲のひとつが、10月24日にカリーニンの飛行場に対して行われた。収集した資料によれば、ここには戦闘機や輸送機、偵察機だけでなく、モスクワ空爆に参加していた爆撃機も定期的に着陸していた。この空襲のために第208戦闘機連隊から連隊長のI・キビーリン少佐とF・コーノフ航法士を長機とするもっとも熟練の飛行士グル

交戦日時	交戦機	交戦地点	敵機損失	うちゴルービンの戦果
1941年 10月24日 14:20	MiG-3×6機 vs Bf109×10機 Ju87×18機	ナロ・フォミンスク	6機	Ju87×1機
10月25日 12:40	MiG-3×8機 vs Ju87×7機 Ju88×5機 Bf109×10機	カーメンカ	7機	Bf109×1機
10月25日 16:45	MiG-3×7機 vs Bf109×18機 Ju87×25機	カーメンカ	5機	Bf109×1機
10月29日 09:50	MiG-3×8機 vs Ju87×12機 Bf109×8機	ナロ・フォミンスク	7機	Ju87×1機 Bf109×1機
10月29日 12:10	MiG-3×9機 vs Bf109×16機	ヴォロビイー	6機	Bf109×2機

注：
1．これらの戦闘におけるソ連側損害の数字は記されていない。
2．ドイツ側文書によると、上記の地区におけるルフトヴァッフェの損失は4～5機で、その中にはBf109Eに乗って戦死した中隊長のG・シャーフェル大尉も含まれている。
3．10月24日から12月15日までの間、ソ連邦英雄に推されたI・F・ゴルービンは、公式資料によるとBf109を7機、Ju87を3機撃墜し、さらに2機のBf109を集団戦果とした。

39 戦果を挙げて戻ったばかりで記念写真の撮影に応じるI・F・ゴルービン中尉。
40 不時着陸時、完全に脚が折れ胴体が接地してしまったトゥーポレフSB高速爆撃機。
41 イリューシンIl-2襲撃機シュトルモヴィーク。
42 野戦飛行場から飛び立とうとする「イリューシ」(イリューシン襲撃機の愛称)。
43 ルフトヴァッフェの支援によって、ドイツ第11戦車師団はモジャイスク北方にてソ連軍T-34戦車部隊の反撃を押し返すことができたのである。

ープと第95戦闘機連隊から3機編隊1個が抽出され（全部で27機のペトリャコーフPe-3戦闘機）、それらを第27及び第28戦闘機連隊のミグ戦闘機が護衛することとなった。

　ドイツ軍の不意を衝くことはできなかった。空襲は早い時間に開始されたにもかかわらず、敵はソ連空襲部隊をカリーニンの手前で強力な高射砲射撃で迎えた。すぐに飛行大隊指揮官A・クルチーリン上級中尉の乗機（航法士　L・テーシチン）が燃え上がった。パイロットはそれでも飛行場に突入することに成功し、そのまま炎の体当たりを決行した。

　残りのPe-3とMiG-3も攻撃態勢に入った。あっという間にドイツ軍のカリーニン民用飛行場は火災に包まれ、ガソリン給油車や自動車、飛行機が燃えた。あるメッサーシュミットBf109F戦闘機（ソ連軍の報告書では当時しばしばHe-113と呼ばれていた）は離陸しているところを撃墜され、パイロットごと粉々になった。ソ連側の評価では、ドイツ軍はキビーリンの指揮戦闘機を含むペトリャコフPe-3戦闘機5機と引き換えに、少なくとも30機以上の航空機を失った。

　残念ながら、これらの出来事の反証はドイツ側資料の中に見つからなかった。第51戦闘航空団の戦闘活動日誌のこの日の欄には次のメモが現れた。

　――「敵は損害を出しているにもかかわらず、空襲の勢いは弱まらない。モスクワ近郊の飛行場にシベリアから予備が引き出されてきているように推察される。彼らのレベルはかなり低い。ほとんどの場合これらのパイロットたちには不意討ちが可能だった。おそらく、彼らは飛行学校からすぐに、何の実戦の経験もなく前線に送り込まれたのであろう。それゆえ、戦い方が下手で、決断に時間がかかっている。

　リュッツォ少佐は空中で100機目の戦果を挙げた……」。

　しかし、ソ連軍パイロットたちの誰もが低い訓練レベルにあったわけではない。少なからぬ飛行士たち、特にモスクワ防空軍第6戦闘航空軍団のパイロットたちは、まだ開戦前の時点で大きな飛行経験を積んでいた。彼らは、ルフトヴァッフェの危険な相手であった。防空軍第16戦闘機連隊所属のI・F・ゴルービン中尉をソ連邦英雄の称号受勲者に推薦する文書中に、彼が10月末に行った戦闘が指摘されている（左ページ掲載の表を参照）

モスクワとのその東寄りでは雨が降り、ようやく翌日の夕方に雲が200mから2000mの高さまで上昇した。ルフトヴァッフェ司令部はこのチャンスを逃すまいと決めた。しかし、ドイツ軍の計算は外れた。なぜならば、1回のドイツ機の出撃に対して、赤軍航空隊は2回の出撃で応えてきたからであった。この日始まった空戦でも決定的や役割を演じたのは第6戦闘航空軍団の戦闘機であった。ソ連戦闘機はドイツ機をクービンカ、ナロ・フォミンスク、クリン……などの地区で襲った。クリン上空では、第171戦闘機連隊所属のA・M・ヴィノクーロフ大尉がメッサーシュミットBf109戦闘機2機とBf110戦闘機（駆逐機）1機を撃墜し、しかもこのうち2機の戦果はドイツ側資料でも確認された。おそらくこの出撃は、第6航空軍団にとってモスクワ戦のもっとも輝かしい出撃のひとつで

44 3機編隊で飛行するイリューシンИー2襲撃機部隊。
45 ドイツ軍飛行場を襲撃するため射撃するソ連軍長距離砲兵部隊。
46 撃墜され大破した第11長距離偵察飛行隊第4中隊所属のユンカースJu88。

　ドイツ軍エースパイロットの戦果はソ連側資料ではあまり確認されないことを断っておかねばならない。しかし、ルーツォフ少佐は1941年10月24日に確かに戦果を上げたと認めざるを得ない。第6戦闘航空軍団の報告書類からわかるように、雲の中から突如ナチスの「ハンターたち」から襲われて、第34戦闘機連隊のA・I・シチェルバトゥィフ中尉と第11戦闘機連隊のB・A・ヴァシーリエフ中尉といった優秀なパイロットが、トゥチコーヴォ地区で戦死した。このとき、第3戦闘航空団司令官で、負傷したF・ベッカーの代わりに第51戦闘航空団司令官も兼任していたG・リュッツォ少佐は第3戦闘航空団本部とともにユーフノフからルーザに移ったが、それはもっとも激戦が繰り広げられていた地区のすぐ近くに彼の基地を置く形となった。

　10月27日、モスクワ郊外の天気は再び変わった。高気圧が西から東へ動いていた。ドイツ側では朝すでにかなり晴れていたが、

あったようで、他にこれほどの戦果の指摘は見当たらない。

ソ連軍パイロットたちの襲撃活動も衰えを知らなかった。日照時間の短くなった10月27日、第120戦闘機連隊と第65襲撃機連隊のパイロットたちは5回飛び立ち、敵に少なからぬ損害を与えた。しかしモスクワ軍管区航空隊の作戦集計資料の伝える内容は乏しい。

08:00　　I-153戦闘機5機、MiG-3戦闘機5機、Il-2襲撃機6機、セールプホフ西方の歩兵部隊を叩く

08:52　　I-153戦闘機3機、MiG-3戦闘機3機、Il-2襲撃機、スパース地区にて戦車部隊を攻撃

10:20　　I-153戦闘機6機、MiG-3戦闘機3機、Il-2襲撃機3機、セールプホフ進軍中の縦隊を襲う

～15:00　　I-153戦闘機10機、MiG-3戦闘機3機、ヴォロコラームスク南方に集結した戦車部隊を攻撃

17:10　　I-153戦闘機11機、MiG-3戦闘機7機、Il-2襲撃機5機、セールプホフ西方の道路を襲撃

もっとも実りの多かったのは上の2回目の出撃であった。攻撃は、ドイツの戦車兵たちが燃料を補給しているところに行われた。ソ連軍パイロットたちは、ドイツのIII号戦車を12両以上破壊したと判断した。少将となったモスクワ軍管区航空隊司令官のN・A・ズブィトフは数日後、ソ連邦英雄の称号叙勲対象者に第65襲撃機連隊長のA・N・ヴィトルーク少佐と同連隊飛行大隊長であったG・T・ネフキペールィ中尉を推薦した。賞状には同連隊とその1飛行大隊の功績が記されていたが、またヴィトルークは21回の、ネフキペールィは29回の戦闘出撃を行ったとも書かれてあった。1枚の賞状にソ連邦最高の称号受勲者名を複数記したケースは他に見当たらない。

ドイツ軍もやられてばかりではなかった。彼らのクリン飛行場空爆は奇襲とはならなかったが、著しい損害をもたらした。今度はソ連軍飛行基地が火災と爆発に見舞われた。ソ連軍最高司令官（スターリン）には、一度に2個飛行連隊の兵器資材が壊滅したことが報告された。起こった出来事を知ったスターリンは入念な事実調査とそれから派生する影響を知らせるよう指示したが、まもなくV・S・アバクーモフ（内務副人民委員で赤軍特務課長）が報告に立った。

――「1941年10月27日のクリン飛行場への敵機来襲の際、第436戦闘機連隊所属のヤーコヴレフYak-1（報告文書には間違ってYak-2と記載されている――著者注）8機が損壊。本件の直接の責任は、本飛行場への基地移転の初日に第27戦闘機連隊指揮官P・K・デミードフ大佐より航空機を2箇所に分散せよとの指示を受けてなお、然るべき措置を講じなかった第436戦闘機連隊長モルドヴィーノフ大尉にある。品評会のごとく並べられた飛行機は、敵にとり大きな魅惑的な目標となった。

第27戦闘機連隊長は敵機接近の報を受け、航空機を空に上げるよう指示。この指示もまた、モルドヴィーノフにより実行されなか

47　ヴィークトル・タラリーヒン。

48　レンドリーズ法により連合国から供与された、第126戦闘機連隊所属のP-40Bシリアル AN-976戦闘機が起こした最初の事故（パイロットはマヌレンコ少尉）。1941年10月28日、チカーロフスコエ飛行場において。

った。但し、飛行機は離陸の可能性を持っていた……」

　大尉の過失はさらに列記されていく。こうして彼は連隊長の職を解かれ、階級も降格された。それ以上の厳しい処罰は行われなかった。というのも、同連隊の飛行機にあてがわれた給油車は1台のみで、それが航空機を密集させた背景にあったことが考慮されたからのようである。また、モルドヴィーノフが前日に空戦で勝ち取った戦果も"勘定に入れられた"。M・D・モルドヴィーノフは1942年10月21日に戦死した事実を確認することができた。そのときの彼は第237戦闘機連隊を指揮していた。

　モスクワ近郊上空での激しい戦闘が10月29日に繰り広げられた。ドイツ第2航空艦隊の飛行士たちは600回以上も出撃し、そのうち429回は爆撃機と急降下爆撃機が行った。59機の爆撃機が参加したモスクワへの夜間空爆は、この月最大の空襲となった。ソ連情報局は、この日だけでドイツ機を39機撃墜と報じ、さらにその後47機と訂正したものの、ソ連側に軍配は上がらなかった。ドイツ軍が12機の損失を認めたのに対し、赤軍航空隊は22機以上失った。しかもそのうちの16機は第6戦闘航空軍団に所属していた。防空軍は3名のパイロットが戦死、8名が戦闘任務から帰還しなかった。独ソ両軍の航空機がもっともたくさん墜ちたのは、モスクワ南西部であった。第177及び第423戦闘機連隊は特に大きな損害を出した。

　第423戦闘機連隊は、トゥーラの北方にあるヴォルィンツェヴォ飛行場へ基地移転している最中に「110型機」の襲撃に遭った。飛行場の地面には、少尉のV・I・ドーヴギィ、A・デニセンコ、N・G・ザボロートヌィといった充分に訓練され、それぞれに敵機撃墜経験のあるパイロットたちの死体が横たわっていた。第210高速爆撃航空団第II飛行隊は自らの戦果の代償に搭乗員を1組失った。どうやら、低空ではBf110はMiG-3に対して優勢ではなかったようである。戦闘結果には襲撃の奇襲性が影響した。ドイツ軍のJ・ルッター、G・トンネ、H・クーチャらのエースたちが数百回も空戦経験を有していたのに対し（前者2名には1941年10月初めに騎士十字章が叙勲された）、ソ連軍飛行士たちは防空軍組織内での勤務の性格上、ほとんど初めて敵戦闘機と対峙することになった。この点に第6戦闘航空軍団が10月の戦闘で多大な損害を出した主な原因があると考えてもよいだろう。まさに10月こそが、先に触れたB・A・ヴァシーリエフやP・V・エレメーエフ、V・V・タラリーヒンという、首都防空戦の英雄たちが命を失ったときなのであった。しかし、空中での数々の格闘戦を無事に生き延びた飛行士たちは、ルフトヴァッフェにとってはるかに手強い敵となっていくのである。

　モスクワ近郊での戦闘は、予想できないことばかりだった。1941年10月31日付けでソ連情報局は、「カリーニン方面のある地区でベーリコフ中尉の指揮する長距離砲中隊が敵飛行場を壊滅させ、14機の敵機を撃破した」と伝えた。砲撃の効果はドイツ側資料も確認している。10月30日、モスクワから160km離れたカリーニン飛行場にて第52戦闘航空団第II飛行隊のメッサーシュミットBf109が8機、第23近距離偵察飛行隊第2中隊所属のヘンシェルHs126が3機損害を受け、しかも2機のメッサーシュミットは完全に破壊し尽くされていた。第52戦闘航空団にいたK・ヴァルムボルト軍曹の回想によると、砲撃による損害は17機にも上り、それらはおもに第2教導航空団第II襲撃飛行隊の機であっ

49 撃墜されたハインケルHe111を前に市民に解説をしているソ連兵。
50 墜落したまま遺棄されたユンカースJu88。
51 撃墜したドルニエDo215-Bを調査するソ連兵。総司令部長距離偵察中隊所属機。
52 ドイツ軍の爆撃により橋脚が破壊され一部が崩落した橋。

　た。
　ドイツ軍の一連の報告書には、ルフトヴァッフェの行動を何よりも制限したのはソ連軍の地上部隊でも航空部隊でもなく、天候条件であったと強調されている。第2地上攻撃航空団『インメルマン』の戦闘行動日誌には次の数行が見られる。
　──「冬が到来した。1941年10月31日、すべてが凍りついた。"スツーカ"だけが、第110歩兵師団の翼部に反撃していたソ連軍部隊を攻撃目標に飛ぶことができたが、その高度は100mを超えなかった……」

　この日モスクワ方面では、かつては巨大だったルフトヴァッフェ部隊は全部で21回の出撃をしたに過ぎなかったのだ。天気は天気としても、戦闘行動の分析から、ソ連パイロットたちは敵をひどく疲弊させたと結論することができる。いくつかのドイツ航空部隊は、後方の飛行場へ基地を移さざるを得ないほどであった。

　10月最後の日、9機のユンカースとハインケルは濃い雲のなかをモスクワの中心部まで突入し、ゲルツェン通り(現ボリシャーヤ・ニキーツカヤ通り)やゴーリキィ通り(現トヴェルスカヤ通り)、モスクワ水力発電所の中庭、マヤコフスキィ広場、映画館『ウダールニク』……などに爆弾を投下することに成功した(これらはすべてクレムリンのすぐ近くにある)。ゲーリングの寵児たちがもたらしたこの心理的成果は、しかし地上部隊への航空支援にとって替えることはできなかった。ドイツ軍部隊の進撃テンポは絶えず落ちていった。10月初めは1昼夜に30〜40km進んでいたのに比べ、月末には3〜8kmにまで速度を落とした。第3戦車集団にいたっては前進を中断する羽目となった。
　『タイフーン』作戦の計画は、挫折の恐れがでてきた。

«Тайфуна» выдыхается

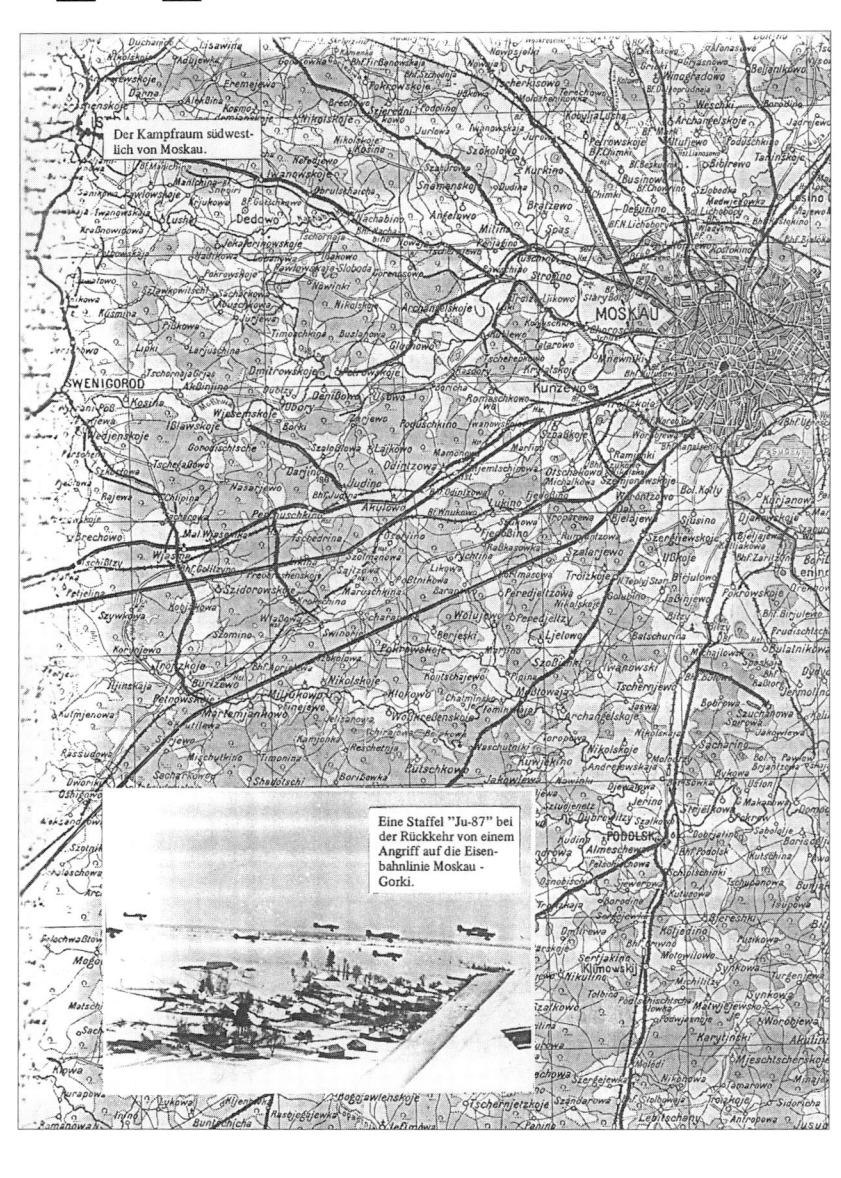

「タイフーン」失速

　ドイツ軍各部隊本部ではモスクワ郊外での戦闘の結果がまとめられた。その典型的な内容として、第4野戦軍参謀長の出した結論が挙げられよう。
　──「10月と11月初頭に我々は驚きと幻滅をもって、──戦後になってブルーメントリット将軍はこう書き出している──壊滅したロシア人たちが、軍事力としてしっかり存在し続けているのを目の当たりにした。過去数週間、敵の抵抗は強まり、戦闘は日を追って激しくなっていった……。これはみな、我々にとってまったく予想外のことであった。我々の決定的な勝利が続き、首都がほぼ我々の掌中にあるかのように思われた矢先に、状況がかくも変化するとは信じられなかった」

　とはいえ、ヒットラー指導部は、決定的な急進撃を敢行し、冬の到来前にモスクワを占領する計画を立てていた。この課題は、進撃部隊の兵員・兵器を補充し、後方部隊の態勢を整えることができれば達成可能であるとみられていた。ドイツ軍の計画は、何よりもまず赤軍部隊をモスクワ川の河口とカリーニンの間で崩壊させることを想定していた。兵力の増強と再編成には時間が必要で、西部方面軍戦区には束の間の静けさが訪れた。

　ソ連側はこの小休止を最大限利用しようと努めた。西部方面軍司令官のG・K・ジューコフ上級大将は、「敵を容赦なく迎え撃つ準備をし、まさに最初の防御戦において敵の企みを完全に頓挫させるほどの敗北を舐めさせる」よう課題を定めた。そうしている間に、航空偵察部隊から前線付近にドイツ軍が輸送馬車を集中させているとの報告が入ってきた。また、中央軍集団の後方地区から戦車、砲、機械化歩兵が引き出されてきていることも気付かれていた。モスクワ郊外に遠く離れた後方地区やレニングラード郊外からも予備兵力が移動中であるとの情報は、後になっても確認は取れなかった。

　小休止を挟んだ後のドイツ軍の進撃には、赤軍司令部はよりよい反撃準備を整えることができた。ジューコフが、敵に自分たちの目論見を実行に移すまでの時間は多くはない、と判断していたのは正しかった。初霜から地面が大雪に埋もれるまでには通常3～4週間かかる。この間は田舎道もまだ通行可能で、航空機も野戦離着陸場から飛び立つことができる。ルフトヴァッフェがモスクワ守備部隊への攻撃を強める恐れがあることに対しても用意しておかねばならなかった。ジューコフは飛行士たちに、常に偵察を欠かさぬよう要求し、航空部隊指揮官たちには地上部隊との緊密な連携態勢を整え、そのために普通科軍各部隊の指揮所に各航空部隊本部の将校グループを常駐させるよう求めた。

　──「ソ連の公的機関や軍需工場が奥地へと疎開していった。市内の主な通りには、鉄道のレールを溶接した鋼鉄の"ハリネズミ"

■1 11月5日にソ連戦闘機の体当たり攻撃を受けた後、セーチチの飛行場に無事着陸した第28爆撃航空団所属のハインケルHe111爆撃機。

が毛を逆立てて身構えていた。建物の下の方の階には土嚢が積み上げられ、掩蔽物からは対戦車銃の銃口が睨みをきかせていた。A環状線の並木道路上（当時、モスクワ市中心部の環状並木通りを走っていた市電路線をA環状線、バス路線をB環状線と呼んだ）には予備の戦車が配置されていた」

11月のモスクワはこのような印象を、第6戦闘航空軍団副司令官であったP・M・ステファノーフスキィに残した。I・D・クリーモフのもうひとりの副官M・N・ヤクーシンは、サドーヴォエ環状道路（モスクワ市中心部全体を囲むようにして走る大通り）の3地点を飛行場に造り変える準備に関し後に指摘している——航空部隊の基地を首都の中心に置く可能性も無きにしも非ずであった。

ソ連空軍各部隊本部も、1941年10月末から11月初めの空戦で変化が起きていることを認めていた。ルフトヴァッフェが勢いを落としてきたのである。モスクワ方面においてドイツ空軍機は1昼夜200回以上の出撃は行わなくなった。損害補充のためには、ドイツ軍はもはや航空団内の戦術訓練中の予科飛行隊を戦列に加えざるを得なくなった。それゆえ、パイロットたちは空戦でかつてのような成果を挙げることはできなかった。場合によってはドイツ機が交戦を避けるときもあり、特に数の上で優勢でない場合はなおさらそうであった。さまざまな下級部隊から編制された混成飛行隊群は、ソ連戦闘機から攻撃を受けた場合、いつも戦闘隊形を保てるとは限らなかった。双発のメッサーシュミットBf110戦闘機でさえ、今となっては単発戦闘機の護衛を必要とするに至った。さらに、雲の上から地上を見ずに、特定地点からの経過時間に基づいた爆撃や作戦目標都市全域にわたる空爆を行うケースも稀ではなくなった。しかしながら、ルフトヴァッフェは航空機の質と飛行要員の訓練度では優位を保ち続けていた。

11月の最初の4日間はソ連軍VNOS（対空監視連絡部隊）はドイツ偵察機による単独飛行のみを確認していたが、5日には状況が変わった。少なくとも180機のドイツ機上空通過が捉えられたのである。いつものように、爆撃機は戦闘機の護衛の下、それぞれ約20機ずつの密集編隊で飛び、ソ連軍地上部隊に打撃を加えていた。11月5日夕方、西部方面軍航空隊司令官のミチューギン中将は、配下師団の指揮官たちに次の電報を打った。

——「敵空軍は前線の近くに配置され、本日ドーロホヴォ（モスクワの西85km）、ナロ・フォミンスク、そして特にセールプホフの各方面にてもっとも盛んな活動を見せた。近日中に敵は航空部隊を用いてわが軍飛行場と首都に対するいくつかの攻撃を試みるものと想定すべし」

——「状況から判断して、——司令官は続けている——最大限の出撃を行い、首都防衛の成否は我々、すなわちパイロットたちの肩に大きくかかっていることを兵員に警告すべく、あらゆる措置を講じる必要あり」

それからミチューギンは、第1に解決すべき課題を以下のように示した

2 4連装マキシム対空機銃で夜間射撃を行う機関銃班。
3 モスクワ近郊の対空高射砲兵。
4 ソ連軍前線の後方奥深くに奇襲飛行攻撃を行うドイツ軍のハインケルHe111とメッサーシュミットBf110の混成飛行隊。
5 赤軍中央劇場前のコンムーナ広場に陣地を構えた85mm高射砲班。

○兵器・資材の修理
○航空機に迷彩を施し、敵に不意打ちを許さぬよう航空機を攻撃下にあって迅速に離陸させられるよう整えておくこと
○タイミングよく離陸を行うこと
○優れて円滑な準備の下では1昼夜の間に爆撃機は3回以上、戦闘機は5回に上る出撃を行うこと

　航空隊偵察局からは、ルフトヴァッフェが前日にルジェーフ、ユーフノフ、スィチョーフカ、スターリツァの前進飛行場から戦闘活動を再開したとの報告が入っていた。西部方面軍航空隊と防空軍モスクワ圏の各司令部は、敵空軍の活動が活発さを増したことを考慮に入れていた。すでに6日の深夜未明、15〜18機のドイツ爆撃機がモスクワ進入を試みたが、高射砲射撃で撃退することに成功した。夜明けとともに敵機の大編隊群がモスクワ海〜ナロ・フォミンスク、そしてポドーリスク〜セールプホフの両地区で確認された。比較的良好な視界の中で、高度1000m〜2500mメートルの空域で33件の空戦が展開された。独ソ双方はそれぞれ、少なくとも20〜25機の敵機を撃墜したとみなしていたが、実際のところ損害はもっと小さかった。もしかしたら、これは空中戦のスピードの速さと関係しているのかもしれなかった。飛行機は雲から雲へと出没していたからである。一連射が第52戦闘航空団第Ⅰ飛行隊指揮官K・H・レーズマン中尉に当たったが、重傷を負ったパイロットは友軍飛行場まで何とかもちこたえた。ドイツ側がその後損失と認めた4機のうち、爆撃機はわずか1機で、しかもポドーリスク付近の第336独立高射砲大隊の高射砲兵班により撃墜されたものとわかった。捕虜となった第3爆撃航空隊第Ⅰ飛

6 損傷した第33戦闘機連隊所属のラグLaGG-3戦闘機を後送回収するソ連兵。
7 撃墜されたドイツ戦闘機（メッサーシュミットBf109）は厳重な警備下に置かれた。

行隊所属の航法士H・フォン・ゲールの証言から出た結論は、この時期のルフトヴァッフェにとって最大の脅威となっていたのは、「非常にうまく配置され、正確な射撃を行うロシアの高射砲部隊である」ということになった。「あまたの攻撃を繰り返したにもかかわらず、ソ連戦闘機はそれほど危険ではなかった。なぜなら、戦闘機はあまりにも遠く離れた距離から銃撃を開始していたからである」

おおむねドイツ各空軍部隊本部はルフトヴァッフェの活動結果に肯定的な評価を下していた。「ドイツ第23軍団の攻撃と15kmの前進が成功したのは、急降下爆撃機の効果的な支援のおかげであった」。「第51戦闘航空団本部中隊は、11月6日にモスクワ郊外で多数の空戦を展開した最初の部隊となった」——ドイツ軍の文書にはこのように記してあった。11月6日の戦闘に関して、ここでいくつか統計資料を紹介しておいたほうがよかろう。ドイツ軍各航空団がこの日モスクワ方面において約400回の出撃を行ったのに対し、ソ連第6戦闘航空軍団のパイロットたちは613回、西部方面軍航空隊の飛行士たちは126回大空に舞い上がった。その結果、ルフトヴァッフェの戦闘機はしっかり友軍部隊を掩護することができず、逆にソ連軍飛行士たちは189回の出撃をヴェアマハト地上部隊の襲・爆撃に充てた。

ドイツ第2航空艦隊司令部は長距離奇襲爆撃も辞さなかった。入念な偵察活動をドイツ機がヴォルガ河上流域で行っていた。そして、偵察機が去った後は爆撃機が姿を現した。「興味深いことに、モスクワ進撃がまだたけなわだというのに、ドイツ軍司令部はなぜだか工業都市目標に打撃を加えることを必要と判断した」——と当時中佐であり、1957年にドイツ連邦共和国で出版された論文集『世界大戦　1939年〜1945年』執筆者のひとりでもあるグレフラートは驚愕している。11月初めには、モスクワ空襲に加え、ゴーリキィ市（現ニージニィ・ノヴゴロド）とヤロスラヴリ市への空爆が加わった。

——「1941年11月5日23時35分、ドイツ爆撃機11機がゴーリキィに突入、航空爆弾を投下。空襲の結果、死亡35名、230名が負傷。モーロトフ記念自動車工場機械修理作業所および『革命エンジン』工場の2つの作業所……が部分的に損壊」とモスクワ軍管区防空軍の作戦偵察資料中にはあった。

その翌日の深夜未明、敵機12機がヤロスラヴリに35発の爆弾を投下し、さらに大きな損害を与えた。エンジン工場組立作業所、倉庫、17棟の住宅アパート、50両の貨車、163名が被害を受けた。このときのヴォルガ河沿岸諸都市の防空システムはきわめて脆弱で、空襲を反撃することができなかったが、いっぽうのドイツ軍パイロットたちは防空軍モスクワ圏を北や南へと迂回した。ドイツ側文書資料から判断すると、このような奇襲には第53爆撃航空団第Ⅱ飛行隊、第26爆撃航空団第Ⅲ飛行隊、第100爆撃飛行隊のハインケルHe111爆撃機が参加した。もっともひどく破壊されたのは、ヤロスラヴリ市のモスクワ方面ターミナル駅付近と、ゴーリキィ自動車工場であった。爆撃は一部ルィビンスクにも及んだが、この都市は後に再びドイツ空軍に叩かれた。

1941年11月7日は、多くの将兵だけでなく、全ソヴィエト国民にとって忘れ得ぬ日となった。人々は来るべき祝日が近付きつつあることを忘れこそしなかったものの、すでに10月末の時点でソ連指導部が大十月社会主義革命24周年を記念した赤の広場での軍

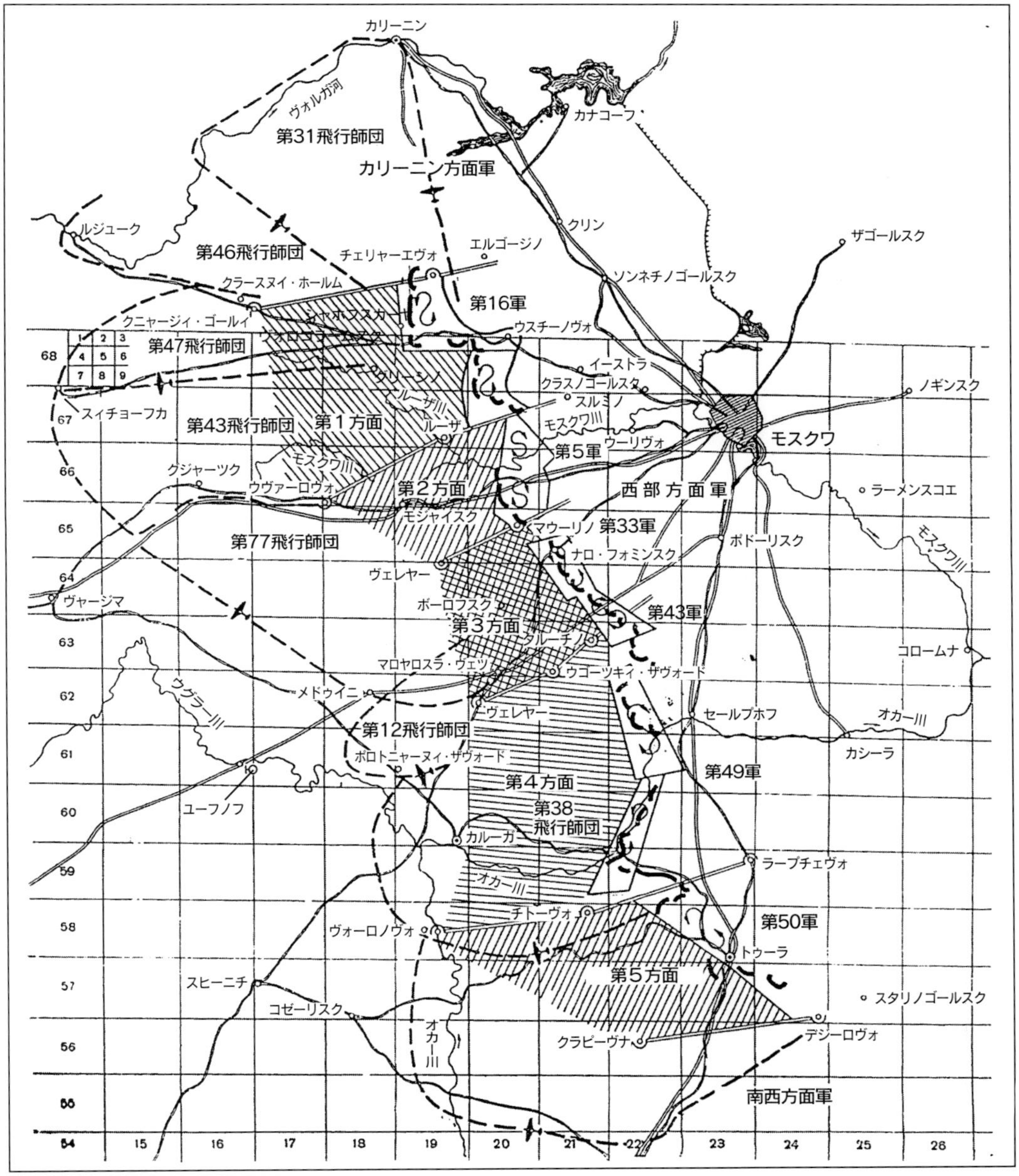

**1941年11月の
モスクワ戦における
ソ連軍航空兵力の
運用計画**

事パレード実施を決定していたとは、ほとんど誰も知らなかった。この準備は極秘のうちに進められていた。11月6日夕方に地下鉄『マヤコーフスカヤ』駅の中でモスクワ労働者ソヴィエト(いわゆる市議会にあたる)とモスクワ市共産党、各種社会団体の合同総会が開催され、そこでI・V・スターリンが報告に立った(クレムリンから目抜き通り、当時のゴーリキィ通りに沿った地下鉄路線を北上して2駅目のこの駅にはスターフカの通信拠点があった)。この場に出席していたジュラヴリョーフ将軍は回想している。

──「この盛大な総会に出席していた我々だけでなく、全世界が国の軍事、政治情勢と戦況の行方に関する公式の評価を待っていた。そして我々は、かくも心待ちにしていた言葉を耳にしたのだった。それは、モスクワ郊外での大きな戦いが勝利に終わるとの確信とソ独戦線情勢の今後の進展に対する楽観的な見通しを表す言葉であった。報告の内容、スターリンの落ち着いた実務的な口調に我々はみな大きな感銘を受けた」

赤の広場での軍事パレードは10月7日朝8時に始まった。その様子はソヴィエト連邦全国のラジオ放送局により中継された。この日の防空軍各部隊は臨戦態勢にあった。第6戦闘航空軍団司令所は、レーニン廟演壇と直通連絡が取れるようになっていた。ドイツ空軍が何らかの"意外なプレゼント"をくれる可能性も否定できなかった。幸いにしてこの日の朝は飛行日和ではなかった。雲がところによっては高度50mにまで下がり、綿雪が降り始め、吹雪いていた。このような条件下、敵機は1機もモスクワ上空に姿

赤軍航空隊	方面軍航空隊	長距離爆撃航空軍	防空軍	計	ルフトヴァッフェ
昼間爆撃機	158	—	—	158	220
他の爆撃機※	—	265	—	265	70
襲撃機	46	—	—	46	30
戦闘機	181	6	471	658	160
偵察機	11	—	—	11	100
総計	396	271	471	1138	580

※：ソ連空軍の場合は夜間爆撃機、ドイツ空軍はユンカースJu87急降下爆撃機を意味する。

⑧ソ連邦英雄の第28戦闘機連隊所属Ｅ・Ｍ・ゴルバチューク は、1945年5月9日の戦勝日まで戦列を離れず、大戦を生き抜いた。1967年には空軍大将となっている。

を見せなかった。しかし、カリーニン方面軍司令部から飛び立ったU-2練習機とクーイブィシェフ（現サマラ市）から首都へ向かっていたPS-84輸送機が、防空軍司令部の警報を鳴らした。しかし、それらはちゃんと識別確認され、着陸させられた。前線のすぐ傍のモスクワで軍事パレードが行われたとの驚くべき情報は全世界を駆け巡った。

祝日当日は、第6戦闘航空軍団によるモスクワ防空戦の中間結果がまとめられた。司令官のI・D・クリーモフ大佐の報告によると、飛行士たちは作戦対象都市と地上部隊の掩護に24526回出撃し、393機の敵機を撃墜、さらに454回の襲撃が行われ、地上の少なからぬ兵器資材を、60機の航空機も含めて破壊した。自らの戦闘損失は、航空機183機とパイロット111名、非戦闘損失は142機と39名であった。約100機の戦闘機は復旧可能であった。もっとも優れた活躍をした連隊は、(空中戦果の多い順に)第34、第16、第27、第11戦闘機連隊であった。もっとも損害の小さかった部隊は、公式集計資料によると第16戦闘機連隊で、敵機43機の破壊に対して支払った代償は3名のパイロットだけであった。

それから数日間は、モスクワ郊外の激しい戦闘が途切れた。VNOS監視哨が捉えていたのはおもに、ヘンシェルHs126観測機とフォッケウルフFw189'ウーフー'観測機の単独機通過であった。悪天候下で離陸する危険を冒していたのはいくつかの爆撃機搭乗員グループだけであった。たとえば、11月8日に第76爆撃航空団第Ⅰ飛行隊所属のH・マイヤー中尉が操縦するユンカースJu88爆撃機は、ロストフ（ヤロスラヴリの南西58kmに位置。ロシア南部のロストフとは別）とヤロスラヴリの上空を通過し、高度200mから鉄道施設に爆弾を投下することに成功した。それから1日おいて、同機はさらに低い高度からタールドム鉄道駅（モスクワより北西のサヴォーロフ方面）を爆撃したが、自らの爆弾の破片で損傷したユンカースは燃え上がる駅からそれほど離れていないところに墜落した。11月9日には別のJu88がセールプホフ地区で第445戦闘機連隊の戦闘機編隊から攻撃を受けた。ドイツ爆撃機は高度300mから緩やかに降下しながら投弾を開始した。先頭を飛んでいたルーチキン少尉のミグMiG-3は損傷を蒙り、土埃を被ったが、彼は補助翼とプロペラハブのカバーに孔が開いた機を着陸させたのだった。

11月初めのユンカースとハインケルによる個別の空爆は首都の軍事施設に被害はもたらさなかった。ただし、11月12日は、スターラヤ広場の全ソ連邦共産党中央委員会の建物に大型航空爆弾が命中した。そのいっぽう、破壊効果が特に大きかったであろうモスクワの鉄道の要衝は、強力な攻撃にはさらされなかった。

⑨乗機のミグ戦闘機の傍に立つ第27戦闘機連隊パイロットのＶ・マタコーフ。機体は冬季迷彩の白に塗り替えられている。
⑩チャイカに乗って闘った第120戦闘機連隊のパイロットたち。出撃の合い間に雪の積もった飛行場で撮影された。

そうこうしているところ、ルフトヴァッフェ総司令部第122長距離偵察飛行隊は、「モスクワ東方に前線方面に向けて活発な輸送活動を発見」と連絡してきていた。しかし、爆撃機部隊には何らの指示も出されなかった。第2航空艦隊司令官のA・ケッセルリング元帥は、「輸送の動きから時宜を得た結論を出さねばならなかった」と戦後になって自認している。彼はまた、モスクワ戦において爆撃で(たとえ通常のような強力なものでなくとも)敵の補給を遮断しようとしなかったことは、「もっとも重大なミスのひとつであった」とも書いている。

10月30日付けの中央軍集団司令官の命令書には、『タイフーン』作戦続行にあたっての航空部隊の具体的な課題は明示されていない。しかもそれは偶然ではなかったのである。フォン・ボック元帥は総統の大本営で、モスクワ戦終了を待たずして第2航空艦隊のかなりの兵力を東部戦線から外す決定がなされたことを考慮に入れていたのである。『タイフーン』は、ドイツ人歴史家H・ノヴァラの表現を借りれば、「進路を逆方向に変えた」。

ドイツの別の歴史家K・ラインハルトは状況をこのように解説している
——「ヒトラーは10月29日付けのムッソリーニに宛てた手紙で、すでに戦争には勝ったようなもので、東部戦線は大体において勝利に向かいつつあるとの自信を伝えたうえで、地中海方面に航空兵力を追加派遣すると約束していた。この手紙の背景には、イタリアの内政状況に対する総統の配慮と、それに地中海地域の困難な情勢……があった。彼は、ドイツとイタリアがヨーロッパ南部における地歩を失うことを恐れ、それは『大陸にとって巨大な危険性をもたらす』というのが彼の考えだった」

第2航空軍団の最初の数個部隊は11月5日に東部戦線を離れるよう計画されていた。地上軍司令官は一度ならず、それがもたらす否定的影響、何よりもまず部隊の進撃力低下にヒトラーの注意を促した。ところが、A・ケッセルリング元帥は11月11日に中央軍集団司令部に対して、彼は1週間以内に自らの参謀部とすでに指名された部隊とともにイタリアへ去らねばならない旨通告した。11月20日までに第2航空軍団はすべて、東部戦線を後にした。東部戦線で中央軍集団の支援に残ったのは第8航空軍団だけで、M・フィービッヒ将軍の機動部隊は同軍団の指揮下に移された。フォン・ボックに時間的余裕はなかった。彼は、イタリア転戦を命じられた航空団の多くがまだモスクワ付近の飛行場を飛び去らないうちに、11月15日から16日に進撃を開始する決定を行った。

半分に減らされたモスクワ方面のドイツ軍航空部隊は、飛行隊16個(7個爆撃飛行隊、3個急降下爆撃及び地上攻撃飛行隊、5個単発戦闘機飛行隊、1個双発戦闘機飛行隊)と単発戦闘機中隊1個を数えるのみとなった。11月半ばの独ソ両軍の航空兵力比は116ページ掲載の表の通りである。

表にある方面軍航空隊とは、カリーニン方面軍航空隊(方面軍直属及び各軍所属の)戦闘用航空機53機(輸送機、病院機などは除く)、西部方面軍航空隊所属の243機、南西方面軍右翼に配置された66機、ズブイトフ機動飛行部隊の34機からなっている。モスクワ郊外において赤軍は航空機の数では敵を倍も上回っていた。さらに防空軍第6戦闘航空軍団の存在は、戦闘機数で4倍の優勢を赤軍に保証していた。いっぽうのドイツ側は、兵員数と地上兵器資材の点で優位を保っていた。

1941年11月11日、西部方面軍司令官のG・K・ジューコフはF・G・ミチューギン方面軍航空隊司令官とS・A・フジャコーフ参謀部長が策定した、西部方面軍防衛戦における航空兵力の活用計画を承認した。そこに示された図によると、モスクワ防空軍の戦闘機は首都と郊外都市の護衛、制空権確保のための戦闘を継続し、方面軍航空隊の各飛行師団は友軍地上部隊に対する敵航空部隊の攻撃を阻止し、担当地区において偵察及び襲爆撃活動を行うこととなっていた。この計画は、想定される5つの敵の進撃

11 ノヴォデーヴィチィ修道院(現在モスクワの観光名所となっている)の傍に陣を構えた高射砲班。
12 A・Ya・フョードロフ少尉が戦闘出撃前にもう一度地形と目標を地図で確認している。雪が積もると一様に白で覆われるため、攻撃地点までのランドマークの確認は怠ることのできない作業だ。

13 雪に覆われた飛行場から出撃する第65襲撃機連隊のシュトルモヴィーク。いちばん奥に写っている機体は、指揮官A・N・ヴィトルーク少佐の乗機
14 優秀な戦い振りを見せた第562戦闘機連隊のイヴァノーフ軍曹

路における航空部隊の行動を規定していた。また、方面軍航空隊とズブイトフ機動飛行部隊、第6戦闘航空軍団、長距離爆撃航空軍の連携と各戦区間の境界部分防御活動が綿密に練られていた。

これより数日前にスターフカ（ソ連軍大本営）は空軍司令官に、ドイツ空軍部隊を飛行場にて叩く作戦を実行するよう命令していた。それまで積み重ねられた経験をもとに、北はカリーニンとルジェーフから、南はオリョールに至る範囲の敵飛行場を300機の航空機で攻撃することが決定された。11月5日から11日までの間、ブリャンスク、カリーニン、西部各方面軍及び防空軍モスクワ警護圏、長距離爆撃航空軍の航空機は、19箇所の敵飛行場を空襲すべく、600回の出撃を行い、167機の敵機を破壊したと見なした。

それらのうち、セーチチ飛行場（ロースラヴリの南東）に対する空爆について第28爆撃航空団第Ⅰ飛行隊所属のパイロット、L・ハーヴィヒホルストは次のように回想している。

──「我々が朝（それは1941年11月半ばのことであった）発進準備をしていると、突如として空襲警報が発令された。5機のロシア爆撃機が我々の飛行場に接近していた。我々が近くに掘られていた塹壕に隠れるや否や、耳元でひゅうひゅうという音が大きくなり、辺りに弾片が飛び散った。地上にあった我々の爆撃機数機は損傷を受け、それから整備兵たちは機体を使えるようにするために休む間もなかった。しかし、ロシア人たちは自らの空爆に代償を支払うこととなった。というのも、彼らは家に戻れる運命にはなかったのだからだ。飛行場の当直番であった戦闘機パイロットのハルトマン上級曹長はBf109に乗って至急飛び立った。最初の攻撃で彼はロシア爆撃機を1機撃墜した。他の爆撃機は慌てて旋回を始めたところで彼の2回目の攻撃を食らった。我々のいた塹壕からは、2機目のロシア爆撃機が下から攻撃を受けている様子がよく見えた。しかし、ハルトマンはそれだけにとどまりはしなかった。次々に敵爆撃機を攻め、5機すべてを撃墜したのである」（おそらく、最多戦果を挙げていたエースのエーリッヒ・ハルトマンと同姓の第52戦闘航空団第Ⅱ飛行隊所属カール-ヴィルヘルム・ハルトマン中尉のことであろう）。

11月のドイツ防空部隊のこれほど効果的な活躍を物語る事実は、公文書資料にはわずか2件しか見当たらなかった。11月4日に、ドイツ軍飛行場を偵察飛行していた第177戦闘機連隊のポリカールポフI-16戦闘機3機がエリコン機関砲の射撃により撃墜され、もう1機の戦闘機が被弾損傷した。11月29日には、第208戦闘機連隊所属のペトリャコフPe-3戦闘機2機がチカーロフスカヤ基地に還らず、さらに2機がメッサーシュミットに撃墜された。ルフトヴァッフェの飛行場における損害に関するソ連側数値は、およそ1桁も誇張されている。空爆の低い効果はかなりな程度、ドイツ軍が多数の野戦離着陸場に航空兵力を分散させていたことで説明される。捕虜となったドイツ飛行士たちの尋問結果やドイツ側文書資料の分析に基づいて、ドイツ軍にもっとも不快な思いをさせたのはユーフノフ北飛行場（ソ連軍飛行士たちはこの飛行場をクフシーノフカと呼んでいた）に対する奇襲であったということができよう。ここでは、7〜8機の各種飛行機が損傷を受け、第1急降下爆撃航空団第Ⅱ飛行隊のユンカースJu87急降下爆撃機3機が炎上した。

11月13日にオルシャでドイツ陸軍参謀総長F・ハルダー大将のもとで開かれた会議では、赤軍航空隊のこれほど積極的な行動は対ソ侵攻開始以来初めてであることが確認された。では、ドイツ軍飛行士たちは何をしていたのだろうか？ 彼らも譲歩するつもりはなく、空戦が止むことはなかった。稼動戦闘機1機あたりの出撃回数は明らかに増えた。メッサーシュミットBf109戦闘機も、以

15 16 パーコフカ付近で撃墜されたG・ミューラー少尉搭乗のメッサーシュミットBf109F。

前より頻繁に機体に爆弾を装着して飛ぶようになった。

　たとえば、気温がマイナス18度にまで急激に下がった11月13日、ソ連第16軍の反撃で奪われたばかりのヴォロコラームスク付近の村を2機のメッサーシュミットが炎上させようと試みた。別の2機のメッサーシュミットは、セールプホフ西方でのソ連機の襲撃を阻止しようとした。このとき、方面軍航空隊のトゥーポレフSB高速爆撃機とペトリャコフPe-2爆撃機、それにモスクワ防空軍のポリカールポフI-153、ミグMiG-3の戦闘機は敵高射機関銃の銃火をかわしながら、自動車縦隊を一貫して攻撃し、壊滅させた。第120戦闘機連隊所属のM・M・クラーク上級中尉が率いる数機のチャイカは発見した敵戦闘機に突進し、向かい合ったときにロケット弾を放った。メッサーシュミットの1機は雲のなかに消え去り、もう1機は被弾損傷したらしく、高度を下げて南方に向かった。第51戦闘航空団の戦闘活動日誌からは、Pawmutowka（アレークシン北方にあるパルスーコフカのことのようである）付近で、57機の戦果を保持していたE・ヴァーグナー上級曹長が撃墜されたと判断される。ドイツ側資料によると、このエースはPe-2爆撃機の防御銃火を受けて戦死したことになっている。

　この翌日、モスクワ郊外で最後の大規模な空中戦が確認された。朝、ルフトヴァッフェの航空機約70機がクリン、クービンカ各地区の攻撃目標地点を爆撃し、とりわけイーストラ（モスクワの西58km）付近にあったソ連軍部隊を強力に叩いた。正午過ぎには、190機に上る爆撃機と戦闘機の混成編隊群が首都まで接近した。それと同時に、赤い星の付いた迎撃機の注意を逸らすため、18機のユンカースJu88爆撃機がセールプホフ地区で活動した。防空軍高射砲部隊の射界に55機のドイツ機が侵入し、他方モスクワ市中心部にはメッサーシュミットBf110戦闘機が1機突入し、首都の中央飛行場（市中心部よりさらに北西に位置する現地下鉄アエロポールト駅付近）に13発の爆弾を投下した。ドイツ戦闘機はモスクワ進撃作戦開始以来初めて、爆撃機を全航路にわたって護衛し続けた。この日、ソ連軍VNOS監視哨はこれらのドイツ機がメドゥィニ、カルーガ南東、ナロ・フォミンスク南西……の各飛行場から飛び立っていったのをキャッチした。

　独ソ双方がそれぞれ行った空戦の評価はまったく正反対であった。ソ連側は、モスクワと近郊の飛行場に対する空襲を撃退し、敵機を31機撃墜したとみなしていた。しかし、この日の戦果を第28、第34、第233戦闘機連隊のパイロットたちは誇張していたようである。ドイツ軍の認めた損失はBf109が2機とBf110が1機だけで、モスクワ上空の制空権を奪う日も近いという自信さえ抱いたのでる。ドイツ側は、中央飛行場とヴヌーコヴォ飛行場を長期間使用不能に陥れ、しかも地上において1ダース以上のソ連機を破壊したと判断していた。ルフトヴァッフェの戦闘機はモスクワ上空で"狩りを続けていた"。この日はまた、第47混成飛行師団の襲撃機編隊が戦闘任務から帰還する途中で珍しい出来事が起こった。G・L・スヴェトリーチヌィ操縦士がメッサーシュミットに撃たれたが、彼は損傷したイリューシンIl-2襲撃機をゴーリキィ通り（現トヴェルスカヤ通り：クレムリンから北に延びる目抜き通り）の終点、白ロシア駅広場辺りに着陸させることに成功したのだった。

　確かに、「最新報告に基づいた」西部方面軍航空隊司令部の集計資料にも、敵機3機撃墜と記してある。そのいっぽう、第6戦闘航空軍団だけでも7名のパイロットが戦闘任務から戻らず、他の6名は被弾した機体を場所を選ぶ余裕もなく不時着させたのであった（この内4機の戦闘機は完全に損壊した状態にあった）。空爆による損害も含めると、同軍団はこの日12機を失った。

11月14日にもっとも大きな試練を迎えたのは第28戦闘機連隊であった。前にも指摘したが、10月の戦闘においてモスクワ防空軍が多数の戦闘機を失ったことは、メッサーシュミットとの戦闘経験が欠如していたことで大部分が説明される。しかし、第28戦闘機連隊に関しては、この説明は適当ではない。N・F・デミードフ少佐率いる同連隊は、すでに国境で第15混成飛行師団の一部として開戦を迎えていたからである。モーニノ(モスクワの北48km)に到着した10月13日までに、連隊は19箇所の飛行場を転々とした後、第6戦闘航空軍団の指揮下に入った。大多数の飛行要員は、すでに南西方面での戦闘で「火薬の臭いは知っていた」。

　11月14日、第28戦闘機連隊のパイロットたちは、ズヴェニーゴロドとクービンカの間にある作戦対象を上空掩護するために51回の出撃を行い、26回交戦した。これには、将来ソ連邦英雄となるE・M・ゴルバチューク、I・M・ホーロドフ、A・Ya・フョードロフらの飛行士が参加した。パイロットたちはBf109を8機撃墜と報告したものの、残骸が発見できたのは2機のメッサーシュミットだけであった(W.Nr.8985及び12755)。他方、第28連隊はミグMiG-3戦闘機を7機失った(機体番号5064及び3409は不時着時に損壊したとして戦列から外され、機体番号5047、5072、5001、5061、5070は飛行場に戻らなかった)。さらに5名のパイロットが行方不明とされた(他の戦闘の場合にも非常にしばしば、戦死理由の欄に「戦闘任務より未帰還」という言葉が記載されていた。綿密な調査を行うのが客観的に困難だったのか、それとも各本部にやる気がなかったのか、ここではどちらの割合が大きかったのか一言ではいえない。たとえば、カリーニン方面軍航空隊司令部の1942年2月分の報告書には、121機の損失機が「行方不明」とされている)。これら5名のうち4名のパイロットの運命を知ることができた。アレクセーエフ軍曹は、落下傘降下中にドイツ戦闘機により射殺されていた。1941年12月末に第28連隊にタシケントとブズルーク(ともに中央アジアの都市)から手紙が届いた。当地の病院にベズグーボフ軍曹とグルシコー少尉がそれぞれ入院していたことが

17 ベルリンで営まれたエルンスト・ウーデット将軍(写真内写真)の葬儀の様子を捉えた報道写真。
18 19 ドイツ軍に捕獲されたミグ戦闘機の残骸。
20 セールプホフで撃墜されたメッサーシュミットBf109F。航空団付戦技将校の幹部記号が記入されている。

665回は防空軍第6戦闘航空軍団によるものであった。ソ連軍飛行士たちはその後も積極的な活動を続けた。ルフトヴァッフェのソ連軍飛行場に対する空爆も不成功に終わった。中央飛行場とヴヌーコヴォ飛行場の滑走路は、空爆の2、3時間後にはすでに修復されていた。ドイツ軍の爆弾は実際のところ、第519戦闘機連隊所属のミグMiG-3戦闘機1機を破壊し、さらに3機に損傷を与えた。

重要な出来事がこの間、"地上の"戦線においても起きていた。11月半ばまでに中央軍集団諸部隊は『タイフーン』作戦続行の準備を完了した。第2次攻勢発起の前日、ヴェアマハト各師団は、敵の計画を頓挫させようとしたソ連軍第16及び第49軍から不意打ちを受けた。スターリンはジューコフに対して、セールプホフとヴォロコラームスクの各地区において反撃を発起し、新たに補充された予備部隊をこの戦闘に投入するよう命じた。しかし、赤軍部隊の反撃は期待通りの結果はもたらさず、ドイツ軍部隊は緊急に要請された航空部隊の力を借りて、慌てて組織された敵の反撃を撃退し、とりわけ第17及び第44騎兵師団と第58戦車師団に多大な損害を与えた。

11月15～16日にドイツ軍第3及び第4戦車集団は第二次モスクワ総攻撃を開始した。ヴォルガ河貯水池からモスクワ～モジャイスク間鉄道線路に至る範囲の赤軍第30及び第16軍戦区、そして第5軍戦区右翼で死闘が繰り広げられた。第16軍司令官のK・K・ロコソーフスキィ中将はこのときの出来事を次のように書いている。

――「……苦しい戦いが続いていた。数において我が軍をはるかに

わかった。ようやく1967年になって、アプレーレフカ鉄道駅での土木工事の最中に、地下3mのところで飛行機のエンジンと機体の一部、そしてV・F・ポイデンコ中尉の遺体が発見された。この飛行士はリヴォフ上空での戦功に対して赤旗勲章が叙勲され、1941年の秋にはすでに鍛え抜かれた熟練の戦士となっていた。5人目のパイロット、チェルノーフ中尉の戦死理由は、不明なままである。

第28戦闘機連隊のこの日の敵は第52戦闘航空団第Ⅰ飛行隊であった。その臨時指揮官であったH・ベンネマン中尉は無線機を使って、さまざまな高度にあったメッサーシュミットの連携行動を操ることができた。"慣れた手つきで"操られる個々の戦闘機は雲の間を神出鬼没しながらも、一元的な指揮のもとで行動していた（1942年も1943年もソ連軍パイロットたちがドイツ軍の"ハンターたち"の不意打ちや大規模な集団戦闘、2機編隊や4機編隊の整った連係プレーからもっとも大きな損害を出していたことは認めざるを得ない）。

第52戦闘航空団のパイロットたちはモスクワ郊外において少なからぬ成果を出し、11月半ばからは首都上空でも大きく活躍し、ドイツ側文書資料によると、多くのエースたちが個人戦果の記録を更新していった。戦果の数で首位を保っていたのは第51戦闘航空団で、1941年11月19日には戦果2500機達成を報告した（このうち1820機はロシアで挙げた戦果）。しかしながら、新たな攻勢を発起する前夜までにモスクワ上空の制空権を奪取することは、ルフトヴァッフェにはできなかった。この課題は1941年10月にも達成されなかったが、11月にはなおさらであった。たとえば、11月14日に赤軍の航空部隊はモスクワ方面において778回の出撃を行い、そのうち

凌ぎ、優れた機動力と常に航空部隊の支援を受けながら、敵は比較的容易に戦闘の過程で突撃部隊を編制していった。凍りついた大地は敵に有利であった。敵はあちこちに攻撃を発起し、局地的な勝利を重ねていった」

このような状況のなか、方面軍航空隊は西部方面軍の防衛戦を積極的に支援した。11月半ばにドイツ軍飛行士たちがおもに前線地区で活動していたとき、ソ連軍パイロットたちは敵の第2梯団や再編成を行っていた部隊との闘いに主力を振り向け、道路上にあった戦車や自動車を襲っていた。敵部隊に対する第6戦闘航空軍団所属戦闘機の圧力も明らかに強まった。同軍団は10月に15213回の出撃を行い、そのうち637回が対地攻撃を目的としていたのに対し、11月にはこの目的に10350回の出撃のうちの1418回が充てられた。

ドイツ戦闘機が姿を見せると、これまでどおり激しい空戦が展開された。メッサーシュミットは敵の航空兵力を釘付けにし、友軍爆撃機のために"空の大掃除"をしようと努めていた。大空での格闘が長引くことはめったになかった。たとえば、11月15日に第562戦闘機連隊所属のヤーコヴレフYak-1戦闘機5機がドーロホヴォ(モジャイスク東方)上空で第52戦闘航空団第Ⅱ飛行隊のメッサーシュミットBf109F戦闘機5機と遭遇した。ドイツ側は最初の攻撃で戦闘機1機を失いながらも戦闘から退かず、ソ連機を前

㉑モスクワ軍管区航空隊修理基地において修復、改修作業がすすむポリカールポフI-15bis戦闘機
㉒トゥーポレフTB-3四発爆撃機はモスクワ戦において、爆撃はもとより包囲された友軍部隊へ支援、後方からの各種物資の輸送などあらゆる用途に使用され重宝がられた。
㉓エルモラーエフEr-2爆撃機を背に立つ第421爆撃機連隊指揮官、A・グーセフ中佐。

線の自分たちの側へ引き込もうと試みた。空戦は約30分続いたが、どちらにも決定的な勝利はもたらさなかった。1機のYak-1が緊急着陸をし、ロマーノフ大尉の率いる残りの4機はなんとトゥーラ付近に着陸したのであった(Bf109との遭遇地点から約240km離れている)。これらのソ連機はみな応急修理を必要としたが、5人目のパイロットは翌日連隊に戻った。

ときには、航空部隊がソ連軍最高司令官スターフカ(大本営)の直接命令に基づいて動かされることもあった。11月14日、前線上空に多数のU-5練習機やR-5偵察機が現れる直前、B・M・シャーポシニコフ赤軍参謀総長は、スターフカの名において「敵地での着陸も含む偵察活動実施のため、もっとも勇猛果敢で有能な偵察機指揮官たちを選抜養成する」よう要請した。

11月15日にシャーポシニコフはジーガレフ空軍司令官に対して、ここ二日の間スモレンスク〜ヴャージマ間及びスモレンスク〜ロースラヴリ間の鉄道輸送を乱すよう課題を出した。11月16日付けのスターフカ指令は、航空部隊に砲兵及び工兵部隊と連携してモスクワ海に張りつめた氷を破砕し、敵の渡河を無事には済まさぬよう求めた。しまいには、11月17日付けで、「市町村落にドイツ軍が宿営する可能性を奪い、すべての居住地区からドイツの占領者たちを野原の寒気に追い出し、家屋や暖かい隠れ家から彼らを燻し出し、大空の下で凍えさせるために」、「ドイツ軍最前線から奥行き40〜60kmの後方と道路の左右各20〜30kmにあるすべての居住地区を破壊し、完全に焼き尽くす」よう、スターリンは航空部隊を含む各種部隊に命令した。

この命令に関して、ロシアの歴史家であるD・A・ヴォルゴーノフ将軍は、スターリンは「敵に最大限の損害を与えることを求めるあまり、それに対していかなる代償をソヴィエト人民が支払うことになるのかを特に気にすることは決してなかった」、と書いている。とにもかくにも、最高司令官の命令は実行に移された。ジューコフは各軍に即刻U-2練習機とR-5偵察機(全部で45機)を抽出するよう要求し、これらの航空機は11月末までに400もの居住地区を破壊した。

ソ連偵察機は、対峙している敵部隊の組織編成を把握すべく、少なからぬ偵察飛行を行った。そうして得られた敵地上部隊に関する情報は、実情にかなり正確であった。より困難であったのは、中央方面におけるドイツ空軍部隊の編成を確かめることである。西部方面軍航空隊司令部情報課長ヴァシーリエフ中佐は報告書のなかで、「敵は前線の広範な部分において航空部隊の配置転換を行っており、ドイツ機の機数については動きがもっとも活発な日の状況から判断せざるを得ない」と指摘している。そこへ偶然が幸いした。バーコフカ(今はモスクワ郊外の有名な別荘地のひとつ)付近で撃墜されたメッサーシュミットBf109F戦闘機で戦死したG・ミューラー少尉の操縦席に第8航空軍団司令部の重要書類が発見されたのであった。それからはとりわけ、モスクワ方面における地上部隊の作戦を第2教導、第51戦闘、第52戦闘、第26駆逐、第3爆撃、第76爆撃、第2急降下爆撃の各航空団に所属する飛行隊、さらに第27戦闘航空団配下のスペイン義勇中隊が上空支援していたことが判明した。

ドイツ軍航空部隊の戦闘能力については、有名なパイロットであり、後にルフトヴァッフェ爆撃機総監となったW・バウムバッハが明らかにしている。彼は11月中旬の戦闘を分析して、「各本部内では小旗が几帳面に作戦地図上に突き刺され、さらに航空団や飛

行隊の位置が動かされていた。しかし、それらは地図の上にだけ存在するのであって、実際にはそれぞれ搭乗員グループが10組ずつも不足していたのである」、と書き記している。そして確かに、多くの部隊の戦闘能力は危機的なレベルにまで落ち込んでいた。たとえば、第2爆撃航空団は1941年6月中旬に76～78組の戦闘可能な搭乗員グループを擁していたが、10月4日時点でそれは45組に減り、10月29日には12組だけとなり、とうとうこの部隊はロシアを後にした。第53爆撃航空団は10月に51名の飛行士たちを失い、その分の補充ができたのはようやく12月後半になってのことであった。

搭乗員たちよりもさらに少なかったのが稼動航空機の数である。ルフトヴァッフェ全体において、11月は保有機体総数の52％が離陸できる状態にあり、モスクワ郊外に展開していた部隊ではその割合が35～45％に落ちていた。11月15日に第3爆撃航空団第Ⅰ飛行隊が東部戦線からドイツ本国に戻されたとき、そこに残っていたのはユンカースJu88急降下爆撃機が10機のみであった。航空機関士のH・ヘールヴィヒの証言によれば、これらのうち1機たりとも前線に残った部隊を強化することはできなかった。というのも、どのユンカースも大修理を必要としていたからである。

当然、激戦の後に休息と補充が必要な、ひどく疲弊しきった部隊は前線から後送されていった。しかしながら、ドイツ軍の戦闘損失は比較的大きくはなかった。ルフトヴァッフェ主計総監（装備資材の数量や補給・補充状況の集計、把握を担当）の資料では、11月の東部戦線での損失は、全部で295機の破壊、あるいは損傷後廃棄された航空機であった。すなわち、1941年6月～7月の損失よりもはるかに少なかったのである。他方、航空偵察局のJ・シュミット将軍は11月20日に、開戦以来のロシア側損失は15877機を数える、と指摘している。この情報に関してソ連情報局は数日後にこう切り返した。

──「仮にソ連軍がこのような天文学的な兵員と兵器の損害を出していたとすれば、なぜヒットラーの軍勢はウラル山脈の向こうに立っておらず、モスクワ郊外で足踏みなどしているのだろうか、と訊きたくなる。褒めちぎられたヒットラーの徒党は風車小屋とでも闘っているのではなかろうか？」

後ほど、ドイツ側の数字はかなり正しいことが判明した。そのうえで、前線にあったソ連機の数は増え続け、いっぽうのドイツ機は減っていったのである。実際に、1941年11月半ばのルフトヴァッフェは重大な危機を迎えており、しかもこの危機にドイツ空軍は陸軍よりも先に直面し、それがヴェアマハト敗退の大きな要因となった。

1941年11月にドイツ指導部は損害を補い、作戦活動中の部隊

㉔航空破片爆弾をイリューシンⅡ-2襲撃機の主翼内マガジンに装填しているところ。
㉖トゥーポレフSB高速爆撃機のエンジン点検。
㉕野戦飛行場においてエンジンの点検と給油を受けるソ連爆撃機。
㉗航空爆弾の懸架装着作業。

に予備の部隊と装備を供給してやることができなかった。ルフトヴァッフェの兵器、装備供給の責任者であったエルンスト・ウーデット将軍は事態の深刻さを自覚した。第一次世界大戦時のドイツの有名なエースパイロットであった彼は責任の大きさを理解し、他の方途が見つからぬまま、ピストル自殺を遂げた。彼と同名の航空機設計者で企業家でもあったエルンスト・ハインケルは後にこう書いている。

——「1941年11月17日の朝、ウーデットが自宅の寝室で自分の頭部に致命的な銃弾を放ったとき、すべてはすでに明らかだった。対ロシア電撃戦は失敗したのだ。東方に振り向けられたドイツ空軍はすでに相当数がロシアの広大無辺な空間に呑みこまれていた……」。

ドイツの著名人の自殺は、国民や将校、ルフトヴァッフェの将兵の士気に悪影響を及ぼさないわけには行かなかった。それゆえ、公式には、「ウーデットは新型航空兵器のテスト中に起きた不慮の事故の結果死亡した」と発表された。ヒットラー空軍の各司令官たちがウーデットの荘厳な葬儀に出席するためベルリンに集まったとき、ドイツ空軍をまたひとつの衝撃が襲った。戦闘機総監で当時のドイツの最優秀パイロットであったヴェルナー・メルダースが死亡したのである。11月22日、彼はハインケルHe111爆撃機に旅客として移動中、悪天候下でブレスラウ、今日のヴロツワフ（ポーランド）付近に墜落した。ナチスは、第3及び第51戦闘航空団にそれぞれ、ウーデットとメルダースの名を冠した。

さて、モスクワ郊外に再び話を戻そう。11月16日から18日にかけて、もっとも激しい戦闘がクリン、ソンネチノゴールスク、スタリノゴールスクの各方面で繰り広げられた。ここではヴェアマハト突撃部隊の前進速度は遅々としていた。ヴォロコラームスク東方で防御戦を展開していたK・K・ロコソーフスキィ将軍の第16軍に対して、ドイツ軍は第8航空軍団の主力を差し向けた。これらの日々、ドイツ機は完全にモスクワ～ヴォロコラームスク間街道上の動きを抑え、文字通り自動車輛を1台ずつ獲物を追うようにして襲っていた。11月18日にスパース・ザウーロク村にあったソ連第30軍司令部に強力な空爆が行われた際、西部方面軍政治指導本部長のD・A・レーステフ師団政治委員が殺され、カリーニン方面軍参謀長のE・P・ジュラヴリョーフ将軍が重傷を負った。

しかし、ドイツ軍には同時に前線の別の地区での進撃を上空支援する余力はすでになかった。ボロジノー西方地区にあった師団無線局（どうやら、第197歩兵師団に属するものと思われる）は11月18日に次のように伝えた。

——「進撃中の突撃部隊は敵の砲兵射撃により釘付けの状態。さらなる進撃は不可能。砲は我が方に水平射撃を実施中。航空機の支援を必要とす」。

明らかとなっている範囲では、航空支援は来なかった。

11月後半に入ると、ルフトヴァッフェの航空機がモスクワ上空に姿を見せることは散発的になり、もっとも重要な方面においてさえそうであった。いっぽう、赤い星を付けた方面軍航空隊や長距離爆撃航空軍そして特に防空軍航空隊の飛行機は昼夜を問わず飛び続けてい

た。ドイツの歴史家G・アーデルスは戦闘にはさまざまな機種のソ連機が参加していたことを指摘している。
——「多数の襲撃をポリカールポフI-153戦闘機が、近代的なヤーコヴレフYak-1戦闘機やラーヴォチキン＝ゴルブノーフ＝グトコーフLaGG-3戦闘機、ミコヤン＝グレーヴィチMiG-3戦闘機らに護衛されながら行った。また、ネーマンR10偵察機やスホーイSu-2近距離爆撃機、イリューシンIl-2襲撃機も飛んでいた。Il-2に対してドイツ軍の15mm砲弾は効果があまりないことが判明した。トゥーポレフSB高速爆撃機はあまり見かることはなかったが、イリューシンDB-3長距離爆撃機が通常見られる機種であった。モスクワ郊外では新型で強力な双発のペトリャコフPe-2爆撃機が広く使用され、前線の爆撃機としてだけでなく、高高度偵察機としても活躍した」

ソ連側資料によれば、11月14日から12月5日までの期間、赤軍航空隊は西部方面軍戦区で15903回の出撃を行ったが、これとまったく同じ期間に同じ地区で確認されたドイツ機の上空通過は3500回であった。もちろん、すべての上空通過が捕捉されたわけではない。後に押収されたドイツ軍の参謀資料からすると、ドイツ軍パイロットたちは11月末に平均して1日240回発進していたと推察できる（これに対してソ連軍パイロットたちは760回の出撃で応え、敵の約2倍の航空機を有していた）ドイツ軍の対ソ侵攻後初めて、赤軍航空隊はルフトヴァッフェよりも稼働率を上げて活動するようになっていた。ドイツ第4戦車集団の戦闘行動日誌は上空の様子を何とか説明付けようと試みている。
——「赤い首都はその多数の幹線道路・鉄道とともに前線のすぐ後方にある。敵は『地の利』に恵まれている。ソ連空軍は格納庫や修理所、モスクワの飛行場を持っているが、ドイツ機は野戦飛行場の雪原に立ち、悪天候の影響をすべて耐えねばならぬのである」

11月18日に西部方面軍戦区の右翼に第6戦闘航空軍団の主力が基地を移し、さらに1日おいてそこに長距離爆撃航空軍の1個師団が投入された。上空ではソ連空軍が明らかに優位にあったことをドイツ第9野戦軍の戦闘活動日誌も認めている。
——「敵空軍は再び我が軍進撃部隊を爆撃し、銃撃しているが、ドイツ戦闘機部隊は今にいたるも地上部隊の上空援護を保証できないでいる」

グデーリアンの戦車軍のなかでも精鋭部隊のひとつである第3戦車師団に関する文書中に1941年11月19日付けで、「ソ連軍部隊は砲兵射撃と航空兵力をもってトゥーラ郊外の戦闘で主導権を握っている」とのメモが見られる。さらに続けて、「この時点から大都市に立つ教会の鐘がドイツ兵の視界から消えていった」とある。

H・グデーリアン自身はヴェアマハト最高司令部に宛てた報告書で11月半ばのソ連空軍の活動に次のような評価を与えている。
——「注目されるのは、ソ連航空部隊は現時点では質量ともにドイツ軍に劣っているものの、その攻撃が次第に勢いを増しつつあることである。装甲板で覆われているシュトルモヴィークはドイツ軍部隊に嫌がられている……」

第4戦車集団の戦闘活動日誌には11月24日付けで、「敵航空部隊の活発な活動が観察され、ロシアの爆撃機や襲撃機による攻撃は大きな損害を与えている。友軍機が見られないことに対する不満が部隊内にある……」と記されている。

11月も末近くになると、ソ連軍司令部は方面軍航空隊と防空軍

28 第180戦闘機連隊のパイロットたち（左からドルグーシン、マカーロフ、ベーソフ）。
29 ミグMiG-3戦闘機の傍に集まった第180戦闘機連隊の飛行士たち。

30 第150爆撃機連隊で最初のソ連邦英雄となったF・T・デムチェンコフ少尉
31 単機で哨戒任務に就くミグMiG-3
32 ミンスク～モスクワ間高速道路に設置されたドイツ語標識と、ポスト内の野戦憲兵。

の活動の重点を、ドイツ第2戦車軍と対峙している西部方面軍戦区南翼に移したが、それはドイツ軍も感じ取っていた。中央軍集団の戦闘活動日誌は11月27日に、「カシーラ地区における敵の抵抗は明らかに強まった。第17戦車師団とエーベルバッハ機動部隊はカシーラ南方にて防戦に転じざるを得なかった。間断ない敵航空機の空襲は大きな損害をもたらしている」とまとめている（カシーラはモスクワから南に115km）。

重要だと思われるのは、ドイツ軍の文書類のなかでソ連軍飛行士たちの攻撃の有効性が認められていることである。そのいっぽうで、ソ連軍通常部隊の指揮官たちは1941年11月も、ルフトヴァッフェが大きな被害をもたらしていると指摘していた。ここで、もっとも危険な方面の防衛を担っていた第16軍の司令官であったK・K・ロコソーフスキィの証言を引用したい。

――「敵機は防衛部隊を爆撃していた。この戦闘には友軍機も参加していた。私は開戦後初めて、比較的これほど多数の友軍機を目にした。それはかなり積極的に活動していた。ただし、戦場上空での数の優位は敵側にあった。それにおそらく、質の面でもドイツ機の方がまだ今のところ優れているだろう。それでもやはり、大空に我らが戦闘機や襲撃機、爆撃機が姿を見せたことに、部隊は勇気付けられた」

ロコソーフスキィの回想からは2つの結論が導き出される。第1に、ルフトヴァッフェの勢いが低下した時期においてさえ、ドイツ機は戦場上空では優勢を確保し続けていた。観測と通信がうまく機能し、明確な指揮管制がなされていたことで、ドイツ軍パイロットたちは友軍の誤爆を恐れずに、ソ連軍防衛部隊の最前線に打撃を与えることが可能であった。第2に、ソ連軍航空部隊が前線のさまざまな地区で活動していたのに対し、ドイツ空軍は作戦全体を成功させる上でもっとも重要なひとつの地区で行動していた。

A・P・ベロボロードフ大佐（1941年11月27日からは少将に昇格）は、11月下旬に彼の第78狙撃師団をG・K・ジューコフとK・K・ロコソーフスキィが訪れたときのことをはっきり記憶している。

――「私が過去二日間の損害集計資料を見せたとき、ゲオルギー・コンスタンチーノヴィチ（ジューコフのファースト、ミドルネーム）は表情を曇らせロコソーフスキィに向かって言った

――どこもかしこも同じ状況だ。犠牲者が多い。特に敵機による犠牲が」

33 雪の野戦飛行場を離陸滑走するユンカースJu88偵察機。Bf109のコクピット外観。不時着して、パイロットが逃走した後、ソ連軍によって撮影されたもの。
34
35 第33長距離偵察飛行隊第1中隊が500回目の偵察出撃を記念しての
36 昇降舵を損傷しながらも、なんとか自らの基地にたどり着き、見事に着陸したユンカースJu88偵察機。
37 偵察カメラを飛行機に運ぶドイツ軍飛行士たち。

　防空軍管理部の報告から、ドイツ空軍の作業量を推し量ることができる。1941年11月にソ連軍VNOS監視哨は前線全域で8501回の敵機上空通過を記録したが、前月の11276回に比べて約30％減っていた。東部戦線にあった5個航空軍団のうち2個が戦列から離れ（シチリアに派遣された第2航空軍団のほかに、第4航空艦隊から第5航空軍団がブリュッセルに去った）、11月に天候条件が悪化したことから、ドイツ機の上空通過は少なくとも半減するものと思われていた。ということは、11月もルフトヴァッフェは赤軍航空隊と地上部隊の危険な相手であり続けたことになる。

　赤軍兵士が上空に友軍機を見かけず、逆に彼に舞い降りてくるユンカースのサイレンを耳にすると、ナチスが制空権をいまだに握っているのだと思ったものであった。しかし、状況は必ずしもそうとは言えなかった。単に、ドイツ軍地上部隊がソ連機から主な損害を受けていたのは、最前線においてではなく、道路上を移動していたときや前線から近い後方に集結していたときであった。

　モスクワを北西から迂回しようと試みていた第3戦車集団の進撃に対する反撃を、第46飛行師団のパイロットたちが如何に支援していたかを例にとって見てみよう。自分たちのお気に入りの戦術に忠実なヴェアマハトの将軍たちは、カリーニン方面軍第30軍と西部方面軍第16軍の境界部分に攻撃を発起した。ソ連軍司令部は迅速に対抗措置を採った。第30軍がG・K・ジューコフの配下に移され、その司令官を交替させ、増援部隊が送られた。とはいえ、包囲を恐れた赤軍部隊は、11月23日にクリンとソンネチノゴールスクを放棄せざるを得なかった。この時点から第46飛行師団（第136及び第150爆撃機連隊、第180戦闘機連隊、第503襲撃機連隊、第593夜間爆撃機連隊を配下に有する）が防御戦に積極的に加わるようになった。30〜35機の稼動航空機を保有する師団は、11月24日に85回の出撃を、翌25日には90回の出撃を行い（うち9回は夜間）、26日の出撃回数は96回に上り、夜間のそれは7回であった。その後も戦闘出撃の頻度は大きかったが、もちろんしばしば天候に左右されていた。

　第503襲撃機連隊のパイロットたちは11月25日に、敵機械化部隊の縦列を首尾よく襲撃しただけでなく、たまたま遭遇したユンカースJu54輸送機を撃墜し、機銃と機動力をもってメッサーシュミッ

トの攻撃も撃退した、と報告した。第136爆撃機連隊も一連の幸運な出撃を行った。しかし、主な負荷は第180戦闘機と第150爆撃機連隊のパイロット及び整備要員たちの肩に掛かっていた。両連隊は数ヶ月の間隣りあわせで戦ってきて、首都防衛戦に大きく貢献した。そして、1年後に両連隊はともに親衛部隊となる（1942年11月21日付け国防人民委員指令により、それぞれ第30親衛戦闘機連隊と第35親衛爆撃機連隊の名称を受領）。もっとも優秀な活躍をした、E・M・ベーソフ、N・F・ボロヴォイ、A・I・ゴルガリューク、S・F・ドルグーシン、S・V・マカーロフ、A・F・セミョーノフらの戦闘機乗りたちは地上部隊を援護するだけでなく、敵部隊と兵器を襲撃するために少なからぬ出撃を行った。戦闘機はしばしば、第150爆撃機連隊の爆撃機と連携して行動した。ソ連邦英雄となったA・F・セミョーノフは、お隣の爆撃機連隊長、I・S・ポービン少佐（新アイデアの豊富な指揮官として有名で、二度金星章を叙勲された）のことを、「鉄の忍耐力と決断力があり、創意に富んだ人物」として回顧している。ポールピンが1945年2月に戦死するまでに行った158回の戦闘出撃のうち、92回はトゥーポレフSB高速爆撃機に乗ってモスクワ郊外に飛び立ったものであった。

11月半ばの時点で第46飛行師団は西部方面軍航空隊に所属していたが、その後空軍副司令官I・F・ペトローフ将軍配下の予備航空隊に移された。ブリャンスク方面軍戦区で闘っていた正規の第6予備航空隊と異なり、ペトローフ予備航空隊は（モスクワ戦の過程で他の地区で編制された部隊と同じく）、時限（非正規）部隊であった。それは、方面軍航空隊の一部と新たに編制される飛行連隊から構成されていた。イワン・フョードロヴィチ・ペトローフは、フィリー（モスクワ西部）の飛行機工場の疎開を準備していたところ、11月24日に緊急にクレムリンに呼び出されたことを覚えている。スターリンは彼に、普通科軍部隊のV・I・クズネツォーフ将軍、D・D・レリュシェンコ将軍と協同で反撃を実施し、ドイツ軍に占領されたロガチョーヴォを奪還する任務を与えた。ドミートロフ北西にあるこの小さな町は、ドイツ第3戦車集団の進撃路上にある重要拠点であった。ジーガレフ空軍司令官は、ペトローフ予備航空隊に342機を拠出すると約束した。実際には、航空隊は250機を保有し、第10及び第46飛行師団、それに第702独立夜間爆撃機連隊を含んでいた。ソ連軍最高司令部大本営はモスクワ郊外の戦闘でA・A・デミードフやG・Ya・クラーフチェンコ、M・V・シチェルバーコフなどが指揮する予備航空隊をすでに使っていたが、そのなかでもペトローフ予備航空隊はもっとも強力であった。

ペトローフ将軍はドミートロフに本部を構え、11月27日より航空隊の活動を整え始め、約250回の戦闘出撃を準備、実施した。その頃までに状況はいっそう悪化していた。ドイツ軍は11月28日に、ヤーフロマ（モスクワの北55km）付近のモスクワ・ヴォルガ運河に掛かる橋を奪取したのであった。戦車に支援された小さな部隊が運河の東岸に渡った。ソ連機は敵部隊を絶えず爆撃、襲撃し、ロガチョーヴォでは火災が発生した。スターフカ（ソ連軍大本営）の指令を遂行するなかで、第150爆撃機連隊の飛行士たちは11月28日に運河橋の基礎を爆弾で破壊することに成功した。地上部隊は、橋が使用不能となり、敵部隊の東岸への渡河が止まったと確認報告した。G・K・ジューコフの推薦により、悪天候下にも

38 冬季迷彩として白に塗装されたユンカースJu88の爆弾搭載作業。手前の爆弾はSC1000汎用爆弾
39 雪の野戦飛行場に駐機するユンカースJu88。搭乗員が主脚ドアに何かを記入しているようだ。

かかわらず正確な爆撃を達成した、トゥーポレフSB高速爆撃機の6機編隊を率いていたF・T・デームチェンコフ少尉はソ連邦英雄に叙された。11月29日のソ連第1突撃軍の部隊が敢行した反撃により形勢が回復され、ドイツ軍は運河の西岸に戻され、ここの前線は安定膠着した。11月30日、ドイツ軍はクラースナヤ・ポリャーナを奪取した。ナチス軍とモスクワ中心部の距離はわずか27kmとなったが、それを乗り越えることは彼らはできなかった。また、この11月最後の日々、ドイツ第2戦車軍の進撃もカシーラ付近で押し止められた。

しばしばソ連の回顧文学には、「敵はいかなる犠牲もいとわず、モスクワに突進してきた」といったくだりを目にする。より正確には、ソ連軍司令部が、性急に準備された反撃や事前の偵察もない統一性を欠いた攻撃など、あらゆる手段を使ってやみくもに敵の進撃を食い止めようとしたのであった。このような行動はやむをえなかったとはいえ、多大な損害を出した。自らの命を代償に歩兵や砲兵、飛士……が首都につながる道を塞いでいたのであった。

たとえば、第593夜間爆撃機連隊は、戦闘地区に関する知識さえないままに爆撃任務につき、11月27日深夜未明の2回目の出撃においてすでに、ソンネチノゴールスク付近でR-5偵察機を3機失った。1機は高射砲射撃により撃墜され、もう1機は事故で損壊し、3機目は戦闘任務から戻らなかった。そして、それからの数日間も損害無しには済まされなかった。まもなく、この飛行連隊は第46飛行師団から外され、補充のために後送された。

この部隊の隣で闘っていた、2個連隊(第168戦闘機連隊及び第511爆撃機連隊)からなるS・I・フェドゥーリエフ大佐の第10飛行師団が、ノギンスク(モスクワの東68km)地区から急派された。

第511爆撃機連隊の飛行士たちの大半は1941年春に航空学校を卒業したばかりであったが、ペトリャコフPe-2爆撃機やペトリャコフPe-3戦闘機に乗って、わずか3、4回ばかりの飛行経験はもっていた。ただし、戦闘経験は誰にもなかった。11月27日に行われた最初の戦闘出撃からは、2機のPe-3が帰還しなかった。それらは高射砲でやられたのであった。というのも、高射砲対策飛行が行われていなかったからである。翌日には、護衛もなしに高度200〜300mを飛んでいた3機のペーシカが、容易にメッサーシュミットの餌食となった。連隊長のA・A・ババーノフ少佐はすぐに手落ちに気づいて対策をとり、12月10日までは戦闘損失を出さなかった。同連隊の飛行士たちは3回にわたって敵部隊の集結地点に回転破片爆弾(本体が回転落下中に破裂し、中身が四方へ飛散する)を投下し、敵に大きな損害を与えた。最初にこの爆弾が投下されたのは12月4日で、地上部隊の証言によれば、「ステパーノヴォ村では、そこにあったものの70％が破壊された」という。

第168戦闘機連隊のパイロットたちは南部方面軍戦区で戦闘経験を積み、1800回の出撃を行っていた。しかし、モスクワ北方でこの連隊を初めて用いたところ、飛行要員の襲撃訓練度が低く、ラグLaGG-3戦闘機への慣熟度も不充分であることがわかった。11月30日にはF・N・コンダレンコ連隊政治委員がきりもみ状態に陥り、墜落死した。さらに2機の戦闘機は不時着後に大破した。戦闘経験を積み、ドイツ戦闘機の戦術を考慮し、高射砲陣地配置状況を調査したことは、後に損害を大きく減らすことにつながった。11月27日から12月10日まで、第10飛行師団は358回の出撃を行い、10機がさまざまな原因により失われた。

モスクワの運命が危機にさらされていた日々、上空には常に防

空軍第6戦闘航空軍団の飛行士たちがいた。11月24日から29日にかけて彼らが飛び立った回数は2112回で、11月24日から12月4日まではさらに1586回の出撃が行われた。軍団司令部の報告によれば、ソンネチノゴールスク地区で11月28日から30日にかけて行われた370回の襲撃活動は、軍団にとってもっとも成果の挙がったものとなった。77両の戦車と263両の自動車輛、18両の有蓋トラックが破壊され、153箇所の高射砲陣地が沈黙させられた（これらの数字、特に戦車に関しては、かなり誇張されているものと見なすべきである。このことは、傍受されたドイツ軍各部隊本部間の無線通信内容が物語っている）。

赤軍指導部は飛行士たちの活動結果をより現実的に評価し、ヴェアマハトの戦車部隊に対する上空からの打撃は不充分であったと推察していた。

——「1941年11月にドイツ軍は戦車戦術を大きく修正した、——論文集『大祖国戦争における対戦車駆逐砲兵』にはこう指摘してある——彼らは道路に沿った大規模な戦車攻撃（前月のやり方）を止め、戦車は今や小さなグループに分散して移動している。戦車が大きなグループで用いられるのは、勝利が目に見えているところでだけであった。この新しい戦術を促したのは、かなりな程度天候条件であった。地面が凍結した今、敵戦車部隊は道路のないところでも、処女地でも活動できるようになったのである」

個別の車輛に対する空襲が、道路上の敵部隊の集結地点に対する襲撃よりもはるかに効果薄であるのは当然であった。空軍科学研究所の専門家たちは、敵戦車の破壊手段としてもっとも強力なイリューシンⅡ-2襲撃機の実戦結果を分析し、その照準機器の欠点やロケット弾の飛散範囲が広すぎること、23mmヴォールコフ＝ヤールツェフ機関砲の頻繁な故障、パイロットたちの不充分な射撃訓練度を指摘した。

11月26日、27日の二日間は、モスクワ北西の各地区やカシーラ、トゥーラなどで幾度もソ連軍にとって危機的な状況が生まれた。

——「我々の防衛前線は弓形に曲がり、非常に脆弱な箇所ができた——G・K・ジューコフは回想している——今にも取り返しのつ

40 第76爆撃航空団所属のユンカースの不時着地点に立つ赤軍兵士たち。
41 水平安定板を損傷して帰還したベーシカ。
42 この地図は1941年12月1日時点のドイツ軍部隊配置を示したもの。

かない事態が起こりそうに思われた。しかし、そうはならなかった！ 部隊は決死の覚悟で立ち上がり、増援を得て、再び揺るぎない防衛前線を築き上げていった」
　地上部隊の忍耐強さには航空部隊の支援も少なからぬ役割を果たしたように思われる。

　11月27日の朝、ドイツ軍は再び飛行場にあるソ連機を叩こうと試み、ルフトヴァッフェの飛行士たちはボルキーとガリーの飛行場を特に激しく爆撃した。ドイツの宣伝機関は「11月27日にドイツ爆撃機がソ連の首都近郊最大の飛行場に壊滅的な空爆を敢行した」と報じ、あたかも「格納庫と防空壕が炎上した」と付け加えていたものの、この情報は現実とは異なっていた。実際のところは、飛行場も各飛行大隊の兵器も、受けた被害は大きくなかったのである。

　この日のソ連飛行士たちは献身的に活動し、大きく稼働率を上げた。特筆に価するのは、N・G・クハレンコ少佐の率いる防空軍第11戦闘機連隊の飛行士たちで、彼らは昼間だけで5回もロガチョーヴォとクリンにあったドイツ軍部隊と滑走路施設を攻撃に飛び立った。彼らは20機の敵機破壊を報告した。11月27日だけで第120戦闘機連隊のチャイカは39回も離陸した。連隊でももっとも勇敢なパイロットのひとり、M・M・クラーク上級中尉は高射砲弾をまともに受けて撃墜された。彼はそれまで何度も奇跡的に死を免れ、あるときなどは着陸後に飛行服が破片でずたずたに裂けていたのに気づいたが、怪我ひとつしていなかったのだった。そして今回も、マクシーム・マクシーモヴィチ（クラークのファースト、ミドルネーム）はツキに恵まれているように思われた。彼はコクピットを飛び出すことに成功したものの高度が足りず、落下傘が開

ききらなかったのである。操縦士のいないI-153はセーネシ湖の氷の上に墜落した。第6戦闘航空軍団の累計損害は大きかった。11月24日から12月4日までに8機がドイツ戦闘機に、10機が高射砲に撃墜され、21機が未帰還となった。さらに7機は事故により廃棄せざるを得なかった。第6戦闘航空軍団は戦死者だけでも17名のパイロットと1名の整備士を失った。

11月に赤軍航空隊は独ソ戦線全域において567機の損失を出した。したがって、損失は10月に比べてはるかに少なかったわけではあるが、それでもまだドイツ軍の損失よりは大きかったのである。しばしば、特に11月の末ごろは、ソ連空軍の主な敵は高射砲に替わった。ドイツ高射砲兵は、低空を飛ぶ機体を撃破することに幾度も成功した。

メッサーシュミットは普段、数が優勢なときに交戦に入ろうと努め、決戦を挑むのは1、2回攻撃を行って様子を見たうえでのことだった。ところが、ソ連軍飛行士たちにはこのような戦術はすでにお馴染みで、彼らは大胆に反撃に向かって行った。

11月30日にソンネチノゴールスク付近で、第180戦闘機連隊のV・V・ノーヴィコフ＝イリイン大尉が指揮する7機のミグMiG-3戦闘機が、反対方向からやってきたメッサーシュミットに銃弾を食らわせた。残った8機のBf109Fはすぐさま戦闘から離脱した。しかし、それまでに彼らは同連隊の最優秀エース、S・V・マカーロフ少尉の乗機に大きな損害を与えることに成功した。マカーロフは、敵の後方にあるクリン付近の空っぽになった飛行場に滑空していった。友人でもある連隊仲間を護衛していたS・F・ドルグーシン少尉は、敵兵が乗った自動車群が飛行場に近づいているのを目撃し、その傍に着陸した。マカーロフは急いで同志のコクピットによじ登り、手遅れの銃撃を受けながらも、「2人乗りの」MiG-3はうまく離陸に成功した。これと同じ日、今度はドイツ軍がノーヴィコフ＝イリインに撃たれたO・ミルバウアー軍曹を、ソ連軍が占領していた場所から脱出させることができた。彼らは軍曹の救出にフィゼラーFi156'シュトルヒ'連絡機を用いた。こうして、赤軍兵たちが被弾したBf109F（W.Nr.12756）を後方に移送していたそのとき、ドイツ兵たちは残されたMiG-3を調べていたのだった。

ソ連軍航空部隊各本部の集計資料や報告書類を見るかぎり、11月末のドイツ第8航空軍団の活動の性格や活発度に何らの変化も認められない。しかし、地上部隊の指揮官たちや情報部門は、ヴェアマハト将兵の士気が低下していることを察知していた。彼らの多くがもはや迅速な勝利を信じていないことは明らかであった。11月27日にドイツ陸軍参謀本部主計総監が、上司であるF・ハルダー将軍に、「我が軍は兵器、兵員ともに完全なる消耗の手前にある」と報告したのも、根拠があってのことであった。

とはいうものの、12月1日にハルダーはフォン・ボックに対し、「すべての兵力を最後の一兵に至るまで戦闘に投入し、敵を粉砕するよう試みなければならない」と伝えた。進撃作戦の継続にはヒトラーも固執していた。総統と陸軍参謀総長は、「敵の抵抗能力は限界点にたちし、敵にこれ以上の力が残されていない」と判断していた。中央軍集団の戦車部隊と機械化部隊はモスクワを目指し続けた。もっとも大きな前進を果たしたのはクリンゲンベルクSS少将の戦闘団で、クラースナヤ・ポリャーナ占領後、クレ

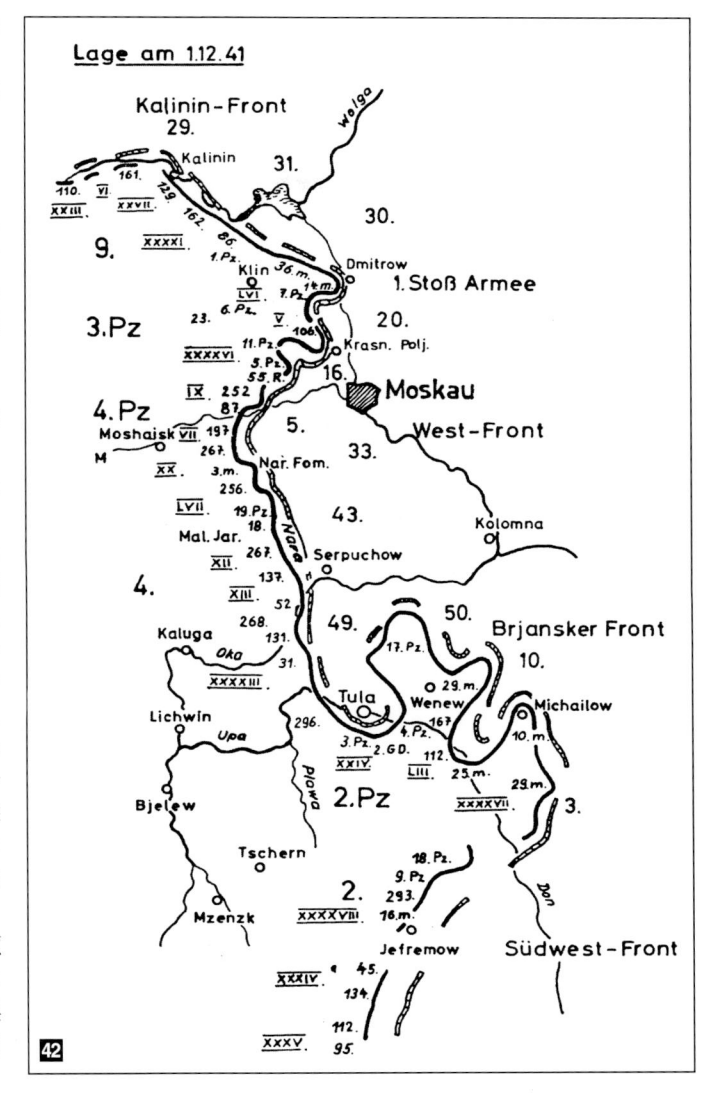

ムリンまで32kmの地点に迫った。

12月1日にドイツ第4野戦軍の突撃部隊がソ連第5及び第33軍の境界部分に突入し、クービンカに向かったのは、西部方面軍司令部にとって予想外であった。ドイツ軍部隊は地上と上空から猛烈な反撃を受けた。地上部隊が衝突していた上空では、12月2日に新たな勢いをもって空戦の火花が散った。

この日、またひとつ自己犠牲的な功績を第54爆撃機連隊のV・S・バルマート中尉が飾った。ヤフローマの南西で戦闘任務を遂行中に彼の乗機は被弾した。航法士に落下傘で炎上する機を離脱するよう命じた後、ヴァシーリィ・セミョーノヴィチ（バルマートのファースト、ミドルネーム—訳注）は落下するペトリャコフPe-3戦闘機をマールフィノ村から逸らせ、自らの命を犠牲にして村人たちを救った。ソ連邦英雄の称号がバルマートに与えられたのは1991年のことであった。

西部方面軍戦区右翼の上空だけでも1昼夜の間に40回以上の空戦が繰り広げられた。ソ連側文書資料によると、17機の敵機が

43 胴体着陸して遺棄された第3爆撃航空団所属のユンカースJu88。部隊呼称の「ブリッツ」にちなんだ電光の航空団マークが描かれている。
44 1941年11月22日、高射砲射撃により撃墜されたヘンシェルHs123急降下爆撃機(W.Nr.2318)

撃墜されたとされているが、ドイツ側がこの地区で認めた損失は7機のみである。ナロ・フォミンスク上空を飛んでいたドイツ機のある1機の中で熟練の急降下爆撃機エースで、第1急降下爆撃航空団第5中隊指揮官のJ・リーガー中尉が戦死した。ドイツの歴史家E・オーベルマイヤーによれば、リーガーは257回目の出撃の際、ソ連戦闘機の攻撃をかわそうとした友軍機に衝突された。リーガーは騎士十字章を死後叙勲された(ルフトヴァッフェの公式損失リストには、リーガーのユンカースJu87R急降下爆撃機とH・フリック軍曹の乗った同型の列機はソ連軍高射砲が撃墜したとある)。

1941年11月のルフトヴァッフェの活動について、これまでは前線付近の戦闘を主に検証してきた。しかし、ヴェアマハト司令部はソ連軍後方も"ほったらかし"にはしなかった。この月にルフトヴァッフェ最高司令部第122長距離偵察飛行隊指揮官のF・ケーラー中佐が騎士十字章を受勲したのも偶然ではなかった。

11月19日に中央軍集団司令部は、「ロシア軍新規兵力がモスクワ北方地区へ投入される可能性あり」というスパイ情報を受け取った。1日おいて、タンボーフ地区において新たな編制が行われているとの情報も入った。ヴェアマハトと中央軍集団の長距離偵察部隊には必要情報を収集する任務が与えられた。

11月22日、1機のユンカースJu88偵察機がカリーニンとベージェツク(カリーニンの北東130km)を通過してルィビンスク貯水池の方に向かい、もう1機がザゴールスク(現セールギエフ・ポッサード、モスクワの北東71km)、アレクサンドロフ(ウラジーミルの北西120km)上空を飛び、イヴァーノヴォ(モスクワの北東318km)を目指していた。両機の無線手たちは天候情報を暗号化せずに伝えていた。もちろん、偵察機の任務が天候調査に限られていたわけではなかった。11月26日、ドイツ軍飛行士たちはタンボーフとラネンブールグ(モスクワの南約420km)の間の鉄道輸送が強化されていることを認め、さらに「新兵力の移動を意味するのか、それとも避難なのかを確かめることはできない」と報告している。同じ日、「オジョールィ(モスクワの南東157km)とカシーラ北方の両地区に敵部隊縦列の大集結」が確認された。11月27日には、ドイツ軍パイロットたちは「昼も夜も、リャザン〜コロームナ間(モスクワの南東196〜113km)の頻繁な往復輸送を観察していた」。ドイツ軍司令部には、第2戦車軍戦区翼部に対する反撃が準備されている」との報告が入った(この情報は完全に正しかった)。11月28日、第14長距離偵察飛行隊第4中隊のユンカース搭乗員たちは、リャザン地区における輸送と兵員下車が盛んになったこ

とを発見した。それと同時に、第11長距離偵察飛行隊第4中隊の観測員たちは、新規兵力のモスクワ北方集結を報告した。
——「中央軍集団戦区中央部分の向こうでは、ウラジーミル(モスクワの北東190km)〜ノギンスク(モスクワの東68km)間及びペレスラーヴリ゠ザレースキィ(ヤロスラヴリの南西124km)〜ザゴールスク間の道路をモスクワに向かって自動車縦隊が大移動しており、またザゴールスク地区に自動車輌が集結していることが夜間偵察部隊により確認された。敵は部隊をザゴールスク、モスクワ地区に引き寄せ、さらにモスクワの西方に集めている公算が大きい。ドミートロフ地区のクリャージマ貯水池西方には自動車輌が集結し、村々は軍隊で溢れているのが認められる」、と11月28日夕方のドイツ軍偵察報告書には記されている。こうして、ソ連の第20軍と第1突撃軍の進出はドイツ側に察知されずにはすまなかったのである。

ほとんど毎日、おそらく大雪が1機たりとも上空に飛び立つのを許さなかった12月3日を除いては、ドイツ軍各部隊本部にはソ連軍新戦力の接近に関する情報が刻々と入ってきた。航空偵察部隊は特に、モスクワより南東の様子に注意を注いでいた。12月5日の日付の入った報告書には、リャザン郊外とリャザンの北西に2000台の貨車と20両の蒸気機関車が、リャーシスク(リャザンの南西117km)には500台の貨車と蒸気機関車10両、ダンコーフ(リーペツクの北西86km)には400台の貨車と5両の蒸気機関車が集結し、いたるところで兵員の下車と兵器の荷降ろしが行われていると記されている。

これらの危険を警告するような情報にもかかわらず、それら関する正しい評価は行われなかった。ドイツの歴史家K・ラインハルトは、ドイツ軍司令部の過ちを強調して、「ロシア人がこれ以上新しく大兵団を編制することはできないとの不確かなイメージの虜になっていた」と書いている。上記の情報を分析した各本部の情報課は、あたかもソ連軍部隊の集結はみな、「戦線の平穏な地区から解放され、前線回復を目的とした反撃に備えた」兵力の移動の跡であると判断した。たとえば、12月4日にドイツ陸軍総司令部東部戦線外国軍課はロシア軍の戦力を「大規模な増援が到着しない限り、大攻勢を発起するには不充分」と結論した。赤軍の可能性に対する過小評価は、数日後にヴェアマハトの大誤算であったことが判明する。

ドイツ軍の航空偵察部隊が他の空軍部隊と異なり、11月も高い戦闘能力を保持していたとはいえないだろう。11月末には、2機しか飛べない日もあった。そのため、ソ連軍の後方奥深くへの飛行には爆撃機部隊のもっとも経験豊かな飛行士たちも加わった。これらの偵察飛行中に彼らが出した損害も小さくはなかった。たとえば、11月26日にモスクワ付近で第26爆撃航空団第III飛行隊のハインケルHe111爆撃機がソ連戦闘機により炎上させられた。数日後に、同機の搭乗員のうち、操縦手であった第9中隊指揮官のH・ローレンツ大尉だけが前線を越えて、友軍陣地に辿り着くこ

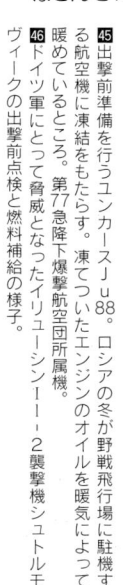

45 出撃前準備を行うユンカースJu88。ロシアの冬が野戦飛行場に駐機する航空機に凍結をもたらす。凍っていたエンジンのオイルを暖気によって暖めているところ。第77急降下爆撃航空団所属機。

46 ドイツ軍にとって脅威となったイリューシンIl-2襲撃機シュトルモヴィークの出撃前点検と燃料補給の様子。

とができた（ドイツ側資料は、同機の墜落日を11月28日としている）。『レギオン・コンドル』航空団に関する文献には、11月23日に前線から遠く離れたトゥーラの北東で撃墜された、E・フォン・グラーゾ少尉の搭乗員全員がどうやって戦列に復帰できたかが詳細に描かれている。ハインケルの航法士であったH・ブッツェル一等飛行兵の回想を引用してみよう。

──「前線に向かっていたとき、ロシアのラータ（Ｉ-16──著者注）が我々に接近してきた。しかし、なぜ撃ってこなかったのかはわからないままだった。我々はトゥーラ北東に発見した目標に重破片爆弾SD500を投下し、その後50kg破片爆弾を8発投弾した。8発の航空破片爆弾が機中に残っていたので、我々は再び進入を繰り返した。このとき、多数の対空砲火と炸裂した砲弾から飛散した破片が機体を包んだ。一瞬の間をおいて、高射砲の1基が精密な射撃を行った。

──数日前、我々の眼の前で同じ中隊のグラーヴェ曹長の爆撃機がこんな感じで撃墜された。彼の乗機は右翼エンジンから発火し、炎の舌が突き出た。その後、火が消えたかと思うと、再び燃え始めた。燃料タンクに貫通弾痕が開いていたのは明らかだっ

た。燃えさかる機体は急速に高度を失い、まもなく墜落して爆発した。後になって、搭乗員のうち3名がロシア人の捕虜となったことを知った。

──今度は我々の順番がきた。左翼エンジンから破裂音が聞こえ、屑が飛び出し、モーター（エンジン）は煤だらけとなった。パイロットは消火器のスイッチを入れ、私は慌てて残っていた爆弾を落とし、無線手は右翼エンジンの機能喪失対処について機内通話器から連絡していた。

──トゥーラ北方にソ連軍高射砲の大部隊が集結していたのを知っていたので、我々はこの地区を避けようと努めた。斜めに尾翼が垂れ下がった機はゆっくり降下していった。突然、森の向こうに電信線が横に走っているのが見えた。尾翼がこれに引っかかり、数秒後にハインケルは耕作地を這いずった。私のすぐ下の下部機銃搭にいたケスター航空機関士は頭から雪と土を被っていた。

──我々はみな無事だった。前線から60km離れたところに着陸したと思っていたが、飛んだ距離はその半分に過ぎないことがわかった。砲の斉射音を頼りに夜通し忍び歩き、朝には前線に出た。すんでのところで我々は捕まるところだった。ソ連軍の野営地に出た我々は、覚えたいくつかのロシア語のフレーズを使い、飛行用防寒ヘルメットマイクを赤軍風に着用して、警戒した歩哨を欺いた」

誰もがこんなに運がよかったわけではなかった。11月25日（別の資料では26日）にタンボーフへの飛行から帰還中であった、第3爆撃航空団第Ⅰ飛行隊指揮官F・パスクヴァイ中佐の乗ったユンカースは、リャーシスク付近の低空で第171戦闘機連隊司令官S・I・オルリャーヒン中佐に迎撃された。12月1日には、第3爆撃

47 48 第562戦闘機連隊パイロットのⅠ・N・カラーブシキン。11月27日、ドミートロフ地区で第28爆撃航空団のハインケルHe111爆撃機が彼によって撃墜された。

航空団第Ⅲ飛行隊指揮官のW・グラオヴァエス少佐が自分の列機と衝突、死亡した。さらに、1941年12月21日、カルーガ付近で第3爆撃航空団のもうひとつの飛行隊、第Ⅱ飛行隊指揮官で、もっとも経験豊かなパイロットとして1941年の最初からずっと指揮を執っていたK・ペーテルス大尉までもが、行方不明となったのだった。1ヶ月の間に3名の飛行隊指揮官が死亡するというのは、ルフトヴァッフェ史上稀有な出来事である。モスクワ郊外の冬は、第3爆撃航空団『ブリーツ』の生き残った飛行士たちの記憶には悪夢として残った。

1941年11月末から12月初めは、かつてなかったほどの航空機の戦利品がソ連軍司令部の手に入った。航法士のG・シュトルマッハー大尉(彼は、第106特殊任務爆撃飛行隊の1個中隊を指揮していた)が方位を見失ったために、ユンカースJu52輸送機はソ連戦闘機と高射砲の銃砲火のなかに舞い込み、ソンネチノゴールスク(モスクワの北西65km)付近に緊急着陸せざるを得なくなった。操縦手と航空機関士は銃撃戦の最中に死亡し、負傷したシュトルマッハーは友軍陣地に辿り着くことができた。被弾捕獲された戦闘機のうち2機のメッサーシュミットBf109F戦闘機が修復された(部隊章から、これらの戦闘機は第52戦闘航空団第6中隊に所属していたと思われるが、機体製造番号12811と12913、及びそのプレートからは、それぞれ1941年の6月と8月にアゴ工場で製造されたものと見られる。空軍科学研究所でのテストは、前線から近いことから困難であった)。モスクワの北西だけでもこの間にさまざまな航空団の7名の飛行士たちが捕虜となった。驚くべきことに、彼らの全員がドイツ人とは限らなかった。11月27日に第16軍の戦区で、第27戦闘航空団第15中隊指揮官を務めていたスペイン人のJ・ムニョース・ヒメネス少佐が拘束された。

二日おいて、これとほぼ同じ場所の第16軍司令所から10km離れたブレーホヴォ村に高射砲に、撃墜されたヘンシェルHs126観測機(機体コード5F+GH)が墜落した。観測員は同機とともに死亡したが、操縦士のA・ボルネク上級曹長は捕虜となった。彼の証言では、彼の所属する第14近距離偵察飛行隊第1中隊に残っているのはヘンシェルが3機のみで、それらでさえ機体の一部はひどく老朽化していた。ノヴォ・ペトロフスクにあった第14近距離偵察飛行隊の本部は、第3戦車集団のために情報を提供すべく、軍偵察部隊の行動に責任を負っていた。尋問を受けた後すぐに、ボルネクは脱走に成功したが、彼がルーザ(モスクワの西110km)付近の自分の飛行場に着いたときはもう、そこには誰もいなかった。戦闘能力を失った中隊は東部戦線から外され、その後解隊された。

モスクワ戦参加者たちの回顧録を読むと、捕虜となったドイツ飛行士たちをG・K・ジューコフ自ら尋問していたことがわかる。西部方面軍司令官であった彼が何よりもまず知りたかったのは、敵がまだ予備を保有しているのかどうかという点であった。まさにこの時期は、前線の状況は弓の弦をぴんと張ったようであった。ドイツ第3及び第4戦車集団の楔形突入部隊は、モスクワから25〜30kmの地点にまで迫っていた。しかし、襲いかかる『タイフーン』は明らかに勢いを落とした。

1941年12月5日、中央軍集団司令官F・フォン・ボック元帥は陸軍参謀総長に対して、「力は尽きた。第4戦車集団は明日にはもう進撃はできないであろう」と伝えた。『バルバロッサ作戦』計画が想定していたような形で、1941年に「迅速な軍事作戦をもってソヴィエト・ロシアに」勝利することはできなかった。そして、「冬将軍も泥将軍も」その第1の原因ではなかった。当時第4野戦軍参謀長であったブルーメントリット将軍が自己批判的に認めているように。——「我々に対峙していた軍隊は、我々がかつて戦場で遭遇した他のあらゆる軍隊を戦闘能力の点で、はるかに凌駕していたのであった」

㊾エンジン点検中のドルニエDo17爆撃機。
㊿突撃砲の上に立ち観測を行うドイツ軍の航空誘導員。
51ルフトヴァッフェの無線誘導車として使用された8輪装甲指揮車。

総　括

「空では我々が間違いなく主導権を握るだろう、とヒットラーは断言していた。──空軍は多くの可能性をもたらすであろう。我々はあらゆるものに対して優位に立つであろう。この分野で我々の大きな敵となるのは、唯一イギリスだけである。スラヴ人はまともに空戦を行えたためしはなかった。これは男の武器であり、そしてドイツ式の戦い方である。私は世界でもっとも大きな航空艦隊を建造しよう」

　もう一度強調してもよかろう。ナチス指導部はソヴィエト連邦を空戦の危険な敵だとは見なしていなかった。対ソ侵攻前夜、彼らはドイツ空軍の優位に確信を抱いていた。飛行要員の高い訓練度に戦闘経験、兵器のレベルは、曰く、ルフトヴァッフェのパイロットたちに絶対的優勢を保証するものであった。確かに、1941年後半に記された戦闘報告書類を読むと、ドイツ空軍は東部戦線において勝利に勝利を重ねていった感を抱く。そして、事実がそれを証明していったかのように思われた。数週間のうちにヴェアマハトは、バルト海沿岸諸国に白ロシア、ウクライナのかなりな部分を占領した。

　『バルバロッサ』作戦の計画（1941年1月31日付け陸軍総司令部訓令）によると、作戦第1段階において空軍は「敵空軍との戦闘及び地上軍部隊への直接支援にすべての努力を集中する」こととなっていた。というのも、電撃戦戦略は、戦車師団や機械化師団、ルフトヴァッフェの航空団をあてにしていたからである。それらにこそ、『タイフーン』作戦において決定的な役割があてがわれていたのである。とりわけ、フォン・ボックは第2航空艦隊に3つの課題を出した。すなわち地上進撃部隊を支援し、中央軍集団戦線の前方で赤軍航空隊を壊滅させ、ソ連西部方面軍戦区への兵員、兵器の補給を許さぬことであった。ところが、1941年秋にルフトヴァッフェ各部隊はこれら3つの課題すべてを首尾よく達成することはできなかった。彼らはソ連空軍を崩壊させ、補給を遮断することに失敗したのである。

　ヴェアマハトの将軍たちは、なぜドイツ軍の兵力が次第に減少し、ロシア軍のそれが増えていったのかを説明付けるのに大変苦しんだ。たとえば、第2航空艦隊司令官のA・ケッセルリング元帥は、戦略目標よりも戦術目標を優先したことが過ちだったとしている。「近距離航空兵力が切り札とされ、まさにそれに東部戦線において軍が有していたあらゆる優れたものが注ぎ込まれた」。彼は書いている。

　──「戦略的課題はこれまでどおり例外であり続けた。ロシアの領土の奥深さそのものがそれにとって大きな可能性を与えていたにもかかわらずにである。戦争開始直後からドイツ空軍のお決まりとなった活動のうち、際立っていたのはモスクワ──ロシアの政治経済の中心で道路網のもっとも重要な要衝に対する空爆だけであり、それは数ヶ月の間に亘って充分首尾よく実行されていた。これらの空爆が、1941年10月にモスクワで起きたパニック状態を大きく促したことは疑いない。当時のドイツ空軍は本当に戦争の決着をつけることができたであろう。もしも、ドイツ陸軍の進撃がモスクワ郊外で、最初はぬかるみに、その次にロシアの雪に足をとられなかったならば」

　しかし、本書はルフトヴァッフェがソヴィエトの首都を破壊しようとした試みが失敗したことを示した。あたかも、ヴェアマハトの地上部隊だけが危機にあったとするケッセルリングには賛同できない。むしろ、1941年の晩秋に中央方面でドイツ空軍が大きく弱体化し、制空権を失ったことが、『タイフーン』作戦第2段階におけるヴェアマハトのチャンスをかなり奪ったのであった。

　ナチスはしばしば自らの敵を見下していた。しかし今度は、ソ連の抵抗力を過小評価したことは、ナチスにとって取り返しのつかない結果をもたらした。モスクワ郊外での赤軍航空隊の強化は、きわめて困難な状況下で進められていた。飛行機乗りたちは、地上部隊の将兵と同様、幾度も敗北の辛酸を舐め、同志の死を悼まねばならなかった。10月初頭に3個方面軍が敗退したにもかかわらず、将兵は両手を上げることはしなかった。多くの者は信じていた、──敵は食い止められると。

　モスクワ戦の防衛段階において、ソ連軍最高司令部はかつての戦闘に比べ、はるかに効果的に航空兵力を活用した。10月初頭には、数個方面軍とモスクワ軍管区の航空隊、長距離爆撃航空軍、防空軍戦闘機部隊、それに随時編制されていった予備航空隊の戦力を統合することに成功した。最高司令部スターフカ（大本営）は赤軍航空隊司令官を通じて一元的な指揮の下にこれらの部隊を活用した。それは、重要方面に各種航空兵力を大量投入し、もっとも重要な課題を達成するためにこれら様々な部隊の威力を結集させることを可能にした。

　1941年10月も中旬にかかるころ、モスクワ方面には戦闘活動中にあった全航空兵力の46％が配置されていた。昼も夜も飛行士たちは突入してきた敵の戦車、機械化師団を攻撃し、兵力の再編制とスターフカ予備部隊による新たな防衛線構築のための時間を稼いだ。そのなかで、80％にのぼる出撃は、首都防衛の主な役割を担っていた西部方面軍戦区で行われた。10月は、敵最前線部隊に打撃を与えるために、長距離爆撃機は全出撃の71％を充て、防空軍戦闘機部隊は10月、11月の出撃の32％をこの目的に振り向けた。

　訓練方法と戦闘方法もさらに向上した。11月末に西部方面軍航空隊参謀部により、開戦以来はじめて『防衛作戦における航空兵力の戦闘活用プラン』が作成、実践された。航空部隊の戦闘行動は想定される敵の進撃方向を考慮したうえで行われ、各部隊に対する課題はその装備充足度に適合するように出された。そこではまた、航空部隊の管理、地上部隊との連携活動についても触れられていた。

　これらすべてが合わさってモスクワ郊外でのソ連軍前線の強化を助けた。G・K・ジューコフはこのように結論付けている。──「方面軍、長距離爆撃航空軍、防空軍の各航空部隊が協同して傾けた努力のおかげで、大祖国戦争開始以来はじめて、空中における主導権が敵の掌中から奪取された」

後書き

　読者諸兄には本書において、モスクワ戦防衛戦段階で繰り広げられた空戦をご紹介した。ソヴィエトの首都に対する夏季空襲への反撃を主題とした第1章では、空軍独自の作戦（ルフトヴァッフェにとっては進撃作戦、赤軍航空隊にとっては防空作戦）を検証した。そこでは、地上の独ソ戦線で起きていた主な出来事に関しては、比較的簡単に触れている。その後、相敵対する双方は航空兵力の活用を地上戦の全体的な動きに緊密に連携させていく。それゆえ1941年の秋、冬のモスクワの門前で展開された空地の戦いを関連づけつつ描くように努めた。

　本書の執筆に当たっておもに用いた資料は、ロシア国防省中央公文書館、ロシア国立経済公文書館、さらにコブレンツ市にあるドイツ軍事公文書館の文書類である。これらの機関の職員ご一同に対して謝意を表したい。そして、本書のテーマに関する貴重な情報を喜んで提供してくれたフィンランドの二人の研究仲間、歴史家のカール‐フリーデリク・ゲウストとマッティ・サーロネンにはとりわけ感謝している。ドイツ語資料の整理、翻訳にあたってはA・V・ミハイロフとA・V・フォミチョーフの両氏に協力していただいた。

　本書はまた、当時の戦闘を体験したA・V・ジャチコーフ、M・A・ラノヴェンコ、S・A・ミコヤン、G・D・オヌフリエンコ、A・V・スミルノーフ、G・N・ウルヴァチョーフ、M・N・ヤクーシン諸氏の回想録なしには成り立たなかったであろう。

　図や写真はロシア映像写真資料館所蔵のものを利用させていただいた。その他に個人コレクションからも借用させていただいた（提供者：ロシア語アルファベット順に、N・G・ボドリーヒン、A・A・ヴァリチューク、E・I・ゴルドン、N・T・ゴルジュコーフ、D・V・グリニューク、S・D・クズネツォーフ、O・Yu・レイコー、P・B・リパートフ、M・A・マースロフ、A・N・メドヴェージ、G・F・ペトローフ、S・A・ポプスーエヴィチ、V・D・ロマネンコ、G・P・セローフ、A・V・スタンコーフの諸氏）。挿絵『首都夏季空襲への反撃』はA・A・ジョークチェフ氏の筆による。

　V・S・ヴァフラーモフ氏、G・P・セローフ氏、S・S・ツヴェトコーフ氏には拙稿に目を通し、文章表現に関して貴重な助言をしていただいた。ここに列記した先輩同僚の諸兄に心より深く感謝せねばならない。また、出版社『チェーフニカ―モロジョージ』の編集委員V・M・チェールニコフと美術担当E・G・リトヴィーノフ両氏との共同作業は温かい思い出となった。

　G・A・バエーフスキィ退役空軍少将、A・M・アルチェーミエフ退役大佐、M・E・モローゾフ大尉は拙稿を精読し、書評を下さった。内容、表現に対してご指摘をいただき、さらにまえがきを執筆してくださったS・A・ミコヤン退役空軍中将には言い尽くせぬ感謝の意を表したい。

　そして最後に、I・V・バシニーアーとA・N・メドヴェージ両氏には本書の準備にあたり言葉では表せぬほどの支援を賜った。

　本書はもちろん完璧ではない。その改善のためにいただくご指摘はみな、出版社と著者ともにありがたくお受けしたい。

参考文献

（ロシア語文献）
- V・A・アンフィーロフ『「電撃戦」の破綻』、モスクワ、1974年
- L・A・ベズィメンスキィ『鎮まった「タイフーン」』、モスクワ、1987年
- 『モスクワ攻防戦』、モスクワ、1975年
- 資料集『首都攻防戦　防戦から反撃へ』第1巻、モスクワ、1994年
- P・P・ボチカリョーフ、N・I・ポルィギン『燃える空の歳月』、モスクワ、1991年
- 『大祖国戦争　1941年〜1945年：第1冊「過酷な試練」』、モスクワ、1998年
- 『軍事史ジャーナル』1967年第3号：「数字でみるモスクワ戦」
- 『過酷な試練』、モスクワ、1995年
- B・ヴィンツェル『三軍の兵士』、モスクワ、1971年
- 『大祖国戦争における防空軍』第1巻、モスクワ、1954年
- G・K・ジューコフ『回顧と考察』第2巻、モスクワ、1988年
- D・A・ジュラヴリョーフ『モスクワの炎の楯』、モスクワ、1972年
- G・V・ジーミン『戦闘機』、モスクワ、1988年
- 『大祖国戦争における対戦車駆逐砲兵』、モスクワ、1957年
- M・N・コジェーヴニコフ『1941年〜1945年の大祖国戦争におけるソヴィエト空軍の司令部と参謀部』、モスクワ、1985年
- 『戦時の平和の翼』、モスクワ、1995年
- 『首都上空の警護にありて』、モスクワ、1968年
- 『レーニン勲章受勲防空軍モスクワ管区』、モスクワ、1981年
- D・M・プロエークトル『侵略と破滅』、モスクワ、1968年
- K・ラインハルト『モスクワ郊外の転機』、モスクワ、1980年
- K・K・ロコソーフスキィ『兵士の責務』、モスクワ、1988年
- A・M・サムソーノフ『モスクワ、1941年―敗退の悲劇から偉大なる勝利へ』、モスクワ、1991年
- A・F・セミョーノフ『離陸中』、モスクワ、1969年
- 『極秘！司令部のみ　文書・資料』、モスクワ、1967年
- 『ソ連情報局報道』第1巻、モスクワ、1944年
- A・G・フョードロフ『モスクワ近郊戦の空軍』、モスクワ、1968年
- F・I・シンカレンコ『実戦テスト済み』、リガ、1984年

（ドイツ語文献）
- Aders G., Held W. Jagdgeschwader 51 "Moelders". Stuttgart, 1983.
- Balke U. Der Luftkrieg im Europa. Teil 1. Koblenz, 1989.
- Balke U. Kampfgeschwader 100 "Wiking". Stuttgart, 1981.
- Das Deutsche Reich und der Zweite Weltkrieg. Bd 4. Stuttgart, 1983.
- Dierich W. Die Verbande der Luftwaffe 1935 ｡V 1945. Stuttgart. 1976.
- Dierich W. Kampfgeschwader 55 "Grif" Stuttgart, 1975.
- Gundelach K. Kampfgeschwader "General Wever" 4. Stuttgart, 1978.
- Guderian H. Erinnerungen eines Soldaten. Heidelberg, 1951.
- Haupt W. Moskau ｡V Rshew ｡V Orel ｡V Minsk. Bidbericht der Heergruppe Mitte. Friedberg, 1978.
- Kiehl H. Kampfgeschwader "Legion Condor" 53. Stuttgart, 1983.
- Nauroth H. Die Deutsche Luftwaffe vom Nordkap bis Tobruk. Friedberg, 1983.
- Nowarra H. Luftwaffen ｡V Einsatz ｡7Barbarossa｡4. Podzun, 1993.
- Obermaier E. Ritterkreuztrager der Luftwaffe. Bd 1. Mainz, 1966.7
- Obermaier E. Ritterkreuztrager der Luftwaffe. Bd 2. Stuttgart, 1976.
- Piekalkiewicz J. Die Schlacht um Moskau. Lubben, 1981.
- Ring H., Girbig W. Jagdgeschwader 27. Stuttgart, 1978.

付　録

1941年7月にモスクワ軍管区の"平穏な"第11および第16戦闘機連隊で起きた航空機事故・故障

第11戦闘機連隊

7月4日	破損	Yak-1	ロジオーノフ中尉
7月4日	破損	Yak-1	ユシコー中尉
7月7日	事故	I-15bis	クハレンコ上級中尉
7月13日	事故	Yak-1	チーホノフ少尉
7月15日	破損	Yak-1	ヴィーフロフ政治委員
7月17日	破損	Yak-1	セクレタリョーフ少尉
7月22日	事故	Yak-1	イリイン中尉
7月24日	人身事故	Yak-1	エメリヤーノフ少尉
7月25日	不時着	Yak-1	ヴァシーリエフ中尉
7月26日	破損	Yak-1	グラムジン中尉
7月28日	事故	Yak-1	ルィセンコ少佐
7月31日	破損	Yak-1	リーシン少尉

第16戦闘機連隊

7月9日	事故	I-16	ザハーロフ軍曹
7月21日	事故	MiG-3	チューリコフ少尉
7月21日	破損	MiG-3	ブィシェフ少
7月22日	破損	MiG-3	ブフチェーエフ少尉
7月25日	破損	MiG-3	ブリヤーン中尉
7月26日	破損	MiG-3	ステパネンコ少尉
7月26日	破損	MiG-3	シュミーロフ少尉
7月28日	破損	MiG-3	プレハーノフ中尉
7月28日	破損	I-16	ゴレーリク大尉

(参考のため、同じ期間に第24戦闘機連隊では30件の事故・故障が発生し、そのうち3件は人身事故であった)

第1重爆撃機連隊所属でトゥーポレフTB－3爆撃機操縦手であったソ連邦英雄M・T・ラノヴェンコ中尉の1941年9月当時の回想

　9月のある夕方のこと、我々の連隊の熟練飛行士たちに対して、モスクワ夜間空爆の発進基地でもあったドイツ軍後方中継飛行場を封鎖せよとの課題が出された。私の搭乗グループは、バルバーソヴォ飛行基地のあったオルシャの方角へ飛び立った。

　重爆撃機は、ドイツの夜間爆撃機が発進する前までに目標に接近できるよう計算して離陸した。航路全体に亘って雲量は最大の10級で、我々は雲のすぐ下を高度200～300mで進んだ。我々がバルバーソヴォの上空に現れるまで、飛行場は発進準備作業で沸き立っていた。駐機場に投下された爆弾に敵は高射機関銃とエリコン機関砲の射撃で応えてきた。射線から急いで逃れなければならなかった。

　今回の出撃にTB-3が抱えていった荷物は航空爆弾FAB-50が36発に、それと同数の小型破片爆弾と焼夷弾であった。我々は飛行場付近を旋回しながら、敵飛行場になにやら「動き」が認められると爆弾を1、2発投下し、すぐさま暗闇に姿を消していった。こうして夜通し敵の活動を麻痺させるというのが、我々の計算であった。

　単調で、しかし疲れる作業は、滑走路に進入してきたドイツ機が中断した。それは端翼灯を点灯して地上と信号合図を交わし、その後探照灯が飛行場を照らし出した。我々は降下しながらTB-3にしては結構なスピードを出して、「ドイツ人」の後ろに尻尾のようにくっついて並び、それからはっきり識別できた駐機場に残りの爆弾を一斉投下した。

　この瞬間、多数の探照灯が光り、高射火器が猛射撃を開始した。それがどんな結果をもたらしたであろうかはなんとも言えないが、強烈な爆発の衝撃波が我々の機体を跳ね上げ、1000m以上の高さに文字通り放り投げたのであった。最初の衝撃から我に帰る間もなく、2つ目の衝撃が機体を襲った。爆撃機は急激に右を向き、速度は落ちた。片方の1対のエンジンが止まっているとの航空機関士の報告には参った。機体を水平飛行に保つことはできず、乗機は滑るように降下していった。高度は絶望的に下がり続けていった……。

　左翼エンジンのアクセルに機体が急反応したとき、我々のTB-3はドニェプルの川面に「着水」する準備に入っていた。ところが、航空機関士のアンドレイ・チューリコフがエンジン部分に潜り込み、問題を突き止めたのだった。外側のエンジンは砲弾があたって全焼し、内側エンジンのガソリン給油管は弾片で切断されていた。切れた給油間の端と端を伸ばして、チューリコフは両手でそれをつないで、着陸までつないだ手を緩めなかった。3基のエンジンで爆撃機はよく飛んだ。アンドレイは体じゅうガソリンだらけとなり、青ざめていた。それから彼は、衛生隊のところで2週間過ごすことになった。が、スパイ情報によると、数日間バルバーソヴォから飛び立つ飛行機の姿は認められなかった……。

第52戦闘航空団の機関士からパイロットとなった
K・ヴァルムボルト軍曹が回顧するモスクワ近郊での10月の戦闘

10月7日：14時過ぎ、ホールム（スモレンスクの北東―著者注）の飛行場を多数のソ連戦闘機が攻撃した。「鼻先のとがったネズミたち」（MiG-3？）は、離陸開始地点まで地上走行するユンカースJu52輸送機で飛行場がいっぱいだったところを捉えた。攻撃はJu52の機銃と、森の外れに迷彩され設置してあった高射火器で撃退することができた。しかし、ロシア人たちはこれでおさまりはしなかった。夕方遅く、単独の戦闘機が他機からやや離れて駐機していたヘンシェルHs126を炎上させようと試みた。しかし、それも成果はなかった。

10月8日：昼食後、多数のJu52が我々をベーレィ市（スモレンスクの北東130km―著者注）に輸送するために着陸した。ロシア戦闘機が出現したため、飛行場での作業を中断せざるを得なくなった。敵は再び何の成果も挙げることはできず、16時には最初の部隊がベーレィに飛び発つことができた。他は後から馬で移動した。

10月11日：ドゥーギノ野戦飛行場（ルジェーフ南方約70km―著者注）に戦闘機総監メルダース大佐が到着した。私は初めて、ドイツのもっとも熟練し、高い戦果を挙げるエースをこの目にした。誰もが彼から計り知れない印象を受けた。飛行場には新たな中隊が到着する予定であった。しかし、その代わりにロシアの爆撃機群が現れた……（空爆の結果については記されていない―著者注）。

10月12日：待っていたメッサーシュミットは、昼食の後になってようやく着陸した。しかしそれらは、敵爆撃機が再び攻撃するうえで邪魔とはならなかった。飛行機の燃料補給に使われていたガソリンタンクを爆弾が破壊した。敵が我々の基地の配置について良く知っていることは間違いない。

10月16日：正午過ぎに我々はカリーニン北飛行場に到着した。ここではさまざまな部門の飛行場専門要員を集め、先にベーレィに発ってしまった部門のスペシャリストたちも補充した。機関士たちは、前日の夕方にスターリツァからカリーニンへ基地移転するようにとの指令を受け取ったと語った。道路は良い状態にあり、何らの障害もないように思われた。多くの者が車中で居眠りをしていたときにロシアの夜間爆撃機が見えた。寝ぼけた者たちがいろんな方向に飛び出し、隠れる場所を探し出した。爆弾倉の開閉口が開くのがはっきり見え、爆弾が10mほど離れたところで炸裂した。爆発の衝撃波が指揮官の軽自動車を側溝に放り投げた。この後、同じようなことを一度ならず体験することとなった。

我々の飛行場の上空では空中戦が特に激しかった。突然、敵の爆撃機と「ラータ」（ポリカルポフI-16戦闘機―著者注）の大群が飛行場に急降下してきた。みんな方々へ身を隠しに飛び散った。私は壊れた格納庫を弾片からの防壁として目に留めた。多くのドイツ機はこのとき上空にあり、ロシア機の攻撃を妨害していた。ここは前線から数キロメートル離れていたが、Bf109にとっては仕事は充分すぎるほどあった。すぐに、落下していく敵機の煙が大空に黒い筋を引いていった。

10月18日：1日の間に飛行場は3回の攻撃を受けた。敵はもっとも強力な空襲を18時に行った。敵機をあらゆる口径の高射砲が射撃していた。ある赤い星の付いた爆撃機が発火し、燃えながらヴォルガに急落下していった。2人のロシア人は落下する機体からの脱出に成功した。すぐに2つのパラシュートの白い傘が開いたのがよく見えた。飛行場にいた者はみなそれに向かって駆け出し、我々の指揮官はカービン銃を撃ち放った。あいにく、彼の射撃は正確ではなかった。飛行士たちは着地して、無事に近くの森に逃げこんだ。

10月20日：20時過ぎに警報が発令された。ソ連戦車が我々の飛行場からほんの数キロメートル先に出現したのだった。すべての高射砲が砲身を下げ、対地戦の用意を整えた。

10月21日：状況は変わらなかった。飛行場と駐機場に対する砲撃が夜通し続いた。いくつかの戦闘用航空機は砲弾片を受けて損傷した。あらゆる飛行機の着陸が禁止された。基地移転の準備が開始された。

10月22日：カリーニン南飛行場への基地移転命令が出された。カリーニンの北の外れを私は嫌な後味を残しながら、激しい砲撃の下に立ち去った。友軍飛行士たちの何人かはほとんど奇跡といってもいい状況で離陸していった（第2航空艦隊参謀部の報告書によれば、第1特殊任務爆撃航空隊第Ⅳ飛行隊のJu52が砲撃で損害を受けた―著者注）。

10月23日：飛行場要員は昼も夜も働いた。ロシア軍の圧力は強まっていた。彼らは爆弾だけでなく、多くのビラを撒き散らしていた。敵がカリーニン奪還を決めたことは明らかだった。Ju87が常に飛び立っていたため、この地区における我々の防御は堅牢さを増し、敵の圧迫をいくらか弱めることができた。夕方は大火災のせいで明るかったが、それはモスクワの入り口で激戦が行われていることを物語っていた。

10月25日：この日は秋晴れであった。突如として、高射砲部隊のあらゆる砲口が狂ったように火を吹いた。ミグに護衛されたソ連爆撃機の大群が我々の頭上に姿を現した。それらは投弾後に高度を下げ、低空から攻撃を繰り返した。やがて4機が燃えさかる炎とともに地上に向かい始め、その他の機は急いで銃撃戦から逃げ出そうと努めた。敵の空襲は大きな損害をもたらさなかった。後に、捕虜となったパイロットの尋問から、ロシア軍がカリーニン奪還を諦めてはいないことを私は知った。

1日の間に第52戦闘航空団のあるパイロットがI-16を3機撃墜したことが夕方までに明らかとなった。戦闘機部隊がこれまでどおりの成果を出していることに喜ぶことはできた。

10月26日：ヴァイス少佐が率いる部隊のHs126中隊（第2教導航空団第Ⅱ襲撃飛行隊に所属していたHs123のことのようである―著者注）が、ロシア軍の最前線塹壕に対して首尾よい活動を行った。正午近くには砲撃が鎮まった。すぐさま多数のJu52が南飛行場に着陸した。どうも敵は設備のよく整った観測陣地をもっていたようである。というのも、航空機が地上を滑走し、荷降ろしを始めたところで、暴風雨のような射撃が始まったからである。飛行場は厳しい状態に陥った。

10月28日：ロシア機が朝10時ごろに現れ、それから束の間の静けさが訪れた。11時にはJu87の中隊が着陸した。機関士とエンジン整備士たちはひと休みできることを期待した。ところが、次から次へと新たな中隊が、燃料、銃弾、爆弾の補給のために着陸しだした（入手した資料によると、これらユンカースは第2急降下爆撃航空団第Ⅰ及び第Ⅲ飛行隊、そして第1急降下爆撃航空団第Ⅱ飛行隊に所属していた―著者注）。これに鈍重なJu52が続いた。カリーニンは当時、これら三発機が必要な貨物を搬入することができた、われわれの戦区における唯一の都市であった。昼食後に見られた平穏には驚いた。しかしそれも長くは続かなかった。激しい砲撃が始まった。ユンカースは蜂の群れのようにさっと大空に舞い上がった。この日は戦死者が出ずに済んだ。

10月29日：この日は、東部作戦全体のなかで最悪の日となった。早朝にはもう、ロシア軍が我々の飛行場に対する計画的な砲撃を開始した。射撃は長く続いた。今回の砲撃は、ひどく犠牲者を出した。飛行場を整備した後で、我々は戦死者たちの名前を知った。我々の中隊は2名の優秀な仲間を失った。後に彼らはカリーニンに葬られた。ヴァイス部隊は1日にして17機を失った。夕方は冷え込んだ。

10月30日：スターリツァへの後退命令が出された。ここにこれ以上残っていてはならないことは誰にも明らかであった。ロシア軍は我々をそっとはしておかず、我が航空団の飛行機をもう1機炎上させた。30分後に輸送機が地上を離れ、やがてスターリツァに着陸した。むごたらしい数日が過ぎた後、ようやく驚くような静寂が訪れた。

Сов.секретно.

ПРЕДЛОЖЕНИЯ
ПО ВОПРОСУ УЛУЧШЕНИЯ ПРОТИВО-ВОЗДУШНОЙ ОБОРОНЫ.

Существующий порядок и средства противо-воздушной обороны страдают существенными недостатками и зачастую не учитывают воздушной тактики противника.

1. Как правило, на все крупные центры, хорошо защищенные авиацией, нападение противник делает, начиная с сумерек, с тем,чтобы более безошибочно выйти на цели. Поэтому перелет границы первых групп противника происходит в светлое время. Отсюда, если только ввести на наших границах постоянный воздушный патруль по высотам, а также при помощи радиосредств четко наладить связь между пунктами и аэродромами, на которых базируются наши истребители, можно, пользуясь, с одной стороны, светлым временем, с другой - более близко расположенными к Москве прожекторными установками, создать внушительный заслон из наших истребителей.

2. Необходимо пункты ВНОС и прожекторные и зенитные установки немедленно укомплектовать квалифицированными авиационными специалистами, которые хорошо знают силуэты наших и вражеских самолетов, что безусловно даст возможность в подавляющем большинстве избежать досадных ошибок - обстрела наших самолетов, отсутствия координации из за незнания нашей материальной части.

3. Практика показала, что заградительный огонь зенитной артиллерии в ночное время имеет место ,главным образом, только по самолету, который попадает в вилку прожекторов и,несмотря на это, очень мало эффективен.

Истребительная часть, при подлете противника к определенному пункту, должна быть поднята в воздух.

6. В тактике противника очень сильно используется подсвечивание вокруг объектов на окраинах городов, при помощи ракет и других световых эффектов.

Считал бы необходимым разработать и применить ложное подсвечивание, тем самым дезориентируя противника его же оружием.

7. Одним из средств пассивной защиты можно также применять зажигательные бомбы, стога сена и другие горючие материалы, зажигая их в тот же момент, когда первая волна самолетов сбрасывает над объектами зажигательные бомбы. Вторая волна самолетов идет уже на цель и поэтому, если только в стороне 40 - 50 километров возникнет какой-либо из очагов пожара, то это, в свою очередь, может противника повести по ложному пути.

8. Необходимо также уточнить подъем аэростатов, в особенности, когда начнет ухудшаться погода, т.е. при низкой облачности и т.д.-

Для этого необходимо ввести в дальнейшем регулярное зондирование атмосферы, с тем,чтобы в ночное время аэростаты находились при подъеме в толще облаков.

9. К пассивным средствам защиты относятся охрана зданий и сооружений от зажигательных бомб, что безусловно имеет решающее значение. В настоящее время эта сторона поставлена нечетко.

Дежурные на крышах и чердаках домов после воздушной тревоги находятся без смены до отбоя и,как правило, совершенно ничем не защищены.

Считаю более правильным перестроить службу защиты, используя в качестве активных средств борьбы в ночное время не зенитную артиллерию, так как она, все равно, ведет огонь только по единичным самолетам, а введение в большом количестве ночных истребителей, при взаимодействии с прожекторами, что безусловно даст больший эффект. Но для этого необходимо знание прожекторными частями силуэтов наших истребителей.

Кроме того,необходимо немедленно оттренировать большую группу истребительных подразделений полетам в ночное время, особенно обратив внимание на освещение аэродромов и условную сигнализацию при посадках скоростных истребителей.

4. Основным недостатком службы оповещения связи между пунктами, аэродромами и командованием на сегодня является плохая связь, которая, главным образом, зиждется на проводной связи, в то время, как такое мощное средство, как радио на коротких волнах, используется ограниченно из тех соображений, что это в какой-то степени демаскирует.

Считаю это абсолютно неправильным, так как работа на коротких волнах, тем более, когда речь идет о защите от оповещения подхода самолетов, опасений не вызывает, и при очень несложном коде эту связь можно иметь всегда из всех пунктов и между пунктами и аэродромами бесперебойно.

5. Не отлажена работа истребительных частей на аэродромах. Получение приказаний о вылете, как правило, запаздывает. Моторы не прогреты. Были случаи, когда истребители из за того,что находились замаскированными, не могли вылететь по тревоге во время и пилоты вынуждены были прятаться по щелям,что безусловно для истребительной авиации недопустимо.

Необходимо сейчас на крышах домов поставить индивидуальные металлические конуса, что даст возможность защиты дежурных от мелких зажигательных бомб, а также и от осколков зенитного обстрела.

9. Необходимо обязательно до захода солнца прекращать работу широковещательных станций, находящихся около Москвы, или у крупных населенных городов, которые могут быть подвергнуты бомбардировке.

ЗАМ.НАЧАЛЬНИКА ГЛАВНОГО УПРАВЛЕНИЯ Г.В.Ф.
ПОЛКОВОЙ КОМИССАР

/Картушев/

Отпеч.1 экз.
Е.Р.
22.УП.1941г.

左文書の日本語訳

極秘

「防空体制改善に関する提案」

現行の防空体制と戦力は重大な欠陥を抱え、敵の空中戦術を考慮していない点が多く存在する。

1．敵は、航空機によって比較的よく守備されているすべての大都市に対する攻撃を、間違いなく目標に達することができるように、決まって日没時から始めている。それゆえ、敵機第1陣の前線通過は明るいうちに発生している。そこから、仮に我がほうの境界に各高度で常に空中哨戒を実施し、また無線設備を用いて対空監視哨と我らが戦闘機基地飛行場との連絡をきちんと整えれば、明るい時間帯や、またモスクワにより近く配置されている探照灯を用いて、我が戦闘機による大きな防壁を築くことが可能である。

2．VNOS対空監視哨や探照燈部隊、高射砲部隊には至急、我が方と敵の航空機影を熟知した航空専門家を補充する必要がある。それが、友軍機への誤射、友軍兵器に関する無知から生じる調整活動の欠如といった、腹立たしい過ちを避ける可能性をかなりの割合でもたらすことは間違いない。

3．夜間の高射砲による弾幕射撃はおもに、探照灯の光線に当たった飛行機に対してだけ行われているのが実情であるにもかかわらず、効果は非常に低い。

防衛体制の再編がより適当と判断され、夜間は高射砲ではなく（高射砲はいずれにせよ、個別の航空機に対する射撃を行うため）、大量の夜間戦闘機を積極的な防空手段として活用し、探照燈と連携させれば、間違いなくより大きな効果をもたらすであろう。

そのほか、戦闘機隊員の大部分に夜間飛行訓練を施すことが至急必要で、とりわけ飛行場の照明、高速戦闘機着陸時の暗号交信に注意を払わねばならない。

4．対空監視哨、飛行場、司令部間の通信連絡が今日抱える主たる欠陥は、おもに有線通信に立脚している貧弱な設備状況と作業方法である。他方、短波無線通信といった強力な手段は、それがあるていど偽装を暴露するという技術上の理由から使用が制限されている。

これはまったく妥当ではないと思われる。なぜならば、短波無線での作業、特に航空機接近通報の防護に関して危険はなく、簡単な暗号でこの通報をすべての監視哨から受け取り、監視哨と飛行場の間に絶え間ない交信を保つことは可能である。

5．飛行場における戦闘機部隊の行動も後回しにはできない。出撃命令の受け取りは、決まって遅れがちである。エンジンは暖められていない。戦闘機がカムフラージュされていたために、警報を受けてもすぐに出撃できず、パイロットは防空壕に隠れざるを得なかったというケースがあったが、これはもちろん戦闘機部隊としては許されぬことである。

戦闘機部隊は、敵機が特定地点に接近してきた場合は、上空に飛び立たねばならない。

6．敵の戦術において、都市の周辺にある作戦対象の周囲をロケット弾やその他の照明効果を使って照らし出す方法が非常によく用いられている。偽装照明を開発使用し、かくして敵の兵器でもって敵を迷わすことが必要と思われる。

7．消極防衛手段のひとつとしてはまた、焼夷弾や干草の山、その他の可燃物質を使用し、敵機の第1波が作戦対象上に焼夷弾を投下する際、それらに放火することもできる。このときすでに敵の第二波は作戦対象に向かっているため、40〜50kmほど離れたところで火災が発生すれば、それは敵を誤った進路に向かわせることができる。

8．気球打ち上げも正確に行う必要がある。それは特に、天候が悪化する場合、すなわち雲高が下がるときなどについて言える。

そのためには今後、定期的な気象調査を実施し、夜間の気球が厚い雲のなかに上がるようにせねばならない。

9．消極防衛手段には、焼夷弾からの建物、施設の防護も該当し、それは疑いなく決定的な意義を有する。現在、この側面は明確にされていない。

建物の屋上や屋根裏の当直は、空襲警報発令後は解除まで交替せずにおり、決まって全く防護されていない

建物の屋上に円錐状の金属性個室を作る必要があり、それは小型焼夷弾や高射砲射撃の弾片から当直を守ることを可能にする。

9．（原文のまま）日没の1時間前に、爆撃を受ける可能性のあるモスクワや大都市付近の放送局は営業を必ず終了せねばならない。

民用航空管理総局局長代理

連隊政治委員カールトゥシェフ

1941年7月22日

左文書の日本語訳

秘密

赤軍航空隊宛て指令

第1号

1941年7月8日　　　　　　　　　　　　　　　モスクワ市

内容：防空軍モスクワ圏特別警護地区における飛行体制について(昼間)

　1．モスクワ及びその近郊上空の軍用機、民用機の昼間飛行を整理する目的で、防空軍特別警護圏を次の範囲に定める：カルーガ、ユーフノフ、ヴァージマ、ルジェーフ、カリーニン、カーシン、ペレスラーヴリ・ザレースキィ、キルジャーチ、エゴーリエフスク、コロームナ、ヴェニョーフ。
　2．特別警護圏における飛行は以下の区間の飛行事前申請に基づいてのみ許可される。
　モスクワ発の場合は：
　　1）モスクワーヴァージマ、
　　2）モスクワールジェーフ、
　　3）モスクワーカリーニン、
　モスクワ方面及びモスクワ着の場合は：
　　1）モスクワーノギンスクーキルジャーチ
　　2）モスクワーノギンスクーエゴーリエフスク
　　3）モスクワートゥーラ
　3．飛来する航空機の管理のため、ノギンスクとセールプホフに検問所を設置すること。
　検問所には警備飛行大隊と無線送受信局を組織すること。
　モスクワに飛来する航空機はすべて、検問所を高度500メートルで通過しなければならない。
　航空機による通過規則違反が起きた際は、警備飛行大隊により当該機の強制着陸措置を取ること。
　4．モスクワへの航空機の出発、到着の許可は、定められた規則にしたがって赤軍航空隊統合管制局と防空軍統合管制局を通じて行われる。防空軍モスクワ特別警護圏での飛行規則を侵犯するすべての航空機は、速やかに着陸させられなければならない。
　5．モスクワに飛来、またはモスクワより出発する航空機乗員たちの指示に対しては、その指揮官たちが責任を負うものとする。
　7．防空軍戦闘機を除き、モスクワ特別警護圏のモスクワから以下の範囲における夜間飛行は軍用機、民用機ともに禁止する：モスクワーヴィシニィ・ヴォロチョーク、ルジェーフ、ヴァージマ、オリョール、エレーツ、サーソヴォ、ムーロム、イヴァーノヴォ、ルィビンスク。

　　　　　　　　　　　　　　　赤軍航空隊司令官　空軍中将ジーガレフ

　　　　　　　　　　　赤軍防空隊管理総局局長　砲兵大将ヴォーロノフ

　　　　　　　　　　　　　　　　　赤軍航空隊参謀長　大佐ルーフレ

左文書の日本語訳

秘密

全ソ連邦共産党中央委員会御中

モスクワ市防空システムにおける夜間戦闘活動の大きな経験は、MiG‐3、Yak‐1、LaGG‐3の各夜間戦闘機が夜間戦闘にあまり適しておらず、警報発令による夜間出撃の際に兵器の甚大な損害をもたらしていることを示した。

主な欠陥は以下の通りである:
 1．排気管からの発火による空中での機体の露見とパイロットの一時的視力喪失。
これは、LaGG‐3においては全く致命的なことで、MiG‐3にも危険で、Yak‐1にとっても影響はかなり大である。
 2．手動ループ型無線方位計の欠如は、暗い夜間や灯火管制、探照灯光線によるパイロットの一時的視力喪失、高高度飛行の条件下においては、方位感覚喪失を多々引き起こし、空中での機体脱出、不時着時の事故、人身事故につながっている。
 3．Yak‐1に無線送受信機が欠如していることは、航空機を地上から敵に誘導し、空中での管制を行うことを不可能にしている。
 4．昇降計の欠如。これは、Yak‐1の盲目飛行をかなり困難にしている。なぜならば、暗い夜間や高度5000m以上での飛行は計器類に頼ってのみ行われるからである。
 5．Yak‐1に着陸灯が装備されていないのは、着陸用探照灯による飛行場の偽装暴露の危険性を高め、飛来する敵機による飛行場爆撃につながっている。
 6．不充分な燃料の予備は頻繁なる着陸を強いており、これもまた飛行場の偽装を損ね、方向感覚喪失の際にはその回復の可能性を奪っている。

夜間飛行用の戦闘機には以下のものを装備する必要があると判断する:
　ア）　　排気管用特殊消炎装置
　イ）　　手動ループ型無線方位計『チャヨーノク』
　ウ）　　昇降計、可能であれば傾斜測定器も
　エ）　　着陸灯
　オ）　　予備燃料の増量

上記私見には、防空軍西部セクターの夜間パイロットも同調している。

防空軍第6戦闘航空軍団副司令官　中佐ステファノーフスキィ

1941年7月29日

LUFTWAFFE
FLUGZEUGUNFÄLLE UND VERLUSTE

Datum	Typ	W.Nr.	Kennung	Einheit	Ort
1941-07-24	He 111H-5	3800		2./KG 28	Bei Baranowicze

Bruchlandung. Bruch 80 %.

| 1941-08-11 | He 111H-6 | 4132 | | 2./KG 28 | Bobruisk |

Fehlstart. Bruch 60 %.

| 1941-08-22 | He 111H-5 | 3683 | | 2./KG 28 | |

Jägerbeschuß. Bruch 100 %.

| 1941-08-22 | He 111H-5 | 3504 | 1T+FL | 3./KG 28 | (Toropitz) |

Flugzeugführer	Lt	Paque, Hans		vermißt
Beobachter	Gefr	Pasternek, Anton		vermißt
Bordfunker	Uffz	Schmuck, Karl		vermißt
Bordschütze	Gefr	Schmidt, Herbert		vermißt

Unbekannt. Bruch 100 %. Listassa 1H+FL.

| 1941-08-29 | He 111H-4 | 5700 | | I/KG 28 | Bobruisk |

Bauchlandung nach Jägerbeschuß. Bruch 25 %.

| 1941-09-07 | He 111H-6 | 4131 | 1T+GL | 3./KG 28 | (Gomel) |

Flugzeugführer	Oblt	Gäbert, Gottfried	
Beobachter	Gefr	Matthias, Paul	
Bordfunker	Obgfr	Peetz, Otto	
Bordschütze	Ofw	Stein, Rudi	

Unbekannt. Bruch 100 %.

| 1941-09-16 | He 111H-5 | 3754 | | I/KG 28 | Bobruisk |

Bauchlandung. Bruch 45 %.

| 1941-09-23 | He 111H-6 | 4389 | | 2./KG 28 | Brjansk |

In Tiefflug durch eigene Bombensplitter beschädigt. Bruch 35 %. Listassa He 111H-5.

| 1941-09-30 | He 111H-5 | 3680 | 1T+LL | 3./KG 28 | |

Flugzeugführer	Uffz	Aschmutat, Ernst	vermißt
Beobachter	Fhr	Bartels, Walter	†
Bordfunker	Gefr	Kairiefs, Herbert	vermißt
Bordmechaniker	Gefr	Müller, Heinz	†

Unbekannt. Bruch 100 %.

| 1941-10-02 | He 111H-5 | 3986 | 1T+EL | 3./KG 28 | (Brjansk) |

Flugzeugführer	Uffz	Sander, Johannes	vermißt
Beobachter	Uffz	Wachsmuth, Fritz	vermißt
Bordfunker	Gefr	Sander, Erhard	vermißt
Bordmechaniker	Gefr	Pobursky, Herbert	vermißt

Jägerbeschuß. Bruch 100 %. Listassa He 111H.

| 1941-10-03 | He 111H-5 | 3643 | 1T+DK | 2./KG 28 | |

Flugzeugführer	Lt	Fünftelmann, Gustav	†
Beobachter	Ofw	Pickteler, Roman	†
Bordfunker	Uffz	Schneider, Johannes	verletzt
Bordmechaniker	Gefr	Mertens, Josef	†

Unbekannt. Bruch 100 %. Listassa 1H+DK.

| 1941-10-04 | He 111H-6 | 4230 | 1T+CK | 2./KG 28 | |

Flugzeugführer	Ofw	Kluge, Paul	
Beobachter	Oblt	Göbel, Gottfried	
Bordfunker	Fw	Dürkopp, Wilhelm	
Bordmechaniker	Uffz	Gronemann, Siegfried	vermißt

Unbekannt. Bruch 100 %. Myös 1942-02-25, III/KG 27, 60 %.

| 1941-10-04 | He 111H-6 | 4445 | 1T+LK | 2./KG 28 | |

Flugzeugführer	Fw	Plaske, Heinrich	
Beobachter	Ofw	Haushalter, Erich	
Bordfunker	Gefr	Graf, Anton	
Bordmechaniker	Obgfr	Gebauer, Helmut	vermißt

Unbekannt. Bruch 100 %.

第28爆撃航空団第Ⅰ飛行隊第2、第3中隊の損害（1941年7月22日～12月31日）

日付	機種 原因	製造番号（W.Nr.）	機体コード 損壊率（%）	所属部隊 乗員名	地区及び飛行場 （　）付きは推定
07月24日	He111H-5 着陸事故	3800	80%	第2中隊	バラーノヴィチ
08月11日	He111H-6 離陸事故	4132 60%		第2中隊	ボブルイスク
08月22日	He111H-5 戦闘機による撃墜	3683	100%	第2中隊	（トローペツ）
08月22日	He111H-5 原因不明 一次資料には1H＋FLと誤記	3504	1T＋FL 100%	第3中隊　乗員行方不明 操縦手：ハンス・パークヴェ中尉 観測手：アントン・パステルネク一等飛行兵 無線手：カール・シュムック軍曹 機銃手：ヘルベルト・シュミット一等飛行兵	（トローペツ）
08月29日	He111H-4 戦闘機攻撃を受け胴体着陸	5700	25%	第Ⅰ飛行隊	ボブルイスク
09月07日	He111H-6 原因不明	4131	1T＋GL 100%	第3中隊 操縦手：ゴットフリート・ゲーベルト中尉 観測手：パウル・マティーアス一等飛行兵 無線手：オット・ペーツ伍長 機銃手：ルーディ・シュタイン上級曹長	（ゴーメリ）
09月16日	He111H-5 胴体着陸	3754 45%		第Ⅰ飛行隊	ボブルイスク
09月23日	He111H-6 自らの投弾弾片で損傷	4389	35%	第2中隊	ブリャンスク
09月30日	He111H-5 原因不明	3680	1T＋LL 100%	第3中隊 操縦手：エルンスト・アシュムタート上級曹長（行方不明） 観測手：ヴァルター・バルテルス士官候補生（死亡） 無線手：ヘルベルト・カイリーフス一等飛行兵（行方不明） 機関士：ハインツ・ミューラー一等飛行兵（死亡）	
10月02日	He111H-5 戦闘機による撃墜 一次資料にはHe111Hと誤記	3986	1T＋EL 100%	第3中隊、乗員行方不明 操縦手：ヨハネス・ザンダー軍曹 観測手：フリッツ・ヴァクスムート軍曹 無線手：エルハルト・ザンダー一等飛行兵 機関士：ヘルベルト・ポブルスキー一等飛行兵	（ブリャンスク）
10月03日	He111H-6 原因不明 一次資料には1H＋DKと誤記	3643	1T＋DK 100%	第2中隊 操縦手：グスタフ・フュンフテルマン少尉（死亡） 観測手：ロマーン・ピックテラー上級曹長（死亡） 無線手：ヨハネス・シュナイダー軍曹（負傷） 機関士：ヨーゼフ・メルテンス一等飛行兵（死亡）	
10月04日	He111H-6 原因不明 1942年2月25日のⅢ./KG27,60%として計上されていた	4230	1T＋CK 100%	第2中隊 操縦手：パウル・クルーゲ曹長 観測手：ゴットフリート・ゲーベル中尉 無線手：ヴィルヘルム・デュルコップ曹長 機関士：ジークフリート・グローネマン軍曹（行方不明）	

LUFTWAFFE
FLUGZEUGUNFÄLLE UND VERLUSTE

Datum	Flugzeug	W.Nr.	Kennung	Einheit	Ort
1941-10-05	He 111H-6	4482		2./KG 28	Seschtschinskaja

Flugzeugführer Ofw Schubert, Gerhard — verletzt
Feindbeschuß. Bruch 45 %.

1941-10-09 He 111H-6 4438 1T+NL 3./KG 28 (Belgord)
Flugzeugführer Lt Siegmann, Kurt †
Beobachter Obgfr Lorz, Josef †
Bordfunker Obgfr Koch, Ernst †
Bordschütze Obgfr Schrittwieser, Rudolf †
Feindbeschuß. Bruch 100 %.

1941-10-12 He 111H-6 4387 3./KG 28
Notlandung nach Flakbeschuß. Bruch 50 %.

1941-10-17 He 111H-5 3772 2./KG 28 Bei Seschtschinskaja
Flugzeugführer Ofw Pennickendorf, Kurt
Beobachter Uffz Witschen, Horst verletzt
Bordmechaniker Gefr Hofstedter, Hermann verletzt
Unfreiwillige Bodenberührung. Bruch 90 %.

1941-11-05 He 111H-6 4444 2./KG 28 Fl.Pl. Seschtschinskaja
Bruchlandung. Bruch 35 %.

1941-11-11 He 111H-6 4409 1T+FK 2./KG 28 (Qu 74621/35)
Flugzeugführer Obgfr Müller, Bruno vermißt
Beobachter Oblt Göbel, Gottfried vermißt
Bordfunker Fw Schlösser, Anton vermißt
Bordmechaniker Obgfr Härtel, Kurt vermißt
Bordschütze Sdfhr Groth, Hans vermißt
Unbekannt. Bruch 100 %.

1941-11-14 He 111H-6 4543 I/KG 28 Fl.Pl. Seschtschinskaja
Bruchlandung. Bruch 40 %. *Listassa He 111H.*

1941-11-18 He 111H-4 6966 I/KG 28 Bei Serpuchow
Flugzeugführer Lt Eick, Hermann †
Beobachter Obgfr Humpe, Hannes verletzt
Bordfunker Gefr Rosskothen, Erich †
Bordschütze Obgfr Weber, Johann verletzt
Jägerbeschuß. Bruch 100 %.

1941-11-21 He 111H-6 4400 1T+FK 2./KG 28 (Kaschira)
Flugzeugführer Ofw Benneckendorf, Kurt †
Beobachter Gefr Kainberger, Engelbert vermißt
Bordfunker Fw Hoppe, Heinz vermißt
Bordmechaniker Gefr Madrischewski, Heinrich vermißt
Bordschütze Gefr Sonntag, Heinz vermißt
Unbekannt. Bruch 100 %.

1941-11-27 He 111H-5 3960 1T+GK 2./KG 28
Flugzeugführer Lt Ebert, Martin vermißt
Beobachter Gefr Spahrl, Wolfgang †
Bordfunker Uffz Öser, Werner vermißt
Bordmechaniker Ofw Schrtzensteller, Karl
Unbekannt. Bruch 100 %.

1941-11-29 He 111H-6 4403 1T+DK 2./KG 28 (Kaschira)
Flugzeugführer Uffz Gollen, Karl vermißt
Beobachter Uffz Reusky, Alfons vermißt
Bordfunker Uffz Schymura, Günter vermißt
Bordschütze Gefr Zeisner, Rudolf vermißt
Unbekannt. Bruch 100 %.

1941-12-04 He 111H-6 4479 1T+KK 2./KG 28 (Moskau)
Flugzeugführer Uffz Weidling, Karl
Bordfunker Obgfr Weissenburger, Willi
Bordmechaniker Obgfr Hädicke, Richard †
Bordschütze Fw Reiter, Rolf
Unbekannt. Bruch 100 %.

KG 28
Seite 2
1996-07-30

日付	機種・製造番号	損害	部隊・乗員	場所
10月04日 原因不明	He111H-6　4445	1T+LK 100%	第2中隊 操縦手：ハインリッヒ・プラスケ曹長 観測手：エーリッヒ・ハウスハルター上級曹長 無線手：アントン・グラーフ一等飛行兵 機関士：ヘルムート・ゲバウアー伍長（行方不明）	
10月05日 被弾	He111H-6　4482	48%	第2中隊 操縦手：ゲルハルト・シューベルト上級曹長（負傷）	セーシチンスカヤ
10月09日 被弾	He111H-6　4438	100%	第3中隊：乗員死亡 操縦手：クルト・ジークマン少尉 観測手：ヨーゼフ・ロルツ伍長 無線手：エルンスト・コッホ伍長 機銃手：ルードルフ・シュリットヴィーザー伍長	（ベールゴロド）
10月12日 高射砲射撃から不時着	He111H-6　4387	50%	第3中隊	
10月17日 操縦ミスで地面激突	He111H-5　3772	90%	第2中隊 操縦手：クルト・ペニッケンドルフ上級曹長 観測手：ホルスト・ヴィッチェン軍曹（負傷） 機関士：ヘルマン・ホーフシュテッター一等飛行兵（負傷）	セーシチンスカヤ 郊外
11月05日 着陸事故	He111H-6　4444	35%	第2中隊	セーシチンスカヤ
11月11日 原因不明	He111H-6　4409	100%	第2中隊：乗員行方不明 操縦手：ブルーノ・ミューラー伍長 観測手：ゴットフリート・ゲーベル中尉 無線手：アントン・シュレーサー曹長 機関士：クルト・ヘルテル伍長 機銃手：ハンス・グロート士官候補生	
11月14日 着陸事故	He111H-6　4543	40%	第I飛行隊 一次資料にはHe111Hと誤記	セーシチンスカヤ
11月18日 戦闘機による撃墜	He111H-4　6966	100%	第I飛行隊 操縦手：ヘルマン・アイク少尉（死亡） 観測手：ハネス・フムペ伍長（負傷） 無線手：エーリッヒ・ロスコーテン一等飛行兵（死亡） 機銃手：ヨハン・ヴェーバー伍長（負傷）	セールプホフ郊外
11月21日 原因不明	He111H-6　4400	1T+FK 100%	第2中隊 操縦手：クルト・ベネッケンドルフ上級曹長（死亡） 以下行方不明 観測手：エンゲルベルト・カインベルガー一等飛行兵 無線手：ハインツ・ホッペ曹長 機関士：ハインリッヒ・マドリシェフスキー一等飛行兵 機銃手：ハインツ・ゾンターク一等飛行兵	（カシーラ）
11月27日 原因不明	He111H-5　3960	1T+GK 100%	第2中隊 操縦手：マルティーン・エーベルト少尉（行方不明） 観測手：ヴォルフガング・シュパール一等飛行兵（死亡） 無線手：ヴェルナー・エーゼル軍曹（行方不明） 機関士：カール・シュルツェンシュテラー上級曹長	
11月29日 原因不明	He111H-6　4403	1T+DK 100%	第2中隊：乗員行方不明 操縦手：カール・ゴーレン軍曹 観測手：アルフォンス・ロイスキー軍曹 無線手：ギュンター・シムラ軍曹 機銃手：ルードルフ・ツァイズナー一等飛行兵	（カシーラ）

LUFTWAFFE
FLUGZEUGUNFÄLLE UND VERLUSTE

1941-12-08	He 111H-6	4388	I/KG 28	Fl.Pl. Seschtschinskaja

Bauchlandung infolge Feindbeschuß. Bruch 25 %.

1941-12-10	He 111H-5	3815	1T+CL 3./KG 28	Vermutlich Stalinogorsk
	Flugzeugführer	Uffz	Flemming, Hans	vermißt
	Beobachter	Ofw	Haushalter, Erich	vermißt
	Bordfunker	Gefr	Jetschge, Josef	vermißt
	Bordmechaniker	Gefr	Böhm, Fritz	vermißt
	Bordschütze	Obgfr	Dörsan, Jean	vermißt

Notlandung. Bruch 100 %.

1941-12-13	He 111H-6	4573	1T+LL 3./KG 28	(Qu 646)
	Flugzeugführer	Fw	Engelhard, Helmut	
	Beobachter	Uffz	Schuster, Ludwig	
	Bordfunker	Uffz	Böstfleisch, Horst	
	Bordfunker	Gefr	Heller, Gustav	
	Bordmechaniker	Uffz	Krieg, Karl	

Unbekannt. Bruch 100 %.

1941-12-15	He 111H-6	4412	1T+HK 2./KG 28	

Feindbeschuß. Bruch 100 %.

1941-12-15	He 111H-6	4575	1T+MK 2./KG 28	(Bei Kschen)
	Flugzeugführer	Uffz	Weidling, Paul	vermißt
	Beobachter	Fw	Reiter, Rolf	vermißt
	Bordfunker	Obgfr	Weidenburger, Willi	vermißt
	Bordmechaniker	Uffz	Schwaimhofer, Johann	vermißt

Unbekannt. Bruch 100 %.

1941-12-16	He 111H-6	4408	1T+FL 3./KG 28	(Tula)
	Flugzeugführer	Oblt	Schulz, Günther	
	Beobachter	Gefr	Jabs, Heinz	
	Bordfunker	Uffz	Schomacker, Bernhard	
	Bordmechaniker	Ofw	Müller, Helmut	

Unbekannt. Bruch 100 %. *Listassa He 111H-1.*

1941-12-18	He 111H-6	4547	I/KG 28	Fl.Pl. Seschtschinskaja
	Flugzeugführer	Fw	Schneider, Hans	†
	Beobachter	Uffz	Heimat, Josef	
	Bordfunker	Gefr	Flössdorf, Peter	
	Bordschütze	Obgfr	Bilzer, Erich	

Absturz infolge Motorstörung. Bruch 80 %. *Listassa 4557.*

1941-12-22	He 111H-6	4423	I/KG 28	Bei Suchinitschi

Bauchlandung infolge Motorstörung. Bruch 100 %.

日付	機種・機番	コード	所属・乗員	場所
12月04日	He111H-6　4479 原因不明	1T+KK 100%	第2中隊 操縦手：カール・ヴァイトリング軍曹 無線手：ヴィリ・ヴァイセンブルガー伍長 機関士：リハルト・ヘーディーケ伍長（死亡） 機銃手：ロルフ・ライター曹長	（モスクワ）
12月08日	He111H-6　4388 敵射撃から胴体着陸	25%	第I飛行隊	セーシチンスカヤ
12月10日	He111H-5　3815 不時着	1T+CL 100%	第3中隊：乗員行方不明 操縦手：ハンス・フレミング軍曹 観測手：エーリッヒ・ハウスハルター上級曹長 無線手：ヨーゼフ・イェッチュゲ一等飛行兵 機関士：フリッツ・ベーム一等飛行兵 機銃手：ジャン・デルザン伍長	（スタリノゴールスク）
12月13日	He111H-6　4573 原因不明	1T+LL （100%）	第3中隊 操縦手：ヘルムート・エンゲルハルト曹長 観測手：ルートヴィッヒ・シュスター軍曹 無線手：ホルスト・ベシュトフライシュ軍曹 無線手：グスタフ・ヘラー一等飛行兵 機関士：カール・クリーク軍曹	
12月15日	He111H-6　4412 敵射撃による撃墜	1T+HK 100%	第2中隊	
12月15日	He111H-6　4575 原因不明	1T+MK 100%	第2中隊：乗員行方不明 操縦手：パウル・ヴァイトリング軍曹 観測手：ロルフ・ライター曹長 無線手：ヴィリ・ヴァイデンブルガー伍長 機関士：ヨハン・シュヴァイムホッファー軍曹	（クシェンスキィ）
12月16日	He111H-6　4408 原因不明 一次資料にはHe111H-1と誤記	1T+FL 100%	第I飛行隊 操縦手：ギュンター・シュルツ中尉 観測手：ハインツ・イャープス一等飛行兵 無線手：ベルンハルト・ショマーケル軍曹 機関士：ヘルムート・ミューラー上級曹長	（トゥーラ）
12月18日	He111H-6　4547 エンジン故障時の人身事故 一次資料には4557と誤記	80%	第I飛行隊 操縦手：ハンス・シュナイダー曹長（死亡） 観測手：ヨーゼフ・ハイマート軍曹 無線手：ペーター・フレースドルフ一等飛行兵 機銃手：エーリッヒ・ビルツァー伍長	セーシチンスカヤ
12月22日	He111H-6　442 エンジン故障時の着陸事故	3第。飛行隊 100%	スヒーニチ郊外	

注）
1. 上記ドイツ側資料によると、ハインケルHe111爆撃機21機が全壊し、さらに4機が60〜99%の損傷（すなわち廃棄処分）を受け、7機が修復可能（25〜59%の損傷）であった。そのいっぽう、第2航空軍団の報告書にしたがえば、同じ時期に（第1中隊を除く）1個飛行隊が約3000回の戦闘出撃を行い、He111を41機喪失した（飛行場に遺棄された機体も含む）。
2. 第28爆撃航空団第1中隊は1941年7月当時オランダにあり、その後黒海を舞台に戦った。
3. 第28爆撃航空団第。飛行隊の損害に関しては、信頼性は最も低いものの、1941年11月末から12月分の情報がある。当時報告されていたのはほとんど、前線敵側で撃墜された機体に関するものだけであった。

1941年11月13日付け、第2航空軍団司令官ブルーノ・レールツァー空軍大将の
ルフトヴァッフェ参謀本部宛て報告書より

「……ミンスク、ベロストーク、ゴーメリ、スモレンスク、キエフ、ヴャージマ〜ブリャンスク間での戦闘において、軍団は特別な役割を果たした。各部隊将兵の英雄的な活躍のおかげで、計り知れぬ成功を達成した……。

6月22日から11月12日までの間、軍団飛行士たちは4万回以上の昼間・夜間出撃を行い、ソ連の航空機3826機(2169機は空戦で、残りは地上で)、戦車789両、砲614門、それに各種自動車輛14339両を破壊した。これと同時に、敵機281機の撃墜、811機の損傷が推定される。同じく、240ヶ所の機関銃座、砲兵陣地に対して、「壊滅的な」打撃が加えられた。33個の地下防空壕も使用不能な状態となるか、または破壊された。

これらの目標の他、3579回の攻撃が鉄道に対して実施され、その結果1736箇所の交通連絡が中断された。159両の列車と304両の機関車が破壊され、さらに1584両の列車と103両の機関車が損傷を受けた。その上、行軍中の縦列、軍隊の集結地区、鉄道車輛や自動車輛の集中地点、貨物の搬入・搬出地点には絶え間ない攻撃が行われ、敵はこのような場所でもっとも大きな損害を出した。6月22日以降、ロシア人の頭上には23150トン以上の爆弾が投下された。

軍団配下の高射砲兵班は、1000機のソ連機による300回の攻撃に反撃した。我が高射砲兵の火力により約100機が撃墜され、さらに23機がおそらく帰還できなかったものと思われる……」。

レールツァーの報告書では、ルフトヴァッフェの対空監視通報部隊要員の活動が高く評価されている。これらのスペシャリストたちはいかなる天候下においても、「航空軍団配下部隊の飛行作業の指揮に不可欠な通信連絡を」保証した。きわめて劣悪な道路条件と絶えざる上空からの脅威にもかかわらず、対空監視部隊は3000kmに及ぶ通信線を敷設し、3万巻のケーブル線を用い、4万箇所の各種無線通信局を始動させた。前線上空にある飛行士たちとの信頼できる通信連絡は敵の不意打ちを避けることを可能にし、追跡部隊は、ロシア領奥深くに入り込む偵察機にできる限りの支援を行った。最前線部隊との常時連絡体制は、戦闘課題の達成にあたってのしゅびよい連携行動を実行するのに寄与し、とりわけ戦車師団にとって有益であった。このようなことは、「ルフトヴァッフェ地上要員の飛行作業に対する例を見ぬほどの忠実さと彼らの組織性、互助精神がなければ」ありえなかったであろう。

最後にレールツァーはこう指摘している。

「総動員体制という重大な時局にあって、犠牲や損害、我らが同志たちの死が報われるのは唯一、われわれが闘争継続と勝利のためにあらゆる力を結集できたときのみである」

秘密

赤軍航空隊宛て指令

1941年7月20日付け、第012号、モスクワ市

スターフカ訓令第00177号及び本官の'41年9月8日付け指令第01号により防空軍モスクワ特別警護圏における厳密な規則が定められているにもかかわらず、赤軍航空機及び民用航空機により当該圏域において飛行規則が体系的に違反され続いている。規律の欠如、犯罪的な怠慢放埒、赤軍航空隊指揮官たち及びその本部の側からの監督の欠如によってしか、赤い首都の防空システムを混乱させるこれらの違反は説明できない。無申請飛行、規定外高度、規定外航路の飛行は警急戦闘機隊の多数の出撃をもたらし、不必要な犠牲の発生につながりうる。指令第01号の徹底実施を要求するとともに、

次の通り命令する:

1. 各方面軍及び軍管区航空隊司令官たちは自らの責任において、赤軍航空隊各部隊の'41年7月8日付け本官指令第01号に関する知識を試験し、7月23日までに結果を本官に報告せよ;
2. 防空軍モスクワ圏で定められている規則を知らぬ飛行士たちによる同圏域における飛行および無申請飛行を一切禁じること;
モスクワ特別警護圏でのいかなる規則違反についても、違反者だけでなく、この圏域での飛行規則を知らぬ飛行士たちの飛行を許可した指揮官たちも、戦時法に従った軍事裁判への起訴をも含む厳罰に処する旨警告する。

本指令は飛行要員全員に通達すること。

赤軍航空隊司令官　空軍中将ジーガレフ

赤軍航空隊軍事評議会委員　軍団政治委員ステパーノフ

赤軍航空隊参謀長　大佐ルーフレ